玻璃和矿物棉行业排污许可管理：

申请·核发·执行·监管

孙晓峰　陈小通　叶俊涛　主编

化学工业出版社

·北京·

内容简介

本书以玻璃和矿物棉行业污染防治为背景，系统讲述了行业发展概况、生产工艺及产排污情况、排污许可证核发情况、排污许可证核发要点及常见填报问题、排污许可证后监管、污染防治可行技术等内容，旨在为我国玻璃和矿物棉企业排污许可证核发、证后监管和其他环境管理工作提供技术支撑和参考依据。

本书具有较强的技术应用性和参考价值，可供玻璃和矿物棉行业环境污染治理及管控等的工程技术人员、科研人员和管理人员参考，也可供高等学校环境科学与工程、生态工程及相关专业师生参阅。

图书在版编目（CIP）数据

玻璃和矿物棉行业排污许可管理：申请·核发·执行·监管/孙晓峰，陈小通，叶俊涛主编. —北京：化学工业出版社，2022.10（2023.8重印）

ISBN 978-7-122-42039-8

Ⅰ．①玻…　Ⅱ．①孙…　②陈…　③叶…　Ⅲ．①玻璃-化学工业-排污许可证-许可证制度-研究-中国②矿棉-化学工业-排污许可证-许可证制度-研究-中国　Ⅳ．①X781.5-65

中国版本图书馆 CIP 数据核字（2022）第 154363 号

责任编辑：刘兴春　卢萌萌
文字编辑：王丽娜
责任校对：宋　玮
装帧设计：王晓宇

出版发行：化学工业出版社
　　　　　（北京市东城区青年湖南街 13 号　邮政编码 100011）
印　　装：北京科印技术咨询服务有限公司数码印刷分部
787mm×1092mm　1/16　印张 20½　字数 455 千字
2023 年 8 月北京第 1 版第 2 次印刷

购书咨询：010-64518888
售后服务：010-64518899
网　　址：http://www.cip.com.cn
凡购买本书，如有缺损质量问题，本社销售中心负责调换。

定　　价：138.00 元

《玻璃和矿物棉行业排污许可管理：申请·核发·执行·监管》编委会

前　言

2016年，国务院提出了我国将建成以排污许可制为核心的固定污染源环境管理制度，到2020年年底全国基本完成固定污染源的排污许可证核发工作。

根据《排污许可证申请与核发技术规范　玻璃工业——平板玻璃》（HJ 856—2017）、《排污许可证申请与核发技术规范　工业炉窑》（HJ 1121—2020）、《排污许可证申请与核发技术规范　陶瓷砖瓦工业》（HJ 954—2018）等技术规范要求，玻璃和矿物棉企业积极开展排污许可证申报工作。截至2021年年底，共有5223家玻璃和矿物棉企业核发了排污许可证；其中，玻璃制造企业3000家、玻璃制品制造企业1270家、玻璃纤维企业545家、玻璃制镜企业5家、矿物棉企业403家。

为做好排污许可制度解读，便于玻璃和矿物棉企业排污单位管理人员、技术人员和许可证核发机关审核管理人员理解排污许可改革精神，掌握玻璃和矿物棉企业排污许可证申请与核发的技术要求，同时便于排污单位、地方生态环境主管部门开展依证排污、依证监管、现场检查等工作，特编写本书。

本书从行业发展概况、生产工艺及产排污情况、排污许可证核发情况、排污许可证核发要点及常见填报问题、排污许可证后监管、污染防治可行技术等方面介绍了玻璃和矿物棉行业的排污许可证核发现状及管理技术要求，努力使读者全方位掌握玻璃和矿物棉行业排污许可管理知识，在实际工作中推动我国玻璃和矿物棉行业健康、稳定、持续发展，可用于国家和地方生态环境管理部门对玻璃和矿物棉企业的排污许可管理，可供玻璃和矿物棉生产企业环境管理人员参考使用，也可供高等学校环境科学与工程、生态工程及相关专业师生参阅。

本书由北京市科学技术研究院资源环境研究所、北京济元紫能环境科技有限公司、北京市生态环境保护科学研究院、中科国清（北京）环境发展有限公司、中国日用玻璃协会、中国建筑玻璃与工业玻璃协会、中国玻璃纤维工业协会、中国绝热节能材料协会、山东省日用硅酸盐工业协会、中国包装联合会玻璃容器委员会、六安华世洁环境科技有限公司相关技术和管理人员共同完成。本书由孙晓峰、陈小通、叶俊涛任主编，张忠国、赵万帮、宁可任副主编，具体编写分工如下：第1章和附录由孙晓峰、赵万帮、周志武、刘长雷、韩继先、侯春燕编写；第2章由孙晓峰、陈小通、王均光、孙慧、刘长雷、陈达、曹青山编写；第3章由孙晓峰、叶俊涛、宁可、高山编写；第4章由孙晓峰、叶俊涛、钱堃、薛鹏丽编写；第5章由孙晓峰、张忠国、王焕松编写；第6章由孙晓峰、陈小通、赵万帮、宁可、孙慧、陈达编写；第7章由孙晓峰、张忠国、薛鹏丽编写。本书最后由孙晓峰统稿并定稿。

本书在组织编写、出版过程中，行业内的骨干玻璃、矿物棉生产和设备制造企业提供了大量数据、图片和资料，在此一并表示诚挚的谢意；本书的出版得到了化学工业出版社领导的高度重视和支持，责任编辑和其他相关工作人员为此书的出版付出了辛勤的劳动，在此表示衷心的感谢。

限于编著水平及编写时间，书中不足和疏漏之处在所难免，敬请读者批评指正。

编者

2022年3月

目　录

第 1 章
行业发展概况 ················· **001**

第 2 章
生产工艺及产排污情况 ················· **050**

第 3 章
排污许可证核发情况 ·· **088**

第 6 章

污染防治可行技术 ·· **172**

第 7 章

排污许可和其他环境管理制度的衔接 ································· **244**

附录 1
玻璃和矿物棉行业排污许可管理参考政策及标准 ·············· 260

附录 2
玻璃企业自行监测方案模板 ··· 269

附录 3
排污许可证后监管检查清单 ························· **281**

第1章
行业发展概况

1.1 行业发展现状

1.1.1 平板玻璃行业

1.1.1.1 产品类型

平板玻璃行业是我国重要基础建材产业。平板玻璃具有透光、透明、保温、隔声、耐磨、耐气候变化等性能，一般是用多种无机矿物（如石英砂、硼砂、硼酸、重晶石、碳酸钡、石灰石、长石等）为主要原料，加入少量辅助原料纯碱制成。

平板玻璃根据制作方法又可分为浮法玻璃、引上法玻璃、平拉法玻璃、压延法玻璃四种，其中浮法玻璃是通过将熔化的玻璃液漂浮在熔融的锡液面上成型，因具有厚度均匀、上下表面平整平行、生产率高等优势，成为玻璃制造业最主流的玻璃。平板玻璃按厚度可分为薄玻璃、厚玻璃、特厚玻璃；按表面状态可分为普通平板玻璃、压花玻璃、磨光玻璃、浮法玻璃等。平板玻璃还可以通过着色、表面处理、复合等工艺制成具有不同色彩和各种特殊性能的制品，如吸热玻璃、热反射玻璃、选择吸收玻璃、中空玻璃、钢化玻璃、夹层玻璃、夹丝网玻璃、颜色玻璃等。

平板玻璃行业产业链如图 1-1 所示。

平板玻璃下游需求主要来自房地产行业，其余来自汽车、光伏、电子等行业。从玻璃行业下游需求结构看，我国玻璃下游需求约 75% 来自房地产行业，10% 左右来自汽车行业，10% 左右来自光伏、电子等行业，5% 左右用于出口。

我国平板玻璃行业下游需求结构如图 1-2 所示。

1.1.1.2 生产经营情况

（1）平板玻璃

我国平板玻璃产量约占全球总产量的 50%。根据国家统计局数据，2020 年全国平板玻璃产量 94572 万重量箱，同比增长 2.1%。根据全国排污许可管理信息平台数据，我国正常运行的平板玻璃企业约 180 家。2012～2020 年中国平板玻璃产量变化情况如图 1-3 所示。

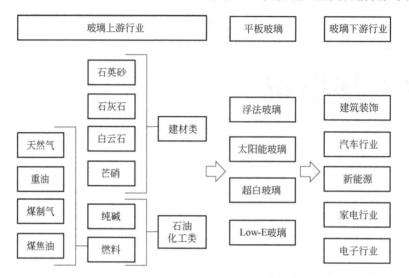

图 1-1 平板玻璃行业产业链

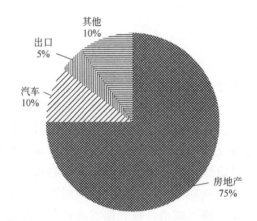

图 1-2 我国平板玻璃行业下游需求结构

图 1-3 2012～2020 年中国平板玻璃产量

从全国各省市平板玻璃产量来看，截至 2020 年，平板玻璃产量排第一的是河北省，达到 13728.36 万重量箱，占比 14.52%；产量排第二的是广东省，为 9963.68 万重量箱，占比 10.54%；其次是湖北省，产量为 9584.53 万重量箱，占比 10.13%。2020 年全国各省市平板玻璃产量分布情况如图 1-4 所示。

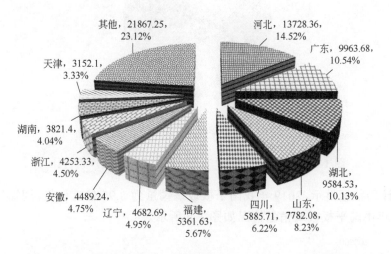

图 1-4　2020 年全国各省市平板玻璃产量（单位：万重量箱）分布

对比 2010 年和 2020 年各地区平板玻璃产量占比变化情况发现，华东、中南、华北三大区域平板玻璃产量占全国的比重从 83.55%下降到 76.92%；其中，华东地区占比降幅最大（7.71%），华北地区下降 2.53%，中南地区增加 3.61%。西南、西北、东北三大区域平板玻璃产量占全国的比重从 16.45%上升到 23.07%；其中，西南地区占比增幅最大（3.15%），东北、西北地区占比分别增加 3.01%和 0.46%。2010 年和 2020 年六大区域平板玻璃产量占比情况如图 1-5 所示。

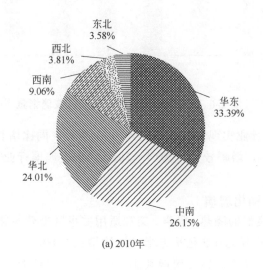

(a) 2010年

图 1-5

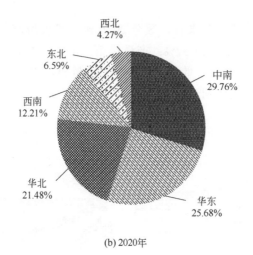

(b) 2020年

图 1-5   2010 年和 2020 年六大区域平板玻璃产量占比

国家统计局数据显示，2019 年我国平板玻璃销量为 8.95 亿重量箱，同比增长 9.41%。2013～2019 年中国平板玻璃销量情况如图 1-6 所示。

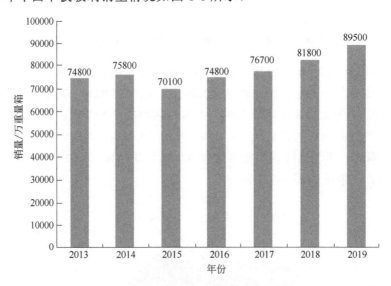

图 1-6   2013～2019 年中国平板玻璃销量

2020 年平板玻璃行业实现主营业务收入 926 亿元，同比增长 9.8%；利润总额 130 亿元，同比增长 32.7%，增幅较大。2014～2020 年平板玻璃行业营业收入及利润总额如图 1-7 所示。

（2）中空玻璃及钢化玻璃

中空玻璃是一种良好的隔热、隔声、美观适用并可降低建筑物自重的新型建筑材料。2020 年中国中空玻璃产量为 1.5 亿平方米，同比增长 7.1%。

钢化玻璃属于安全玻璃。钢化玻璃其实是一种预应力玻璃，为提高玻璃的强度，通常使用化学或物理的方法，在玻璃表面形成压应力，玻璃承受外力时首先抵消表层压应力，从而提高承载能力，增强玻璃自身抗风压性、抗寒暑性、抗冲击性等。2020 年中国钢化玻璃产量为 5.3 亿平方米。

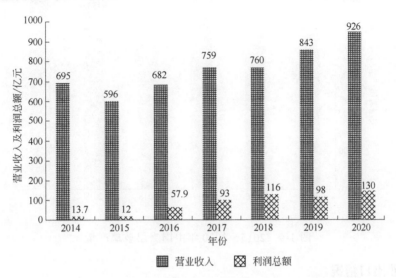

图 1-7　2014～2020 年中国平板玻璃行业营业收入及利润总额

2015～2020 年中国中空玻璃及钢化玻璃产量如图 1-8 所示。

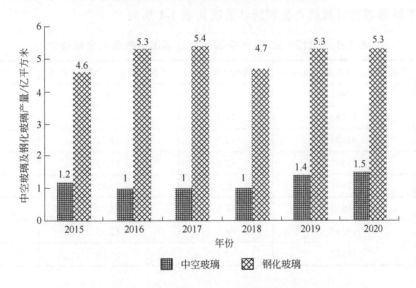

图 1-8　2015～2020 年中国中空玻璃及钢化玻璃产量

（3）夹层玻璃

夹层玻璃是由两片或多片玻璃，中间夹了一层或多层有机聚合物中间膜，经过特殊的高温预压（或抽真空）及高温高压工艺处理后，使玻璃和中间膜永久黏合为一体的复合玻璃产品。2020 年中国夹层玻璃产量为 11422.4 万平方米，同比增长 21.1%。

2015～2020 年中国夹层玻璃产量如图 1-9 所示。

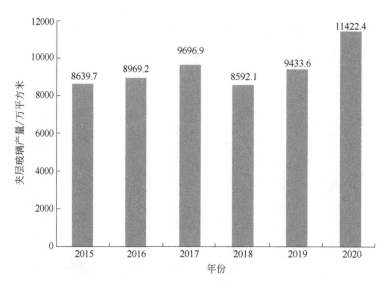

图 1-9　2015～2020 年中国夹层玻璃产量

1.1.1.3　进出口情况

（1）平板玻璃

根据中国海关数据显示：2019 年 1～12 月中国平板玻璃出口数量为 18822 万平方米，同比下降 2.7%；2019 年 1～12 月中国平板玻璃出口金额为 15.1 亿美元，同比下降 2.9%。

中国平板玻璃出口数量及金额统计情况如表 1-1 所列。

表 1-1　2012～2019 年中国平板玻璃出口数量及金额统计

年份	平板玻璃出口数量/万平方米	同比增长/%	平板玻璃出口金额/亿美元	同比增长/%
2012 年	17632	−5.9	6.13	−18.3
2013 年	19546	10.9	10.44	70.3
2014 年	21902	12.1	14.42	38.1
2015 年	21460	−2.0	11.73	−18.7
2016 年	22641	5.5	15.45	31.7
2017 年	21032	−7.1	14.50	−6.1
2018 年	19347	−8.0	15.55	7.2
2019 年	18822	−2.7	15.10	−2.9

2012～2019 年中国平板玻璃出口数量、出口金额变化情况如图 1-10、图 1-11 所示。

（2）中空玻璃及钢化玻璃

我国中空玻璃出口数量大于进口数量。2020 年中国中空玻璃进口数量为 273.7t，同比下降 23.8%；出口数量为 116573.4t，同比下降 13.6%。

2015～2020 年中国中空玻璃进出口数量如表 1-2 所列。

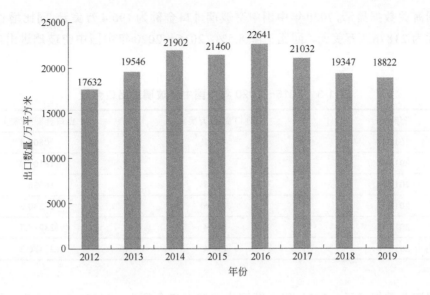

图 1-10　2012～2019 年中国平板玻璃出口数量

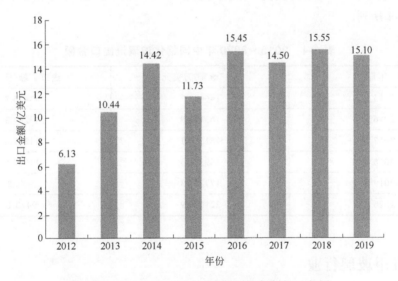

图 1-11　2012～2019 年中国平板玻璃出口金额

表 1-2　2015～2020 年中国中空玻璃进出口数量

年份	进口数量/t	出口数量/t
2015 年	2859.2	96597.7
2016 年	280	105341.3
2017 年	247	102939.8
2018 年	476.1	140747.6
2019 年	359.2	134846.4
2020 年	273.7	116573.4

中国海关数据显示，2020 年中国中空玻璃进口金额为 190.4 万美元，同比增长 27.4%；出口金额为 21876.2 万美元，同比下降 8.5%。2015～2020 年中国中空玻璃进出口金额如表 1-3 所列。

表 1-3　2015～2020 年中国中空玻璃进出口金额

年份	进口金额/万美元	出口金额/万美元
2015 年	1466	20807.4
2016 年	116	18101.9
2017 年	114.8	16556.6
2018 年	142.6	25330.5
2019 年	149.4	23915.7
2020 年	190.4	21876.2

中国海关数据显示，2020 年中国钢化玻璃出口金额为 221978.9 万美元，同比增长 24.8%；进口金额为 9470.1 万美元，同比增长 1.4%。2015～2020 年中国钢化玻璃进出口金额如表 1-4 所列。

表 1-4　2015～2020 年中国钢化玻璃进出口金额

年份	出口金额/万美元	进口金额/万美元
2015 年	146631.2	23475.8
2016 年	163172.9	13201.3
2017 年	161516.1	11397.4
2018 年	169374.3	11904.5
2019 年	177805.3	9336.0
2020 年	221978.9	9470.1

1.1.2　日用玻璃行业

1.1.2.1　产品类型

日用玻璃行业在我国国民经济中属于传统民生经济产业，具有悠久历史，与人民日常生活和下游产业的发展密切相关，是国民经济发展中不可或缺的重要产业。按照我国现行国民经济行业分类标准，日用玻璃行业主要包括玻璃仪器制造业、日用玻璃制品及玻璃包装容器制造业、玻璃保温容器制造业。

日用玻璃生产过程是以发生炉煤气、重油、天然气、电等为能源，以石英砂等矿物原料为主，纯碱等化工原料为辅，在窑炉中经 1400℃以上高温熔化，后经澄清、均化、冷却，最后经成型、退火等设备加工成最终产品。

日用玻璃制品品种众多，部分日用玻璃产品如图 1-12 所示。

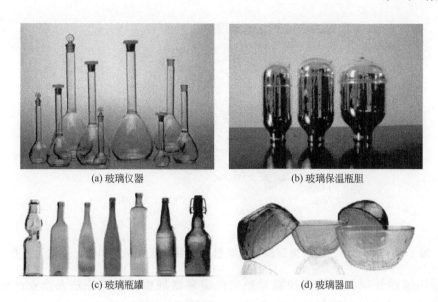

<table>
<tr><td>(a) 玻璃仪器</td><td>(b) 玻璃保温瓶胆</td></tr>
<tr><td>(c) 玻璃瓶罐</td><td>(d) 玻璃器皿</td></tr>
</table>

图 1-12　部分日用玻璃产品

1.1.2.2　生产经营情况

　　根据国家统计局月度统计快报对日用玻璃制品及玻璃包装容器规模以上（即年主营业务收入 2000 万元及以上，下同）产量统计，2020 年日用玻璃制品及玻璃包装容器产量 2494.76 万吨，累计同比下降 6.14%，增幅下降 8.82%，同比增速下滑明显。其中，日用玻璃制品产量 733.01 万吨，累计同比下降 6.94%；玻璃包装容器产量 1761.75 万吨，累计同比下降 5.65%。

　　2011～2020 年我国日用玻璃制品及包装容器产量如图 1-13 所示。

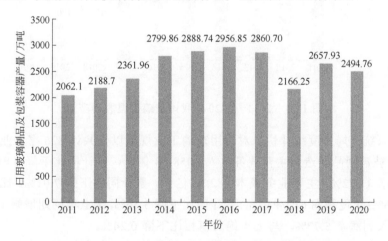

图 1-13　2011～2020 年我国日用玻璃制品及包装容器产量

　　2020 年，日用玻璃制品及玻璃包装容器产量全国前六位的省市为：四川省，573.09 万吨；山东省，441.28 万吨；广东省，250.93 万吨；河北省，160.98 万吨；湖北省，133.28 万吨；重庆市，121.28 万吨。以上六省市产量占全国总产量的 67.37%。

　　2020 年日用玻璃制品及玻璃包装容器产区分布如图 1-14 所示。

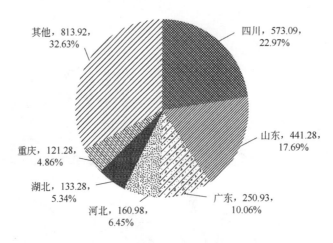

图 1-14　2020 年日用玻璃制品及玻璃包装容器产区产量（单位：万吨）分布

根据国家统计局月度统计快报对玻璃保温容器规模以上工业法人企业产量统计，2020 年我国玻璃保温容器产量 13843 万个，累计同比下降 18.64%。2011～2020 年我国玻璃保温容器产量如图 1-15 所示。

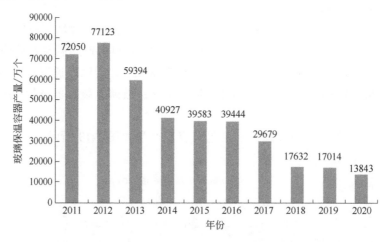

图 1-15　2011～2020 年我国玻璃保温容器产量

根据国家统计局月度统计快报对日用玻璃工业规模以上共计 826 家工业法人企业统计，2020 年玻璃制品制造业主营业务收入 1058.18 亿元，累计同比下降 6.84%，与上年同期增幅下滑 11.72%；主营业务成本 882.28 亿元，累计同比下降 7.01%，比上年同期增幅下滑 10.66%；实现利润 61.04 亿元，累计同比下降 5.56%，比上年同期增幅下滑 24.71%；主营业务收入利润率 5.77%，与上年绝对值相比下降 0.24%。

产业集群是推动区域经济高质量发展的重要载体，对推动产业基础高级化与产业链现代化，建设制造强国、质量强国具有重要意义。《中华人民共和国国民经济和社会发展第十四个五年规划和 2035 年远景目标纲要》提出：深入推进国家战略性新兴产业集群发展工程，健全产业集群组织管理和专业化推进机制。面向"十四五"，产业集群在产业发展过程中的战略性支柱地位将进一步凸显。截至目前，中国日用玻璃特色区域和产业集群有九个：浙江省浦江县——中国水晶玻璃之都、山西省祁县——中国玻璃器皿之都、山东省淄博市博山区——中国琉璃之乡、安徽省凤阳县——中国日用玻璃产业基地、山东省淄博市博山区八陡镇——中国日用玻璃产业名镇、重庆市合川区清平镇——中国日用玻璃产业基地、山东省德州市晶华——中国空心砖生产研发基地、江苏省常熟市沙家浜镇——中国玻璃模具产业基地（已成为中国玻璃模具之都）、河北省河间市——中国耐热玻璃生产基地。上述地区共有 173 家企业核发了排污许可证。此外，"中国酒类包装之都"山东郓城共有 20 家日用玻璃企业核发了排污许可证。贵州省也将在"十四五"期间发展日用玻璃产业集群，《贵州省"十四五"战略性新兴产业集群发展规划》（黔发改高技〔2021〕686 号）提出：立足赤水河流域，辐射全省适宜县区规划布局酒用有机高粱原料基地。紧扣白酒上下游产业链，加快白酒原料仓储物流、酒类包装产业、成品仓储物流配送等配套服务业发展，促进全产业链健康发展。

1.1.2.3 进出口情况

根据海关总署进出口统计数据，2020 年度中国日用玻璃协会重点跟踪的日用玻璃行业22 类主要产品累计出口总额 57.66 亿美元，出口额同比下降 1.35%，增长率同比下滑 13.96%。

2020 年日用玻璃行业累计出口情况如表 1-5 所列。

表 1-5　2020 年日用玻璃行业累计出口情况

项目	出口量	同比增长/%	出口额/亿美元	同比增长/%
日用玻璃			57.66	-1.35
其中：玻璃器皿	133.40 万吨	-3.96	32.74	-2.95
玻璃瓶罐	157.15 万吨	-12.56	20.00	2.27
玻璃仪器	7.18 万吨	-1.02	1.67	-0.05
玻璃保温瓶胆	3678 万个	-2.61	0.27	-4.04
玻璃内胆制的保温瓶	9396 万个	-8.26	2.98	-6.82

1.1.3　玻璃纤维行业

1.1.3.1　产品类型

玻璃纤维及制品有数千个品种和规格，在国民经济各个部门有 5 万多种用途，成为现代工业材料中重要的组成部分。玻璃纤维是一种工程材料，其化学组成主要有 SiO_2、B_2O_3、CaO、Al_2O_3 等。

在国际标准定义中，玻璃纤维纺织制品是以连续玻璃纤维或定长玻璃纤维为基材制成的纺织制品的通称，就其产品形态而言，可分为纱线和织物两大类。纱线是由连续纤维和定长纤维所制成的有捻或无捻的各种结构纺织材料的通称，无捻结构包括复丝、原丝、毛条、粗纱、无捻粗纱和定长毛纱等，有捻结构包括单股纱、合股纱、多股络纱和花式线。连续纤维织物是经向和纬向均采用连续纤维织造而成的织物。我国惯于认同的玻璃纤维纺织制品概念是采用玻璃纤维为原料，通过纺纱（包括捻纱和络纱）或纺纱织造加工制成的各种玻璃成分、不同形态结构、不同工艺和应用性能的众多产品的通称。

常见玻璃纤维产品如图 1-16 所示。

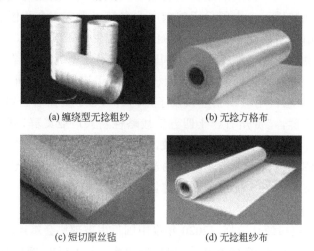

(a) 缠绕型无捻粗纱　　　　　(b) 无捻方格布

(c) 短切原丝毡　　　　　(d) 无捻粗纱布

图 1-16　常见玻璃纤维产品

玻璃纤维具有不燃、耐腐蚀、耐高温、吸湿小、伸长小等性能。其拉伸强度不仅比块状玻璃高数十倍，也远超其他天然纤维、合成纤维以及各种合金材料，是理想的增强材料。由于玻璃纤维软化温度高达 550～750℃，所以具有很好的耐热性，玻璃纤维还具有良好的电绝缘性能和介电性能，抵抗水、酸、碱等介质侵蚀的能力强，有着优良的隔声、吸声性能。

由于国内热塑性复合材料加速发展，玻璃纤维企业加大了热塑性玻璃纤维品种的研发与生产力度。据统计，我国整车配件上复合材料应用比例仅占 8%～12%，国外应用比例达 20%～30%，随着国内汽车轻量化步伐的加快，汽车中热塑性产品应用增多，车用玻璃纤维复合材料需求也将迎来快速增长期。我国玻璃纤维制品下游需求分布比例如图 1-17 所示，部分玻璃纤维制品的应用情况如表 1-6 所列。

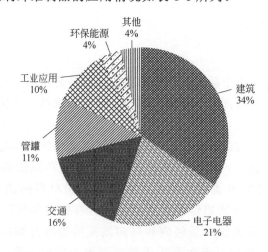

图 1-17　我国玻璃纤维制品下游需求分布

表 1-6　部分玻璃纤维制品的应用情况

产品	应用领域
玻璃纤维连续原丝毡	汽车领域：保险杠、车门、后盖、底盘、轿车外壳、汽车高顶、轮罩挡泥板
玻璃纤维针刺毡	工业滤材：炭黑、钢铁、有色金属、化工、焚烧等行业
	汽车领域：汽车内装饰、车顶和车门的垫层、发动机与车厢间的隔板、行李箱的衬垫、消声除尘器等
	其他领域：管道各种发热器件的保温隔热、绝缘材料等
玻璃纤维缝编织物	军工领域、汽车行业、风力发电系统等
玻璃纤维复合毡	高温烟尘过滤材料、汽车座椅壳体、汽车蓄电池托盘、汽车内饰材料等

1.1.3.2　生产经营情况

1958 年，玻璃纤维及制品在我国投入工业化生产，从 20 世纪 90 年代末开始飞速发展，目前总产能位居世界第一位。根据中国玻璃纤维工业协会统计，2020 年玻璃纤维纱总产量 541 万吨，同比增长 2.66%。其中：池窑产量 502 万吨，同比增长 2.64%；池窑占比达到 92.8%。2007～2020 年我国玻璃纤维行业生产情况如图 1-18 所示。

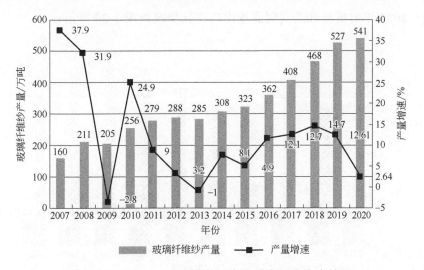

图 1-18　2007～2020 年我国玻璃纤维行业生产情况

玻璃纤维纱产能全国前五的省市有：山东省 146 万吨、浙江省 105 万吨、重庆市 74 万吨、四川省 55 万吨、江西省 50 万吨，以上五省市产能占全国总产能的 78%。玻璃纤维纱产区产能分布情况如图 1-19 所示。

1.1.3.3　进出口情况

2020 年，全行业实现玻璃纤维及制品出口 133 万吨，同比下降 13.64%；出口金额 20.5 亿美元，同比下降 10.14%。其中，玻璃纤维原料球、玻璃纤维粗纱、其他玻璃纤维、短切玻璃纤维、粗纱机织物、玻璃纤维席等产品出口量降幅在 15% 以上，其他部分深加工制品则相对稳定或有小幅上涨。

在进口方面，2020 年玻璃纤维及制品进口量 18.8 万吨，同比增长 18.24%；进口额

9.4 亿美元，同比增长 2.19%。其中，玻璃纤维粗纱、其他玻璃纤维、窄幅机织物、玻璃纤维薄片（巴厘纱）等产品进口增幅超过 50%。

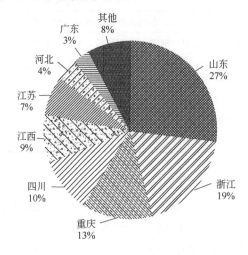

图 1-19　玻璃纤维纱产区产能分布

2011～2020 年玻璃纤维及其制品进出口变化情况如图 1-20 所示。

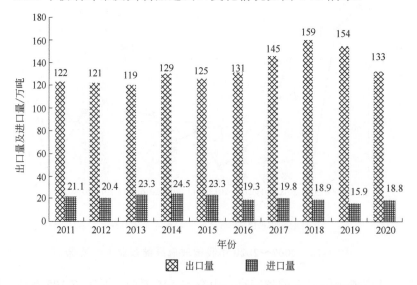

图 1-20　2011～2020 年玻璃纤维及其制品进出口变化情况

1.1.4　玻璃制镜行业

1.1.4.1　产品类型

　　玻璃镜是一种背面有能反射物体形象镀膜的玻璃制品，具有照见形象、反射光线等功能。《国民经济行业分类》（GB/T 4754—2017）提出：制镜及类似品指以平板玻璃为材料，经对其进行镀银、镀铝，或冷、热加工后成型的镜子及类似制品。

　　玻璃镜的分类方法较多，部分分类如下所述。

① 按平整度分为平光镜和曲面镜。生活中接触最多的是平光镜，在汽车、太阳能热发电装置、家具、一些化妆镜和娱乐镜中能见到曲面镜，曲面镜又有凹面镜、凸面镜之分。

② 按玻璃厚度分为普通玻璃镜和超薄玻璃镜。其中超薄玻璃镜多用于化妆盒、太阳能热发电装置中。

③ 按反射膜所在位置分为前反镜和背反镜。前反镜的反射膜位于表面，直接暴露在空气中使用，能够消除玻璃基板对影像的影响，并获得最大反射率，也称为高反镜，多用于科学仪器；而背反镜反射膜层外面还要镀铜保护层以及防护漆层。

④ 按反射率分为全反射镜和半反射镜。全反射镜的反射率至少在75%以上，而半反射镜能够在反射部分光线的同时透过部分光线，如果背面空间非常黑暗，则具有单面透过的效果，可在一些特殊光学仪器、飞机驾驶舱显示器等中应用。

⑤ 按反射膜的种类分为镀银镜、镀铝镜、镀铬镜等。

⑥ 按反射膜的制备方法可分为化学镀镜和真空镀镜等。

⑦ 按使用功能分为民用镜、专用镜和工艺装饰镜等。其中民用镜包括架镜、框镜、壁镜、家具镜等；专用镜包括哈哈镜、汽车反光镜、摩托车反光镜、汽车后视镜、弯道反光镜等；工艺装饰镜包括磨直斜边装饰镜、磨异形装饰镜、冰花镜、重叠镜、磨花工艺镜、雕磨工艺镜、蚀刻镜、衣帽镜等。

1.1.4.2 生产经营情况

近年来，我国镜子行业增长平稳，产量从2012年的139.47万吨增长到2019年的202.85万吨，2012～2019年复合增长率5.5%。

2012～2019年我国玻璃制镜产量变化情况如图1-21所示。

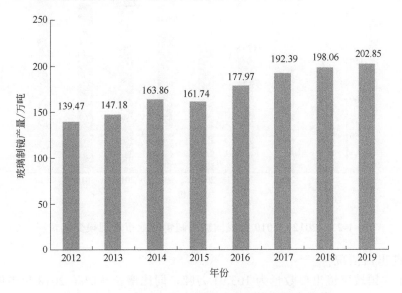

图 1-21　2012～2019年我国玻璃制镜产量变化情况

从细分产品来看，2018年普通铝镜比例16.0%，普通彩镜比例17.6%，高级银镜比例23.9%，特殊高级镜比例42.5%。2015～2018年我国玻璃制镜细分产品产量占比情况如图 1-22 所示。

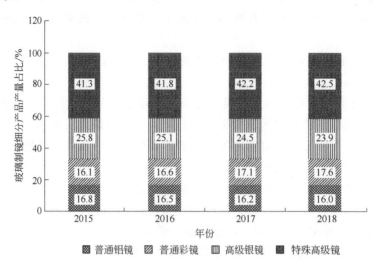

图 1-22　2015～2018 年我国玻璃制镜细分产品产量占比情况

2019 年，中国玻璃制镜市场规模达到 242.8 亿元。其中，车辆用镜市场规模 142.98 亿元，占比 58.89%，是最大的细分市场；生活及其他用镜市场规模 99.82 亿元，占比 41.11%。2012～2019 年我国玻璃制镜行业市场规模变化情况如图 1-23 所示。

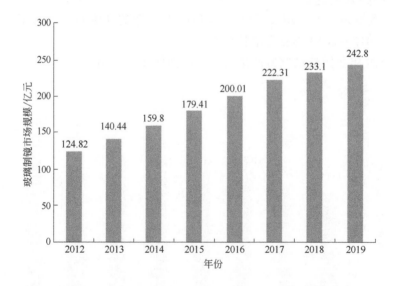

图 1-23　2012～2019 年我国玻璃制镜行业市场规模变化情况

1.1.4.3　进出口情况

2018 年中国玻璃镜出口数量为 103.91 万吨，同比增长 4.6%。2018 年中国进口玻璃镜 0.78 万吨，同比减少 45.8%。2018 年中国玻璃镜出口金额为 19.48 亿美元，同比增长 12.1%。2018 年中国玻璃镜进口金额 3.47 亿美元，同比增长 14.1%。

纵观近年玻璃镜出口情况，中国玻璃镜出口整体表现为量价齐增。2018 年进口量减少、进口额反增的情况说明中国高档特殊玻璃镜仍有进口需求。

2015～2018 年我国玻璃制镜进出口量情况如图 1-24 所示。

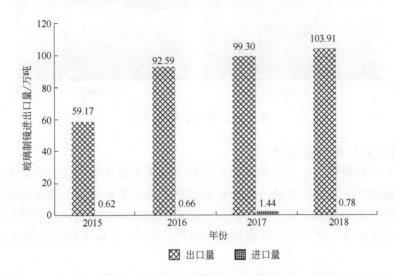

图 1-24　2015～2018 年我国玻璃制镜进出口量情况

2015～2018 年我国玻璃制镜进出口额情况如图 1-25 所示。

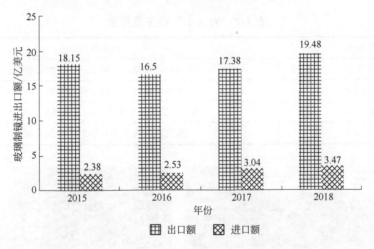

图 1-25　2015～2018 年我国玻璃制镜进出口额情况

1.1.5　矿物棉行业

1.1.5.1　产品类型

矿物棉是各类矿物原料经熔融、成纤并用不同有机、无机试剂表面处理后制成的蓬松状短细纤维，具有不燃、不霉、不蛀等性能。可做成毡、毯、垫、绳、板等，也可用作吸声、减震、隔热材料。矿物棉包括岩棉、矿渣棉和玻璃棉。常见矿物棉产品如图 1-26 所示。

(a) 岩棉   (b) 玻璃棉

图 1-26　常见矿物棉产品

1.1.5.2　岩（矿）棉行业现状

岩（矿）棉即岩棉、矿渣棉的总称。岩棉主要采用优质玄武岩、白云石等为主要原料；矿渣棉是利用工业废料矿渣（高炉矿渣或铜矿渣、铝矿渣等）为主要原料，经高温熔化后采用高速离心制成纤维，同时喷入一定量黏结剂、防尘油、憎水剂，后经集棉机收集，再通过摆锤法工艺，加上辅棉后进行固化、切割，形成不同规格和用途的岩（矿）棉产品。

岩（矿）棉具有质轻、热导率小、不燃烧、防蛀、价廉、耐腐蚀、化学稳定性好、吸声性能好等特点，可用于建筑物的填充绝热、吸声、隔声、制氧机和冷库保冷及各种热力设备填充隔热等。岩（矿）棉主要用途如表 1-7 所列、常见用途如图 1-27 所示。

表 1-7　岩（矿）棉主要用途

用途分类	应用领域
工业用途	核电站，发电厂、化工厂、大型窑炉保温
建筑用途	建筑外墙保温、屋面及幕墙保温，隔离带
船舶用途	船舱、船上卫生单元、船员休息室，动力仓
农业用途	蔬菜、瓜果、花卉的工厂化无土栽培

(a) 管道保温   (b) 建筑保温

图 1-27　常见矿物棉产品用途

截至 2020 年年底，全国岩（矿）棉行业总产能 730 万吨，生产线数量 350 条，2020 年产量 380 万吨，产业分布在全国 27 省（市、区），河北、江苏、河南、山东、内蒙古、辽宁、山西七省（自治区）产能都超过 30 万吨，合计占总产能的 68%，其中河北省占全国产能的 28%。2018 年以来，河北加强岩（矿）棉产业集群综合整治，关停落后产能岩（矿）棉生产线共计 165 条，产能 50 万吨以上；全国范围内停产约 120 万吨（主要是非连续生产线）。岩（矿）棉单线大产能已成趋势，新增生产线中电熔炉比例明显增加。虽然产能扩张的趋势有所放缓，但市场需求并没有明显扩大，供需关系仍处于供大于求的失衡状态，导致产业产能无法满负荷释放，在未来相当长的一段时间内，供大于求的格局仍将持续。

2010~2020 年我国岩（矿）棉产量变化情况如图 1-28 所示，全国岩（矿）棉生产能力分布情况如图 1-29 所示。

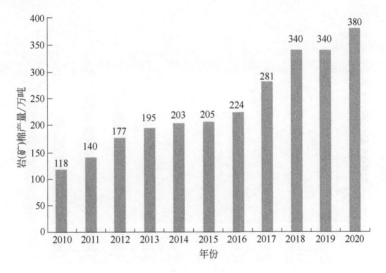

图 1-28　2010~2020 年全国岩（矿）棉产量

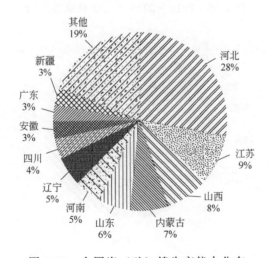

图 1-29　全国岩（矿）棉生产能力分布

1.1.5.3　玻璃棉行业现状
玻璃棉以石英砂、石灰石、白云石等天然矿石为主要原料，配合一些纯碱、硼砂等化工原料熔成玻璃。在熔融状态下，借助外力吹制式甩成絮状细纤维。玻璃棉是一种重要的绝热保温材料，具有体积小、密度小、热导率低、保温绝热、吸声性能好、不燃、耐热、抗冻、耐腐蚀、不怕虫蛀、良好的化学稳定性等特性。

2020 年全国共有玻璃棉生产线近 106 条，产量近 100 万吨，同比增长 25%，企业数量约 40 家。河北占全国约 47%产能，近年因为环保压力等影响，河北地区企业开始布局向省外市场如江西、四川等地转移，其中江西 2019 年新引入产能约 12 万吨，跃居全国第二大玻璃棉生产基地。目前，全国玻璃棉产能主要分布在河北、江西、湖北、山东、四川等省份。

2010～2020 年我国玻璃棉产量变化情况如图 1-30 所示，全国玻璃棉生产能力分布如图 1-31 所示。

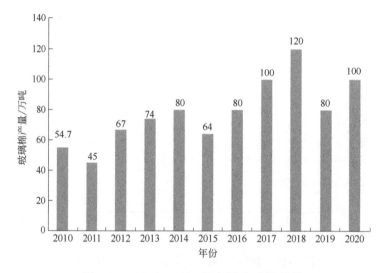

图 1-30 2010～2020 年全国玻璃棉产量

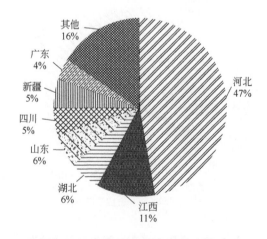

图 1-31 全国玻璃棉生产能力分布

目前，全国离心玻璃棉产能达到 100 万吨，河北一地集中了 51 条玻璃棉生产线，近 47 万吨的产能（全国共 87 条生产线）。除此之外，山东、江苏、浙江、安徽、四川、广东等也是玻璃棉产能相对集中的地区。

玻璃棉生产工艺可细分为两种：火焰法与离心喷吹法。火焰法玻璃棉企业基本分布在油田附近有天然气源的地方，如河南濮阳、东北等地；离心喷吹法玻璃棉企业分布较广，产量均在年产 5000t 以上。

目前，国内火焰法玻璃棉生产线产量基本在 300～1000t/a，以坩埚拉丝火焰喷吹法生产，按机组计算产量。离心喷吹法玻璃棉生产线是流水线作业，生产线产量规模为5000～10000t/a。

1.2 行业主要环境问题

1.2.1 污染物排放总量

玻璃行业主要大气污染物为二氧化硫、氮氧化物和颗粒物。据测算，2020 年玻璃行业颗粒物排放量 0.85 万吨、二氧化硫排放量 6.20 万吨、氮氧化物排放量 12.08 万吨。

玻璃行业大气污染物排放量如表 1-8 所列。

表 1-8 玻璃行业大气污染物排放量

行业类别	产量/万吨	颗粒物/（万吨/年）	二氧化硫/（万吨/年）	氮氧化物/（万吨/年）
平板玻璃	4728.6	0.51	3.70	6.97
日用玻璃	2494.76	0.28	2.07	4.31
玻璃纤维	541	0.06	0.43	0.80
合计	7764.36	0.85	6.20	12.08

矿物棉行业主要大气污染物为二氧化硫、氮氧化物和颗粒物。据测算，2020 年颗粒物排放量 478.8t、二氧化硫排放量 3528t、氮氧化物排放量 5124t。

矿物棉行业大气污染物排放量如表 1-9 所列。

表 1-9 矿物棉行业大气污染物排放量

类型	颗粒物/（t/a）	二氧化硫/（t/a）	氮氧化物/（t/a）
岩（矿）棉	387.6	2856	3876
玻璃棉	91.2	672	1248
合计	478.8	3528	5124

《平板玻璃工业大气污染物排放标准》（GB 26453—2011）的颁布实施，对平板玻璃行业污染防治工作起到了积极的推动作用。

① 通过实施《平板玻璃工业大气污染物排放标准》（GB 26453—2011），平板玻璃行业大气污染物排放总量减排成效明显。2020 年平板玻璃行业 SO_2、NO_x、烟（粉）尘排放量分别为 3.70 万吨、6.97 万吨、0.51 万吨；与该标准实施前（2011 年）的 9.89 万吨、12.33 万吨、1.10 万吨相比，分别削减了 6.19 万吨、5.36 万吨和 0.59 万吨，减排比例分别为 62.59%、43.47% 和 53.64%。

② 《平板玻璃工业大气污染物排放标准》（GB 26453—2011）实施后，平板玻璃行业大气污染物排放强度整体呈下降趋势。2020 年平板玻璃行业 SO_2、NO_x、烟（粉）尘排放量分别为 0.78kg/t（玻璃）、1.47kg/t（玻璃）、0.11kg/t（玻璃）；与该标准实施前（2011 年）的 2.50kg/t（玻璃）、3.12kg/t（玻璃）、0.28kg/t（玻璃）相比，分别下降 1.72kg/t（玻璃）、1.65kg/t（玻璃）、0.17kg/t（玻璃），单位产品污染物排放量削减比例分别为 68.80%、52.88% 和 60.71%。

目前，随着干法脱硫、半干法脱硫、湿法脱硫、SCR 脱硝等技术在玻璃行业的推广应用，大气污染物排放量仍有较大的削减空间。

同时，玻璃企业在加工和装饰环节的喷漆、淋漆、烘干、烤花、拉丝等工序会产生挥发性有机化合物（VOCs）。日用玻璃喷漆工序 VOCs 排放量约 15000t/a；其中，有组织排放量约 6000t/a、无组织排放量约 9000t/a。制镜行业 VOCs 排放量约 6600t/a；其中，有组织排放量约 2480t/a、无组织排放量约 4120t/a。

1.2.2 污染物排放水平

1.2.2.1 颗粒物排放浓度分布情况

本书对 2019 年 175.2275 万个有效在线监测数据（其中平板玻璃 88.1901 万个、日用玻璃 76.1164 万个、玻璃纤维 10.921 万个）和 223 个监督性监测数据（其中平板玻璃 165 个、日用玻璃 40 个、玻璃纤维 18 个）进行统计。玻璃行业颗粒物排放浓度分布情况如图 1-32～图 1-37 所示。

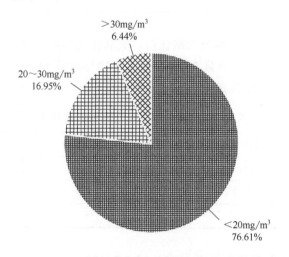

图 1-32　平板玻璃颗粒物排放浓度在线监测数据

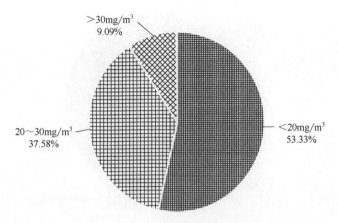

图 1-33　平板玻璃颗粒物排放浓度监督性监测数据

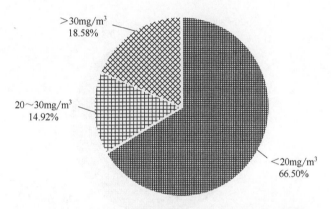

图 1-34　日用玻璃颗粒物排放浓度在线监测数据

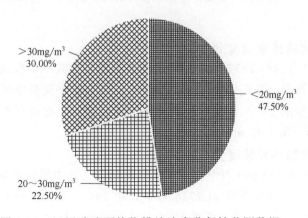

图 1-35　日用玻璃颗粒物排放浓度监督性监测数据

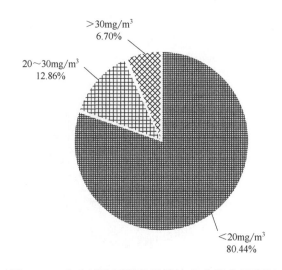

图 1-36　玻璃纤维颗粒物排放浓度在线监测数据

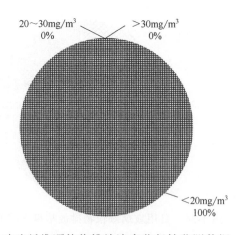

图 1-37　玻璃纤维颗粒物排放浓度监督性监测数据

1.2.2.2　二氧化硫排放浓度分布情况

本书对 2019 年 161.2877 万个有效在线监测数据（其中平板玻璃 87.7342 万个、日用玻璃 62.5244 万个、玻璃纤维 11.0291 万个）和 160 个监督性监测数据（其中平板玻璃 121 个、日用玻璃 29 个、玻璃纤维 10 个）进行统计。玻璃行业二氧化硫排放浓度分布情况如图 1-38～图 1-43 所示。

1.2.2.3　氮氧化物排放浓度分布情况

本书对 2019 年 165.869 万个有效在线监测数据（其中平板玻璃 91.4375 万个、日用玻璃 63.1589 万个、玻璃纤维 11.2726 万个）和 145 个监督性监测数据（其中平板玻璃 120 个、日用玻璃 15 个、玻璃纤维 10 个）进行分析。玻璃行业氮氧化物排放浓度分布情况如图 1-44～图 1-49 所示。

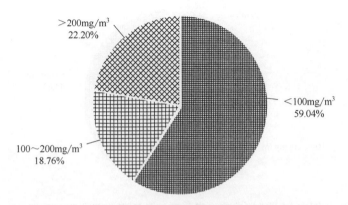

图 1-38　平板玻璃二氧化硫排放浓度在线监测数据

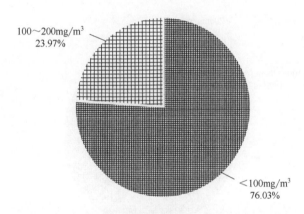

图 1-39　平板玻璃二氧化硫排放浓度监督性监测数据

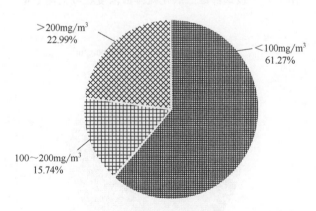

图 1-40　日用玻璃二氧化硫排放浓度在线监测数据

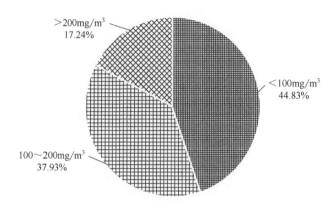

图 1-41　日用玻璃二氧化硫排放浓度监督性监测数据

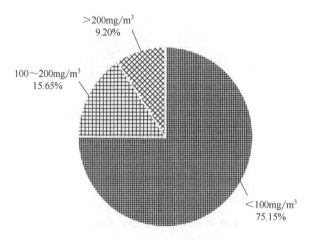

图 1-42　玻璃纤维二氧化硫排放浓度在线监测数据

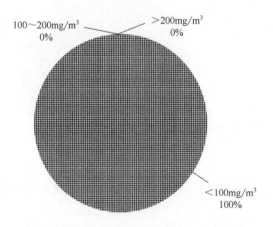

图 1-43　玻璃纤维二氧化硫排放浓度监督性监测数据

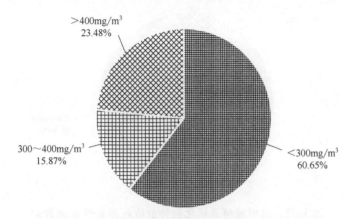

图 1-44　平板玻璃氮氧化物排放浓度在线监测数据

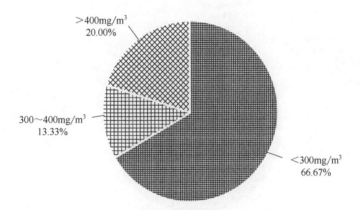

图 1-45　平板玻璃氮氧化物排放浓度监督性监测数据

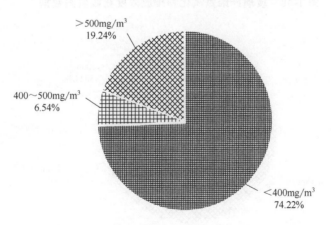

图 1-46　日用玻璃氮氧化物排放浓度在线监测数据

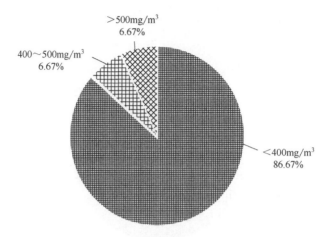

图 1-47　日用玻璃氮氧化物排放浓度监督性监测数据

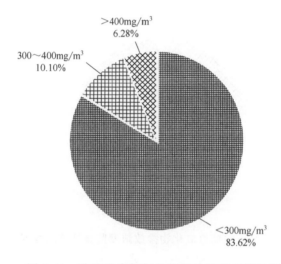

图 1-48　玻璃纤维氮氧化物排放浓度在线监测数据

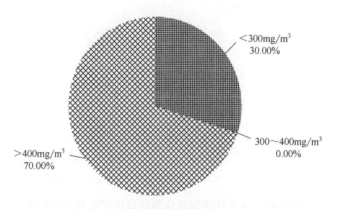

图 1-49　玻璃纤维氮氧化物排放浓度监督性监测数据

1.2.3　环保监管工作中发现的主要环境问题

1.2.3.1　常见环境违法行为

近年来，随着生态环保法律、法规、标准的制定和修订，对企业的环保主体责任提出了更为严格的要求，环境行政处罚力度也在不断强化，企业常见的环境违法行为如下所述：a. 未批先建；b. 未验先投或验收弄虚作假；c. 无证排污；d. 未按规定使用清洁能源；e. 私设暗管排污；f. 违法处置、倾倒、贮存危险废物等；g. 自动监测设施运行不规范或弄虚作假；h. 不正常运行污染防治设施；i. 超标排放污染物；j. 未按规定自行监测等。

1.2.3.2　典型环境违法案例

（1）未批先建、未验先投

以重庆某玻璃制品企业为例，2019 年 12 月，执法人员在现场检查时，发现该企业厂房内已安装相关生产设备，未进行生产作业，但该生产项目未办理环境影响评价手续。

以四川某玻璃制品企业为例，2020 年 11 月，执法人员在现场检查时，发现该企业"玻璃窑炉节能技术改造项目"配套建设的环境保护设施未经验收，已投入生产使用。

以安徽某玻璃纤维企业为例，2021 年 5 月，执法人员在现场检查时，发现该企业年产 300 万平方米玻璃纤维网格布项目未履行环评审批手续就已投入建设生产。

（2）无证排污

以新疆某平板玻璃企业为例，在未按要求落实环保"三同时"制度、未取得排污许可证、烟气自动在线监控未验收联网等情况下，该企业生产线便点火投产。2020 年 11 月，当地生态环境主管部门对该企业环境违法行为下达了行政处罚决定书和责令改正违法行为决定书。

（3）未按规定使用清洁能源

以江苏某玻璃企业为例，在 2018 年中央生态环境保护督察"回头看"期间，环境执法人员发现该企业擅自在玻璃窑炉工序使用煤炭燃料。当地生态环境管理部门对该企业在高污染燃料禁燃区内使用烟煤的环境违法行为给予行政处罚，并责令企业立即停止违法行为，严禁使用高污染燃料。

2020 年 12 月，中央生态环境保护督察组向某集团反馈意见时指出，该集团下属某玻璃企业，对地方政府"不得使用石油焦粉、减少污染排放"要求置若罔闻，长期违法使用石油焦粉，污染排放严重。

以广东某玻璃企业为例，2018 年 3 月，当地环保局通知该企业停止使用燃烧高污染燃料的玻璃窑炉。环保局于 2018 年 4 月对该企业进行现场检查时，发现该企业 950t/d 玻璃窑炉仍在燃用重油。当地环保局经调查取证、告知相关权利、举行听证会等程序后，认为该企业违反了《中华人民共和国大气污染防治法》相关规定，没收其油泵和喷油枪并予以罚款。

（4）私设暗管排污

以广东某玻璃制品企业为例，2020 年 4 月，当地执法人员在现场执法检查时，发现该企业废水收集池擅自增加外排胶管，生产废水经一台小型潜水泵通过胶管排向厂门前沙井，最终排入外环境。监测结果显示所排废水化学需氧量超标。

以广东某玻璃制品企业为例，2019年3月，当地执法人员在现场执法检查时，发现该企业在磨边、倒角、清洗等工序产生废水，该企业通过软管将未经处理的生产工序废水从废水收集池抽至雨水管道，排放至厂外的市政下水道并流向外环境。

以广东某玻璃制品企业为例，2020年10月，当地执法人员在现场执法检查时，发现该企业超声波清洗、抛光、平磨等工序产生废水，部分废水经处理后回用于生产；部分废水倒入厕所，流入该工厂的化粪池内，并通过化粪池流入市政截污管网，最终排入城镇污水处理厂。

以江苏某玻璃企业为例，2021年1月，当地执法人员在现场执法检查时，发现该企业生产中产生的一部分清洗、磨边废水，通过厂内沉淀暗池向厂区外小沟渠排放。经检测，其排放的生产废水中化学需氧量浓度为120mg/L，石油类浓度为9.77mg/L，均超过了100mg/L和5mg/L的排放标准要求。

（5）违法处置、倾倒、贮存危险废物

以河南某电子玻璃企业为例，2020年12月，执法人员在现场检查时，发现该企业危废暂存间内废机油桶和废涂料桶混合收集存放，未按照危险废物特性分类进行存放。

以江苏某玻璃企业为例，该企业镶嵌玻璃、钢化玻璃项目在生产过程中会产生废金属、废锡渣、治理焊接废气的废活性炭、废胶桶等固体废物。其中，废胶桶、废活性炭、废锡渣应作为危险废物委托相应有资质单位处置。2020年11月，执法人员在现场检查时，发现该企业未在"江苏省危险废物动态管理系统"内注册相关信息，且企业无法提供危险废物管理计划。

以山东某玻璃企业为例，2021年第一季随机抽查情况信息公开显示，该企业危废库建设不规范，危险废物与一般固体废物混合存放，无危废标识、无危废管理台账等。

以河北某矿物棉企业为例，2019年9月，执法人员在现场检查时，发现该企业未采取相应防范措施造成工业固体废物扬散。

（6）自动监测设施运行不规范或弄虚作假

以2021年6月生态环境部发布的《6月份重点区域空气质量改善监督帮扶持续开展发现一批突出涉气环境问题》为例，江苏、天津两家玻璃企业自动监测设施不正常运行。

在江苏某企业现场通入浓度98.49mg/m³的二氧化硫标气进行测试，分析仪显示二氧化硫浓度为45.88mg/m³；通入空气（氧含量21%）进行测试，分析仪显示氧含量为14.45%，均明显超过《固定污染源烟气（SO_2、NO_x、颗粒物）排放连续监测技术规范》（HJ 75—2017）规定的示值误差±2.5%的要求。

在天津某企业现场对两条玻璃熔窑生产线的自动监测设施分别进行通标测试，其中1200t玻璃熔窑废气排口自动监测设施通入38mg/m³二氧化硫标气，经过328s，测试结果为2.3mg/m³；1500t玻璃熔窑废气排口自动监测设施通入73mg/m³二氧化硫标气，经过360s，测试结果为41mg/m³，两套设备在规定时间内均不能达到目标值的90%，自动监测设施运行不正常。

以江苏某光伏玻璃企业为例，2021年9月，现场检查时发现，该公司玻璃窑炉某废

气排放口配套的二氧化硫自动监测设备的量程上限设置为 250mg/m³，低于排污许可证规定的排放限值（400mg/m³）。经查阅该公司自动监测设备历史数据，发现二氧化硫浓度多次达到量程上限，导致上传到生态环境部门的监测数据失真。

（7）不正常运行污染防治设施

以山东某玻璃纤维企业为例，该企业主要生产内外墙保温网格布等产品。2020 年 4 月执法人员在现场检查时发现，该企业产生挥发性有机物废气工序正在生产，治污设施引风机、活性炭吸附设施运行正常，而光氧、喷淋设施未开启，导致未能有效减少生产过程中的有机物废气排放。

以福建某矿物棉企业为例，2020 年 9 月执法人员在现场检查时，发现该企业冲天炉顶部烟气收集不到位，无组织排放严重；烟气管道设有活动门和带阀门的三通管，部分烟气通过敞开的活动门直排；矿物棉生产线上粉尘没有收集处理到位，布袋除尘器破漏，生产设备积尘严重。

以安徽某玻璃制品企业为例，2020 年 11 月执法人员在现场检查时，发现该企业在生产期间，喷漆车间 UV 光解大气污染防治设施未正常使用，焊接作业时移动式焊接烟尘净化器未使用，切工工段切割粉尘集气罩和布袋除尘器未使用。

以河北某玻璃制品企业为例，当地生态环境管理部门在开展 2021 年第二季度污染源"双随机、一公开"监管随机抽查工作时，发现该企业喷漆工序密闭不严，危废间内废涂料桶未加盖密闭存储。

以浙江某玻璃制镜企业为例，该企业产生含挥发性有机物废气的生产活动未在密闭空间或设备中进行，未按规定安装、使用污染防治设施。

（8）超标排放污染物

以浙江某玻璃企业为例，2021 年 3 月执法人员对该企业废水排放口进行采样检测，检测结果显示该企业采样当天排放废水中的氨氮浓度为 482mg/L、氟化物浓度为 39.2mg/L，分别超过《工业企业废水氮、磷污染物间接排放限值》（DB 33/887—2013）表 1 间接排放限值和《污水综合排放标准》（GB 8978—1996）表 4 三级排放限值要求。

以广东某平板玻璃企业为例，2020 年 8 月，当地生态环境管理部门委托某检测机构对该企业窑炉废气处理后排放口进行采样监测，监测结果显示，该企业在正常生产情况下窑炉废气处理后排放口排放废气中颗粒物折算后排放浓度为 507mg/m³，超过排放标准规定的排放限值。

以山东某平板玻璃企业为例，在 2021 年 5 月生态环境部开展的重点区域空气质量改善监督帮扶工作中，发现该企业一条日产 500t 玻璃的生产线未经环评审批就已投入生产，经现场监测氮氧化物排放浓度为 398mg/m³，超过地方排放标准要求。同时，检查中还发现，该企业未经属地生态环境部门同意，擅自停运自动监测设施。

以内蒙古某特种玻璃企业为例，2019 年 12 月，环境执法人员发现，该企业烟气在线监测设施运维人员对在线设备采样管路进行疏通更换，期间氧含量数值为 17%～21%，导致氮氧化物折算值严重偏高，日均值数据超标，在计算污染物有效超标倍数中将颗粒物、氮氧化物超标倍数剔除。该企业烟囱废气排放口颗粒物超标 2d，超标 0.6824 倍；二氧化硫超标 1d，超标 1.4106 倍；氮氧化物超标 7d，超标 1.959 倍，除因设备故障导致废气超标数据外，该企业废气各污染物共计有效超标 3.5395 倍。

1.3 行业环境保护要求

1.3.1 环境保护部门规章

1.3.1.1 产业结构调整指导目录

《产业结构调整指导目录（2019 年本）》（中华人民共和国国家发展和改革委员会令第 29 号）与玻璃和矿物棉行业相关的要求如表 1-10 所列。

表 1-10 《产业结构调整指导目录（2019 年本）》与玻璃和矿物棉行业相关要求

类别	相关要求
鼓励类	规模不超过 150t/d（含）的电子信息产业用超薄基板玻璃、触控玻璃、高铝盖板玻璃、载板玻璃、导光板玻璃生产线、技术装备和产品；高硼硅玻璃，微晶玻璃；交通工具和太阳能装备用铝硅酸盐玻璃；大尺寸（1m² 及以上）铜铟镓硒和碲化镉等薄膜光伏电池背电极玻璃；节能、安全、显示、智能调控等功能玻璃产品及技术装备；连续自动化真空玻璃生产线；玻璃熔窑用全氧/富氧燃烧技术；一窑多线平板玻璃生产技术与装备；玻璃熔窑用低导热熔铸锆刚玉、长寿命（12 年及以上）无铬碱性高档耐火材料。 80000t/a 及以上无碱玻璃纤维粗纱（单丝直径＞9μm）池窑拉丝技术，50000t/a 及以上无碱玻璃纤维细纱（单丝直径≤9μm）池窑拉丝技术，超细、高强高模、耐碱、低介电、高硅氧、可降解、异形截面等高性能玻璃纤维及玻纤制品技术开发与生产；玄武岩纤维池窑拉丝技术；航天航空等领域所需的特种玻璃制造技术开发与生产。 中性硼硅药用玻璃。 智能车用安全玻璃。 节能环保型玻璃窑炉（含全电熔、电助熔、全氧燃烧技术、NOₓ 产生浓度≤1200mg/m³ 的低氮燃烧技术）的设计、应用；玻璃熔窑 DCS 节能自动控制技术。 轻量化玻璃瓶罐（轻量化度≤1.0）工艺技术和关键装备的开发与生产。 液晶面板产业用玻璃基板、电子及信息产业用盖板玻璃等关键部件及关键材料。 废（碎）玻璃等废旧物资等资源循环再利用技术、设备开发及应用。 岩棉复合材料制品/部品
限制类	中碱玻璃纤维池窑法拉丝生产线；单窑规模小于 80000t/a（不含）的无碱玻璃纤维粗纱池窑拉丝生产线；中碱、无碱、耐碱玻璃球窑生产线；中碱、无碱玻璃纤维代铂坩埚拉丝生产线。 30000t/a 以下岩（矿）棉制品生产线和 8000t/a 以下玻璃棉制品生产线。 玻璃保温瓶胆生产线。 30000t/a 及以下的玻璃瓶罐生产线。 以人工操作方式制备玻璃配合料及称量。 未达到日用玻璃行业清洁生产评价指标体系规定指标的玻璃窑炉
淘汰类	平拉工艺平板玻璃生产线（含格法）。 玻璃纤维陶土坩埚拉丝生产工艺与装备。 燃煤和燃发生炉煤气的坩埚玻璃窑，直火式、无热风循环的玻璃退火炉。 添加白砒、三氧化二锑、含铅、含氟（全电熔窑除外）、铬矿渣及其他有害原辅材料的玻璃配合料
落后产品	陶土坩埚拉丝玻璃纤维和制品及其增强塑料（玻璃钢）制品。 非机械生产的中空玻璃

1.3.1.2 建设项目环境影响评价分类管理名录

《建设项目环境影响评价分类管理名录（2021 年版）》（生态环境部令 第 16 号）对玻璃行业相关项目的规定如表 1-11 所列。

表 1-11　《建设项目环境影响评价分类管理名录（2020 年版）》对玻璃行业相关项目的规定

	项目类别	报告书	报告表	登记表
57	玻璃制造 304；玻璃制品制造 305	平板玻璃制造	特种玻璃制造；其他玻璃制造；玻璃制品制造（电加热的除外；仅切割、打磨、成型的除外）	—
58	玻璃纤维和玻璃纤维增强塑料制品制造 306	—	全部	—

1.3.1.3　国家危险废物名录

《国家危险废物名录（2021 年版）》（生态环境部　国家发展和改革委员会　公安部　交通运输部　国家卫生健康委员会　部令　第 15 号）于 2020 年 11 月 25 日发布，自 2021 年 1 月 1 日起施行。名录中与玻璃和矿物棉行业相关规定如表 1-12 所列。

表 1-12　《国家危险废物名录（2021 年版）》与玻璃和矿物棉行业相关规定

废物类型	行业来源	废物代码	危险废物	危险特性
HW08 废矿物油与含矿物油废物	非特定行业	900-214-08	车辆、轮船及其它机械维修过程中产生的废发动机油、制动器油、自动变速器油、齿轮油等废润滑油	T，I
		900-217-08	使用工业齿轮油进行机械设备润滑过程中产生的废润滑油	T，I
HW12 染料、涂料废物	非特定行业	900-252-12	使用油漆（不包括水性漆）、有机溶剂进行喷漆、上漆过程中产生的废物	T，I
HW22 含铜废物	玻璃制造	304-001-22	使用硫酸铜进行敷金属法镀铜产生的废槽液、槽渣和废水处理污泥	T
HW31 含铅废物	玻璃制造	304-002-31	使用铅盐和铅氧化物进行显像管玻璃熔炼过程中产生的废渣	T
HW50 废催化剂	环境治理业	772-007-50	烟气脱硝过程中产生的废钒钛系催化剂	T

1.3.1.4　规范条件

工业和信息化部颁布实施了平板玻璃、日用玻璃、玻璃纤维行业规范条件。截至 2021 年 10 月，平板玻璃行业已累计公布 10 批符合规范条件生产线名单，玻璃纤维行业已累计公布 5 批符合规范条件生产线名单，日用玻璃行业尚未公布符合规范条件生产线名单。规范条件中部分环境保护要求如表 1-13 所列。

表 1-13　规范条件中部分环境保护要求

规范名称	清洁生产要求	末端治理要求
《平板玻璃行业规范条件（2014 年本）》（工业和信息化部　公告 2014 年第 90 号）	易产生粉尘的原料贮存、称量、输送、混合、投料等工段要密闭操作，采取有利于抑制粉尘飞扬的密闭和除尘装置，防止含尘气体无组织排放。配备智能化设施，减少含尘现场操作人员。使用溶剂或易产生挥发性有机化合物的工段，要建设配套设施，对含有挥发性有机化合物的气体进行收集处理	大气污染物排放必须达到《平板玻璃工业大气污染物排放标准》（GB 26453）和所在地相关环境标准要求。排放不达标的，应停产整改达标后方能恢复生产

规范名称	清洁生产要求	末端治理要求
《日用玻璃行业规范条件》（工业和信息化部公告 2017 年第 54 号）	使用含硫量低的优质燃料，严格控制配合料质量、控制硫酸盐和硝酸盐原料的使用、禁止使用白砷、三氧化二锑、含铅、含镉、含氟（全电熔除外）、铬矿渣及其他有害原辅材料，产品后加工工序应使用环保型颜料和制剂；采用先进的工艺技术与设备、改善管理、综合利用等措施	以发生炉煤气为主要燃料的新建或改扩建玻璃熔窑，必须在烟道上设置除尘或含有除尘的末端治理装置，以保证熔窑换向时烟气排放达到《工业熔窑大气污染物排放标准》（GB 9078）规定的限值要求
《玻璃纤维行业规范条件》（工业和信息化部公告 2020 年第 30 号）	玻璃球窑生产线，鼓励采用先进的窑炉熔制工艺和保温节能技术，使用澄清剂应符合《工作场所有害因素职业接触限值》（GBZ 2）。玻璃纤维代铂坩埚法拉丝生产线，鼓励采用分拉、大卷装，以及原料球、浸润剂及窑炉温度智能化集中控制系统等先进工艺和装备。玻璃纤维池窑法拉丝生产线，鼓励采用纯氧燃烧、电助熔、余热利用、废丝回收利用、智能化生产与物流等先进工艺和装备	加强无组织排放控制。大气污染物排放应符合国家或地方污染物排放标准要求。玻璃纤维纱浸润剂废液应进行回收处理后循环利用，废水排放应符合国家和地方相关排放标准和限制要求。外排污水应达到《污水综合排放标准》（GB 8978）和所在地相关环境要求。生产加工过程产生的废丝均应采取回收利用或深加工工艺实现无公害处理，不得采用填埋方式进行处置

1.3.2 环境保护标准

1.3.2.1 国家和地方污染物排放标准

（1）大气污染物排放标准

目前，平板玻璃和电子玻璃企业分别执行《平板玻璃工业大气污染物排放标准》（GB 26453—2011）、《电子玻璃工业大气污染物排放标准》（GB 29495—2013）。日用玻璃、玻璃纤维熔窑执行《工业炉窑大气污染物排放标准》（GB 9078—1996）中的相关规定。其他工序执行《大气污染物综合排放标准》（GB 16297—1996）。

为进一步推动玻璃行业污染防治工作，结合当前环境管理要求，有必要整合现行有关玻璃行业大气污染物排放的标准，制定统一的《玻璃工业大气污染物排放标准》。主要修订内容应包括以下几方面：

① 结合玻璃行业生产工艺和大气污染物治理技术水平，收严颗粒物、二氧化硫、氮氧化物排放限值。

② 结合当前环境管理需求，结合脱硝治理技术水平，制定氨排放限值。

③ 结合特种玻璃制造（如中空玻璃、夹层玻璃）工艺特点，加强挥发性有机物污染防治工作，制定挥发性有机物排放限值。

④ 根据颗粒物、挥发性有机物排放特征，制定相关控制要求。

《玻璃工业大气污染物排放标准》正在制定过程中，已于 2021 年 7 月通过技术审查。该标准颁布实施后，玻璃企业不再执行现行国家污染物排放标准。国家相关污染物排放标准是玻璃工业大气污染物排放控制的基本要求。地方省级人民政府对本标准未做规定的项目，可以制定地方污染物排放标准；对本标准已做规定的项目，可以制定严于本标准的地方污染物排放标准。《玻璃工业大气污染物排放标准（征求意见稿）》部分规定如表 1-14～表 1-16 所列。

表 1-14　玻璃工业大气污染物排放标准限值　　　　单位：mg/m³

序号	污染物项目	适用条件	玻璃熔窑	镀膜尾气处理系统	涉 VOCs 物料加工工序①	原料称量、配料、碎玻璃及其他通风生产设施	污染物排放监控位置
1	颗粒物	全部	30	30	30	30	车间或生产设施排气筒
2	二氧化硫	全部	200	—	—	—	
3	氮氧化物	全部	400（500②）	—	—	—	
4	氯化氢	全部	30	30	—	—	
5	氟化物	全部	5	5	—	—	
6	砷及其化合物	使用含砷澄清剂	0.5	—	—	—	
7	锑及其化合物	使用含锑澄清剂	1	—	—	—	
8	铅及其化合物	铅晶质玻璃、CRT 显像玻璃及其他含铅玻璃	0.5	—	—	0.5③	
9	锡及其化合物	全部	—	5	—	—	
10	氨	烟气处理使用氨水、尿素等含氨物质	8	—	—	—	
11	NMHC	全部	—	—	80	—	
12	TVOC④	全部	—	—	100	—	
13	苯系物⑤	全部	—	—	40	—	
14	苯	全部	—	—	1	—	

① 涉 VOCs 物料加工工序包括：玻璃制品制造调漆、喷漆、烘干、烤花工序，制镜淋漆、烘干工序，玻璃纤维浸润剂配制、拉丝工序等。

② 玻璃制品熔窑执行该限值。

③ 砷、铅配料工序执行该限值。

④ 根据企业使用的原料、生产工艺过程、生产的产品及副产品，结合《玻璃工业大气污染物排放标准（征求意见稿）》附录 A 和有关环境管理要求等，筛选确定计入 TVOC 的物质。待国家污染物监测技术规定发布后实施。

⑤ 苯系物包括苯、甲苯、二甲苯、三甲苯、乙苯和苯乙烯。

表 1-15　企业边界大气污染物浓度限值　　　　单位：mg/m³

序号	污染物项目	适用条件	限值
1	砷及其化合物	使用含砷澄清剂的玻璃企业	0.003
2	铅及其化合物	铅晶质玻璃、CRT 显像玻璃及其他含铅玻璃生产企业	0.006
3	苯	涉 VOCs 物料加工工序的玻璃企业	0.4

表 1-16　厂区内颗粒物、VOCs 无组织排放限值　　　　单位：mg/m³

污染物项目	排放限值	限值含义	无组织排放监控位置
颗粒物	3	监控点处 1h 平均浓度值	在厂房外设置监控点
NMHC	5	监控点处 1h 平均浓度值	
	15	监控点处任意一次浓度值	

　　《玻璃工业大气污染物排放标准（征求意见稿）》的附录列举了涉 VOCs 物料加工工序排放的典型大气污染物，如表 1-17 所列。

表 1-17　涉 VOCs 物料加工工序排放的典型大气污染物

序号	工艺类型	典型大气污染物
1	玻璃工业调胶、施胶工序	颗粒物、苯系物（包括苯、甲苯、二甲苯、三甲苯、乙苯和苯乙烯）、异丁烯、异戊二烯、甲基丙烯酸甲酯、聚二甲基硅氧烷等
2	玻璃制品制造调漆、喷漆、烘干、烤花工序	颗粒物、丙烷、正丁烷、正己烷、苯系物（包括苯、甲苯、二甲苯、三甲苯、乙苯和苯乙烯）、乙醇、乙二醇、异丙醇、丁醇、异丁醇、仲丁醇、二丙酮醇、乙二醇乙醚、乙二醇丁醚、环己酮、乙酸甲酯、乙酸乙酯、乙酸丙酯、乙酸异丙酯、乙酸丁酯、乙酸异丁酯、丙烯酸酯类等
3	制镜淋漆、烘干工序	颗粒物、苯系物（包括苯、甲苯、二甲苯、三甲苯、乙苯和苯乙烯）、环氧氯丙烷、酚类、丙烯酸、丙烯酸酯类、甲苯二异氰酸酯等
4	玻璃纤维浸润剂配制、拉丝工序	颗粒物、丁二烯、聚丙烯、丙烯酸、聚乙烯醇、丙烯酰胺、丙烯腈等

　　部分地区颁布实施了玻璃工业或工业炉窑大气污染物排放标准。如山东省玻璃企业执行《建材工业大气污染物排放标准》（DB 37/2373—2018）；河北省平板玻璃企业执行《平板玻璃工业大气污染物超低排放标准》（DB 13/2168—2020），其他类型玻璃企业执行《工业炉窑大气污染物排放标准》（DB 13/1640—2012）；陕西关中地区玻璃企业执行《关中地区重点行业大气污染物排放标准》（DB 61/941—2018）等。

　　以玻璃熔窑大气污染物执行的排放标准为例，国家和部分地方大气污染物排放标准如表 1-18 所列。

表 1-18　国家和部分地区玻璃熔窑执行的大气污染物排放标准（标态）　　　单位：mg/m³

序号	标准名称	颗粒物	二氧化硫	氮氧化物	氯化氢	氟化物
1	《工业炉窑大气污染物排放标准》（GB 9078—1996）	200	850	—	—	6
2	《电子玻璃工业大气污染物排放标准》（GB 29495—2013），O₂含量 8%	50	400	700	30	5
3	《平板玻璃工业大气污染物排放标准》（GB 26453—2011），O₂含量 8%	50	400	700	30	5
4	河北《工业炉窑大气污染物排放标准》（DB 13/1640—2012），O₂含量 8.6%	50	400	400	—	6
5	河北《平板玻璃工业大气污染物超低排放标准》（DB 13/2168—2020），O₂含量 8%	10	50	200	30	5
6	山东《建材工业大气污染物排放标准 》（DB 37/ 2373—2018），O₂含量 12%	20	100	200	30	5
7	广东《玻璃工业大气污染物排放标准》（DB 44/2159—2019），O₂含量 8%	30	280	550	—	—
8	陕西《关中地区重点行业大气污染物排放标准》（DB 61/ 941—2018），O₂含量 8%	20	100	500	—	—
9	重庆《工业炉窑大气污染物排放标准》（DB 50/659—2016），O₂含量 8%	50	400	700	—	—

序号	标准名称	颗粒物	二氧化硫	氮氧化物	氯化氢	氟化物
10	天津《工业炉窑大气污染物排放标准》（DB 12/ 556—2015），O_2 含量 8.6%	30	50	500	—	—
11	天津《平板玻璃工业大气污染物排放标准》（DB 12/ 1100—2021），O_2 含量 8%	10	50	200	30	5
12	河南《工业炉窑大气污染物排放标准》（DB 41/ 1066—2020），O_2 含量 9%	10	100	300	30	6

　　玻璃工业涉 VOCs 物料加工工序（玻璃制造调胶、施胶工序，玻璃制品制造调漆、喷漆、烘干、烤花工序，制镜淋漆、烘干工序，玻璃纤维浸润剂配制、拉丝工序等）排放挥发性有机物，目前执行《大气污染物综合排放标准》（GB 16297—1996）或地方污染物排放标准。国家和部分地方挥发性有机物排放标准如表 1-19 所列。

表 1-19　国家和部分地方挥发性有机物排放标准（标态）　　　单位：mg/m^3

序号	标准名称	非甲烷总烃	TVOC	苯系物	苯
1	《大气污染物综合排放标准》（GB 16297—1996）	120	—	甲苯 40/二甲苯 70	12
2	河北省《工业企业挥发性有机物排放控制标准》（DB 13/ 2322—2016）	60	—	甲苯与二甲苯合计 20	1
3	山东省《挥发性有机物排放标准　第 5 部分：表面涂装行业》（DB 37/ 2801.5—2018）	—	70	甲苯 5/二甲苯 15	0.5
4	四川省《固定污染源大气挥发性有机物排放标准》（DB 51/ 2377—2017）	—	60	甲苯 5/二甲苯 15	1
5	浙江省《工业涂装工序大气污染物排放标准》（DB 33/ 2146—2018）	80	150	20	1
6	广东省《家具制造行业挥发性有机化合物排放标准》（DB 44/ 814—2010）①	—	30	甲苯与二甲苯合计 20	1

①广东省玻璃制镜企业执行《家具制造行业挥发性有机化合物排放标准》（DB44/ 814—2010）。

　　《矿物棉工业大气污染物排放标准》正在制定过程中，已于 2021 年 4 月通过技术审查。该标准颁布实施后，矿物棉企业不再执行现行国家污染物排放标准。《矿物棉工业大气污染物排放标准（征求意见稿）》部分规定如表 1-20 所列。

表 1-20　矿物棉工业大气污染物排放标准限值　　　单位：mg/m^3

序号	污染物项目	适用条件	熔制工序			成型工序	切割工序、原料工序及其他	污染物排放监控位置
			立式熔制炉	玻璃熔窑	电熔炉	集棉室、固化室		
1	颗粒物	全部	30	30	30	30	30	车间或生产设施排气筒
2	二氧化硫	全部	200	200	200	—	—	
3	氮氧化物	全部	300	400				

序号	污染物项目	适用条件	熔制工序			成型工序	切割工序、原料工序及其他	污染物排放监控位置
			立式熔制炉	玻璃熔窑	电熔炉	集棉室、固化室		
4	氨	烟气处理使用氨水、尿素等含氨物质	—	8	—	—	—	车间或生产设施排气筒
		使用氨水作为黏结剂的添加剂	—	—	—	30	—	
5	NMHC	全部	—	—	—	80	—	
6	酚类	使用酚醛树脂作为黏结剂	—	—	—	20	—	
7	甲醛		—	—	—	5	—	

（2）水污染物排放标准

玻璃和矿物棉企业水污染物排放管理执行《污水综合排放标准》（GB 8978—1996）、《污水排入城镇下水道水质标准》（GB/T 31962—2015）或地方水污染物排放标准。

关于雨水排放，《排污许可证申请与核发技术规范 玻璃工业—平板玻璃》（HJ 856—2017）、《排污许可证申请与核发技术规范 陶瓷砖瓦工业》（HJ 954—2018）规定：选取全厂雨水排放口开展监测。对于有多个雨水排放口的排污单位，对全部雨水排放口开展监测。雨水监测点位设置在厂区雨水排放口后、排污单位用地红线边界位置。在雨水排放口有流量的前提下进行采样。雨水排放口监测指标为化学需氧量，排放期间每日至少监测一次。

针对雨水排放执行标准，生态环境部《关于雨水执行标准问题的回复》指出：企业在生产过程中，因物料遗撒、跑冒滴漏等原因，通常在厂区地面残留较多原辅料和废弃物，在降雨时被冲刷带入雨水管道，污染雨水。因此，若不对污染雨水加以收集处理，任其通过雨水排口直接外排，将对水生态环境造成严重污染。为控制污染雨水，多项排放标准已将初期雨水或污染雨水纳入管控范围，要求达标排放，但是排放标准中不使用"后期雨水"的表述。企业雨水管理应严格执行该行业相应排放标准的相关要求。

1.3.2.2 排污许可技术规范

为指导平板玻璃等工业排污单位填报《排污许可证申请表》及网上填报相关申请信息，指导核发机关审核确定平板玻璃等工业排污单位排污许可证许可要求，生态环境部颁布实施了《排污许可证申请与核发技术规范 玻璃工业—平板玻璃》（HJ 8560—2017）等系列技术规范。与玻璃和矿物棉行业相关的排污许可技术规范如表1-21所列。

表1-21 与玻璃和矿物棉行业相关的排污许可技术规范

序号	标准名称	适用行业
1	《排污许可证申请与核发技术规范 玻璃工业—平板玻璃》（HJ 856—2017）	平板玻璃
2	《排污许可证申请与核发技术规范 工业炉窑》（HJ 1121—2020）	日用玻璃、玻璃纤维
3	《排污许可证申请与核发技术规范 陶瓷砖瓦工业》（HJ 954—2018）	矿物棉
4	《排污许可证申请与核发技术规范 总则》（HJ 942—2018）	玻璃制镜

序号	标准名称	适用行业
5	《排污单位自行监测技术指南　平板玻璃工业》（HJ 988—2018）	平板玻璃
6	《排污单位环境管理台账及排污许可证执行报告技术规范　总则（试行）》（HJ 944—2018）	玻璃和矿物棉

1.3.2.3　其他环境保护标准

《平板玻璃工厂环境保护设施设计标准》（GB/T 50559—2018）于 2018 年 9 月 11 日颁布，2019 年 3 月 1 日实施。该标准规定了厂址选择及总图布置、环境污染防治、环保设施和环境监测等技术要求。环保设施部分要求如表 1-22 所列。

表 1-22　《平板玻璃工厂环境保护设施设计标准》环保设施部分要求

序号	环保设施	相关要求
1	粉尘防治设施	（1）原料车间的上料、称量、配料、混合系统，联合车间的窑头料仓、脱硫剂制备、输送等产生粉尘的设备和产尘点，应设置除尘器。 （2）碎玻璃系统的收集、破碎、运输等产尘点均应密闭，并应设除尘设施。碎玻璃运输宜采用皮带输送；用车辆运输时，应采取加盖苫布遮挡等措施。 （3）煤气站煤破碎、石油焦破碎、筛分系统应采取密闭措施，并应设除尘器等
2	脱硫设施	（1）使用含硫量大于或等于 0.9% 的燃料，脱硫率应在 95% 以上，宜优先采用湿法脱硫工艺，或采用"干法+半干法"组合脱硫工艺。 （2）使用含硫量小于 0.9% 的燃料，脱硫率应在 80% 以上，在保证达标排放并满足二氧化硫排放总量控制要求的同时，可采用干法、半干法技术。 （3）脱硫剂的储运、制备系统应有控制扬尘污染的措施等
3	脱硝设施	（1）玻璃熔窑烟气脱硝工艺在选用低氮燃烧技术的前提下，宜采用选择性催化还原法（SCR），脱硝效率不应低于 80%。 （2）加装烟气脱硝系统后，氨逃逸率不应大于 10ppm（1ppm=10^{-6}）。 （3）氨贮存和制备供应系统应有控制氨气二次污染的措施等
4	在线镀膜废气处理设施	（1）在线镀膜废气应采用净化工艺。 （2）废气净化宜采用静电除尘器和喷淋塔等设备

平板玻璃、光伏压延玻璃、玻璃纤维、薄膜晶体管显示器件玻璃基板、岩棉等产品制定了工厂设计规范和标准，提出了环境保护要求。而日用玻璃产品尚未制定相关产品的工厂设计规范。相关行业工厂设计规范对环境保护工作（废气污染防治方面）提出的要求如表 1-23 所列。

表 1-23　相关行业工厂设计规范环境保护部分要求

标准名称	部分要求（废气污染防治方面）
《平板玻璃工厂设计规范》（GB 50435—2016）	（1）熔窑应设置降低硫氧化物排放量的脱硫设施，提倡使用清洁燃料，在保证玻璃质量的前提下应降低芒硝率、减少二氧化硫排放； （2）熔窑应设置降低氮氧化物排放量的脱硝设施，熔窑宜采用低氮氧化物燃烧器、纯氧燃烧、分层燃烧等措施
《光伏压延玻璃工厂设计规范》（GB 51113—2015）	
《玻璃纤维工厂设计标准》（GB 51258—2017）	（1）配料系统应在拆包处、料仓顶、秤斗、混合罐和其他易产生粉尘处设置收尘装置，配合料应采用管道气力输送方式； （2）玻璃纤维化学成分宜采用低氟低硼或无氟无硼等配方，当氟化物超标时应设置脱氟设施； （3）窑炉宜采用低硫原料、燃料，当硫氧化物和硫化物超标时应设置脱硫设施；

标准名称	部分要求（废气污染防治方面）
《玻璃纤维工厂设计标准》（GB 51258—2017）	（4）燃烧系统宜采用纯氧燃烧技术、低氮燃烧器，当氮氧化物超标时应设置脱硝设施； （5）烘干车间烘干炉、短切毡生产线固化炉等工业炉的废气，宜集中送至废气处理设施处理
《薄膜晶体管显示器件玻璃基板生产工厂设计标准》（GB 51432—2020）	（1）玻璃基板工厂的上料、卸料、配料、混合系统产尘区域，熔炉投入料口等易产尘部位，生产过程中玻璃基板切割、研磨等会产生粉尘的设备，碎玻璃溜槽入口应设置除尘系统； （2）玻璃基板工厂熔炉废气脱硝可采用高温脱硝及低温脱硝两种方式。高温脱硝宜采用选择性非催化还原法（SNCR）或高效选择性非催化还原法（HESNCR），低温脱硝宜采用活性焦炭逆流式选择性催化还原法（CSCR）
《岩棉工厂设计标准》（GB/T 51379—2019）	（1）配料系统应在秤斗、集料皮带和各转运落料点处设置收尘装置； （2）冲天炉烟气处理应与余热利用统筹设计，烟气应经除尘、焚烧、换热、脱硫处理后达标排放； （3）集棉机负压风、制品冷却风应经除尘过滤后达标排放； （4）固化炉废气中的有机物和粉尘应经处理后达标排放； （5）纵切、横切和开条工段处应设置袋式除尘器

《污染源源强核算技术指南 平板玻璃制造》（HJ 980—2018）于 2018 年 11 月 27 日颁布，2019 年 1 月 1 日实施。该标准规定了平板玻璃制造污染源源强核算的基本原则、内容、核算方法及要求。该标准适用于采用浮法、压延等工艺制造的平板玻璃，以及电子玻璃工业太阳能电池玻璃（薄膜太阳能电池用基板玻璃、晶体硅太阳能电池用封装玻璃等），生产过程中的废气、废水、噪声、固体废物污染源源强核算。

《玻璃制造业污染防治可行技术指南》（HJ 2305—2018）于 2018 年 12 月 29 日颁布，2019 年 3 月 1 日实施。该标准提出了平板玻璃和平板显示玻璃制造企业的废气、废水、固体废物和噪声污染防治可行技术，并提出了平板玻璃熔化工序烟气污染防治先进可行技术。该标准可作为平板玻璃和平板显示玻璃制造企业建设项目环境影响评价、国家污染物排放标准制修订、排污许可管理和污染防治技术选择的参考。

《日用玻璃炉窑烟气治理技术规范》（T/CNAGI 001—2020）于 2020 年 10 月 20 日颁布实施。该标准规定了日用玻璃炉窑烟气治理工程的设计、施工、验收、运行和维护等技术要求。

1.3.3　国家环境保护相关要求

1.3.3.1　环境保护相关方案
（1）打赢蓝天保卫战三年行动计划

《打赢蓝天保卫战三年行动计划》（国发〔2018〕22 号）提出，开展工业炉窑治理专项行动，修订完善各类工业炉窑环保标准。加大不达标工业炉窑淘汰力度，加快淘汰中小型煤气发生炉。鼓励工业炉窑使用电、天然气等清洁能源或由周边热电厂供热。

（2）工业炉窑大气污染综合治理方案

《工业炉窑大气污染综合治理方案》（环大气〔2019〕56 号）部分要求如下：

① 加大产业结构调整力度。严禁新增平板玻璃产能；严格执行平板玻璃等行业产

能置换实施办法。

②加快燃料清洁低碳化替代。玻璃行业全面禁止掺烧高硫石油焦。

③实施污染深度治理。推进工业炉窑全面达标排放。全面加大玻璃等行业污染治理力度；重点区域原则上按照颗粒物、二氧化硫、氮氧化物排放限值分别不高于 30mg/m³、200mg/m³、300mg/m³ 实施改造；其中，日用玻璃、玻璃棉氮氧化物排放限值不高于 400mg/m³；已制定更严格地方排放标准的地区，执行地方排放标准。

④建立健全监测监控体系。平板玻璃等行业，严格按照排污许可管理规定安装和运行自动监控设施。加快其他行业工业炉窑大气污染物排放自动监控设施建设，重点区域内冲天炉、玻璃熔窑等，原则上应纳入重点排污单位名录，安装自动监控设施。

（3）重污染天气重点行业应急减排措施制定技术指南

为相关地区开展重点行业绩效分级，制定差异化重污染天气应急减排措施提供技术参考，生态环境部发布了《关于印发〈重污染天气重点行业应急减排措施制定技术指南（2020 年修订版）〉的函》（环办大气函〔2020〕340 号）。玻璃和矿物棉行业部分技术要求如表 1-24～表 1-26 所列。

表 1-24　平板玻璃、日用玻璃、电子玻璃、玻璃棉企业绩效分级指标部分要求

差异化指标	A 级企业	B 级企业
能源类型	全部使用天然气、电	焦炉煤气、集中煤制气（循环流化床煤制气、气流床气化炉、两段式煤制气），煤含硫量不高于 0.5%，灰分不高于 10%
装备水平	配料、窑炉：智能化集中控制系统	
污染治理技术	（1）除尘采用静电除尘、袋式除尘或电袋复合除尘等工艺； （2）脱硝（除全氧燃烧技术、全电熔炉外）采用低氮燃烧+SCR 等工艺，或除尘脱硝采用陶瓷一体化处理设施等工艺，玻璃棉行业采用低温熔制（≤1250℃）技术达到排放标准，可不采用脱硝治理工艺； （3）脱硫采用石灰石-石膏、半干法或干法等脱硫工艺，全部采用天然气为燃料的碎玻璃等替代原料，达到标准要求，可不增加脱硫工艺； （4）日用玻璃喷涂彩装工序 VOCs 治理采用喷淋洗涤、吸附、氧化等两种及以上组合工艺或燃烧工艺； （5）玻璃棉行业等涉 VOCs 废气经收集后采用燃烧法或过滤+喷淋洗涤+静电吸附组合治理工艺； （6）平板玻璃有备用治理措施	（1）除尘采用静电除尘、袋式除尘或电袋复合除尘等工艺； （2）脱硝（除全氧燃烧技术、全电熔炉外）采用低氮燃烧+SCR 等工艺，或除尘脱硝采用陶瓷一体化处理设施等工艺，玻璃棉行业采用低温熔制（≤1250℃）技术达到排放标准，可不采用脱硝治理工艺； （3）脱硫采用石灰石-石膏、半干法或干法等脱硫工艺； （4）日用玻璃喷涂彩装工序 VOCs 治理采用喷淋洗涤、吸附、氧化等两种及以上组合工艺； （5）玻璃棉行业等涉 VOCs 废气经收集后采用燃烧法或过滤+喷淋洗涤+静电吸附组合治理工艺； （6）平板玻璃有备用治理措施
排放限值	PM、SO_2、NO_x 排放浓度分别不高于 15mg/m³、50mg/m³、200mg/m³，日用玻璃喷涂彩装工序、玻璃棉 NMHC 排放浓度不高于 60mg/m³	PM、SO_2、NO_x 排放浓度分别不高于 20mg/m³、100mg/m³、300mg/m³，日用玻璃喷涂彩装工序、玻璃棉 NMHC 排放浓度不高于 60mg/m³
	备注：NH_3 逃逸不高于 8mg/m³，基准氧含量 8%；一年内的稳定达标小时数占比不低于 95%	
无组织排放	（1）采取封闭等有效措施，产尘点及车间不得有可见烟粉尘外逸； （2）石灰、除尘灰、脱硫灰等粉状物料封闭储存，采用封闭皮带、封闭通廊、管状带式输送机或封闭车厢等方式输送； （3）物料输送过程中产尘点采取有效抑尘措施； （4）粒状物料采用封闭方式输送	

续表

差异化指标	A 级企业	B 级企业
无组织排放	生产工艺产尘点（装置）采取封闭并负压集尘等措施。粒状、块状物料应采用封闭储存	生产工艺产尘点（装置）采取封闭措施。粒状、块状物料应采用封闭或半封闭储存
监测监控水平	主要生产装置安装 DCS，重点排污企业主要排放口安装 CEMS（PM、SO_2、NO_x、NMHC、NH_3），数据接入 DCS，数据保存一年以上	
环境管理水平	环保档案齐全： （1）环评批复文件； （2）排污许可证及季度、年度执行报告； （3）竣工验收文件； （4）废气治理设施运行管理规程； （5）一年内第三方废气监测报告	
	台账记录： （1）生产设施运行管理信息（生产时间、运行负荷、产品产量等）； （2）废气污染治理设施运行管理信息（除尘滤料更换量和时间、脱硫及脱硝剂添加量和时间、含烟气量和污染物出口浓度的月度 DCS 曲线图等）； （3）监测记录信息［主要污染排放口废气排放记录（手工监测和在线监测）等］； （4）主要原辅材料消耗记录； （5）燃料（天然气）消耗记录	
	人员配置：设置环保部门，配备专职环保人员，并具备相应的环境管理能力	
运输方式	（1）物料公路运输全部使用达到国五及以上排放标准重型载货车辆（含燃气）或新能源车辆； （2）厂内运输车辆全部达到国五及以上排放标准（含燃气）或使用新能源车辆； （3）厂内非道路移动机械全部达到国三及以上排放标准或使用新能源机械	（1）物料公路运输全部使用达到国五及以上排放标准重型载货车辆（含燃气）或新能源车辆占比不低于 80%，其他车辆达到国四排放标准； （2）厂内运输车辆全部达到国五及以上排放标准（含燃气）或新能源车辆占比不低于 80%，其他车辆达到国四排放标准； （3）厂内非道路移动机械全部达到国三及以上排放标准或使用新能源机械占比不低于 60%
运输监管	参照《重污染天气重点行业移动源应急管理技术指南》建立门禁系统和电子台账	

表 1-25　玻璃纤维企业绩效分级指标部分要求

差异化指标	A 级企业	B 级企业
能源类型	全部使用天然气、电	
装备水平	纯氧燃烧、电助熔、物流自动化、智能化集中控制系统	
污染治理技术	（1）除尘采用静电除尘、袋式除尘、电袋复合除尘等除尘工艺； （2）脱硝采用 SNCR、SCR 等工艺，或除尘脱硝采用陶瓷一体化处理工艺； （3）脱硫采用石灰/石灰石-石膏、半干法/干法、双碱法（自动加药、pH 连续监测装置）脱硫等工艺； （4）浸润剂采用水性高分子材料，VOCs 治理采用喷淋洗涤、吸附等工艺	
排放限值	PM、SO_2、NO_x 排放浓度分别不高于 15mg/m³、50mg/m³、130mg/m³	PM、SO_2、NO_x 排放浓度分别不高于 20mg/m³、100mg/m³、180mg/m³
	备注：NH_3 逃逸不高于 8mg/m³，基准氧含量 8%；一年内的稳定达标小时数占比不低于 95%	
无组织排放	（1）物料车间采取封闭等有效措施，产尘点及车间不得有可见烟粉尘外逸； （2）石灰、除尘灰、脱硫灰等粉状物料封闭贮存，采用封闭通廊、管状带式输送机或密闭车厢、真空罐车等方式输送； （3）物料输送过程中产尘点采取有效抑尘措施	
	生产工艺产尘点（装置）采取封闭，并设置集气罩等措施。粒状、块状物料应采用封闭贮存；粒状物料采用封闭等方式输送	生产工艺产尘点（装置）采取封闭措施，粒状、块状物料全部封闭或半封闭贮存。粒状物料采用封闭等方式输送

差异化指标	A 级企业	B 级企业
监测监控水平	主要生产设备安装 DCS，重点排污企业主要排放口安装 CEMS（PM、SO_2、NO_x、NH_3），数据接入 DCS，数据保存一年以上	
环境管理水平	环保档案齐全： （1）环评批复文件； （2）排污许可证及季度、年度执行报告； （3）竣工验收文件； （4）废气治理设施运行管理规程； （5）一年内第三方废气监测报告 台账记录： （1）生产设施运行管理信息（生产时间、运行负荷、产品产量等）； （2）废气污染治理设施运行管理信息（除尘滤料更换量和时间、脱硫及脱硝剂添加量和时间、含烟气量和污染物出口浓度的月度曲线图等）； （3）监测记录信息 [主要污染排放口废气排放记录（手工监测和在线监测）等]； （4）主要原辅材料消耗记录； （5）燃料（天然气）消耗记录 人员配置：设置环保部门，配备专职环保人员，并具备相应的环境管理能力	
运输方式和运输监管	同表 1-24	

表 1-26　岩矿棉企业绩效分级指标部分要求

差异化指标	A 级企业	B 级企业
能源类型	熔化工序以电、含硫量不高于 0.5%焦炭为能源，固化工序以天然气为能源	熔化工序采用含硫量不高于 0.7%焦炭等其他燃料类型，固化工序以天然气为能源
装备水平	电熔炉、单线 30000t/a 及以上岩矿棉立式熔制炉（基准含氧量 15%）（富氧燃烧：含氧量 25%）	单线 25000t/a 及以上岩矿棉立式熔制炉（基准含氧量 15%）（富氧燃烧：含氧量 25%）
污染治理技术	（1）除尘采用袋式除尘、电袋复合除尘、湿式电除尘等工艺； （2）脱硫采用石灰/石灰石-石膏湿法脱硫、半干法/干法等工艺（达到排放限值要求的电熔窑除外）； （3）脱硝采用 SCR、SNCR 或低氮燃烧等工艺（达到排放限值要求的电熔窑除外）； （4）VOCs 去除采用燃烧法或过滤、喷淋洗涤等串联组合工艺； （5）将旁路烟气引入主排口，烟气置于在线监测平台监管	（1）除尘采用袋式除尘、电袋复合除尘、湿式电除尘等工艺； （2）脱硫采用石灰/石灰石-石膏湿法脱硫、半干法/干法等工艺； （3）脱硝采用 SCR、SNCR 或低氮燃烧等工艺； （4）VOCs 去除采用燃烧法或过滤、喷淋洗涤等串联组合工艺； （5）将旁路烟气引入主排口，烟气置于在线监测平台监管
排放限值	热熔炉排口：PM、SO_2、NO_x 排放浓度分别不高于 $10mg/m^3$、$50mg/m^3$、$100mg/m^3$，NH_3 逃逸≤$8mg/m^3$；成型固化排口：PM、SO_2、NO_x、NMHC 排放浓度分别不高于 $10mg/m^3$、$50mg/m^3$、$100mg/m^3$、$60mg/m^3$	热熔炉排口：PM、SO_2、NO_x 排放浓度分别不高于 $10mg/m^3$、$80mg/m^3$、$150mg/m^3$，NH_3 逃逸≤$8mg/m^3$；成型固化排口：PM、SO_2、NO_x、NMHC 排放浓度分别不高于 $10mg/m^3$、$80mg/m^3$、$150mg/m^3$、$60mg/m^3$
	一年内的稳定运行达标小时数占比 95%以上；破碎、切割等其他产尘点 PM 不高于 $10mg/m^3$	
无组织排放	（1）物料破碎、筛分、混合等设备应设置集气罩，并配备除尘设施； （2）产尘点及车间不得有可见烟粉尘外逸，物料运输车辆应苫盖； （3）厂区出口设置车轮和车身清洗设施； （4）粉状物料及产品（半成品）采用封闭贮存 （5）粒状、块状或粘湿物料应采用封闭贮存，料仓采取喷雾抑尘措施，有切割等易产尘工序的车间出入口应安装自动门； （6）粒状物料应采用皮带廊道等封闭方式输送	（5）粒状、块状或粘湿物料应采用封闭、半封闭贮存，采取喷雾抑尘措施； （6）粒状物料应采用皮带廊道等封闭方式输送

差异化指标	A 级企业	B 级企业
监测监控水平	生产工艺设置 DCS 控制，重点排污企业熔制炉排口安装 CEMS，数据接入 DCS。DCS、CEMS 监控数据保存一年以上	生产工艺设置 DCS/PLC 控制，重点排污企业熔制炉排口安装 CEMS，数据接入 DCS。DCS/PLC、CEMS 监控数据保存一年以上
环境管理水平	环保档案齐全： （1）环评批复文件； （2）排污许可证及季度、年度执行报告； （3）竣工验收文件； （4）废气治理设施运行管理规程； （5）一年内第三方废气监测报告	
	台账记录： （1）生产设施运行管理信息（生产时间、运行负荷、产品产量等）； （2）废气污染治理设施运行管理信息（除尘滤料更换量和时间、脱硫及脱硝剂添加量和时间，过滤材料、吸附剂、催化剂更换频次，含烟气量和污染物出口浓度的月度 DCS 曲线图等）； （3）监测记录信息［主要污染排放口废气排放记录（手工监测和在线监测）等］； （4）主要原辅材料消耗记录； （5）燃料（天然气）消耗记录	
	人员配置：设置环保部门，配备专职环保人员，并具备相应的环境管理能力	
运输方式	（1）物料公路运输全部使用达到国五及以上排放标准重型载货车辆（含燃气）或新能源车辆； （2）厂内运输车辆全部达到国五及以上排放标准（含燃气）或使用新能源车辆； （3）厂内非道路移动机械全部达到国三及以上排放标准或使用新能源机械	（1）物料公路运输全部使用达到国五及以上排放标准重型载货车辆（含燃气）或新能源车辆占比不低于 60%，其他车辆达到国四排放标准； （2）厂内运输车辆全部达到国五及以上排放标准（含燃气）或新能源车辆占比不低于 60%，其他车辆达到国四排放标准； （3）厂内非道路移动机械全部达到国三及以上排放标准或使用新能源机械占比不低于 50%
运输监管	参照《重污染天气重点行业移动源应急管理技术指南》建立门禁系统和电子台账	

目前，尚未评定为 A 级的玻璃和矿物棉企业的差距主要表现为以下几个方面：

① 平板玻璃企业没有备用治理措施。

② 玻璃喷涂工序废气治理设施不完善。

③ 物料贮存、输送等工序无组织排放措施不完善。

④ 缺少氨逃逸在线监测装置，缺少氨逃逸监测数据。

⑤ 污染物在线监测装置运行维护不规范。

⑥ 缺乏对公路运输、厂内运输车辆的管理等。

1.3.3.2 环境保护相关指导意见

（1）关于加强高耗能、高排放建设项目生态环境源头防控的指导意见

《关于加强高耗能、高排放建设项目生态环境源头防控的指导意见》（环环评〔2021〕45 号），从加强生态环境分区管控和规划约束、严格"两高"项目环评审批、推进"两高"行业减污降碳协同控制、依排污许可证强化监管执法、保障政策落地见效等五个方面提出 12 条指导意见。部分意见如下所述：

① 严把建设项目环境准入关。新建、改建、扩建"两高"项目须符合生态环境保护法律法规和相关法定规划，满足重点污染物排放总量控制、碳排放达峰目标、生态环

境准入清单、相关规划环评和相应行业建设项目环境准入条件、环评文件审批原则要求。新建、扩建平板玻璃等项目应布设在依法合规设立并经规划环评的产业园区。

② 合理划分事权。省级生态环境部门应加强对基层"两高"项目环评审批程序、审批结果的监督与评估，对审批能力不适应的依法调整上收。对平板玻璃等环境影响大或环境风险高的项目类别，不得以改革试点名义随意下放环评审批权限或降低审批要求。

③ 提升清洁生产和污染防治水平。新建、扩建"两高"项目应采用先进适用的工艺技术和装备，单位产品物耗、能耗、水耗等达到清洁生产先进水平，依法制定并严格落实防治土壤与地下水污染的措施。国家或地方已出台超低排放要求的"两高"行业建设项目应满足超低排放要求。

④ 将碳排放影响评价纳入环境影响评价体系。各级生态环境部门和行政审批部门应积极推进"两高"项目环评开展试点工作，衔接落实有关区域和行业碳达峰行动方案、清洁能源替代、清洁运输、煤炭消费总量控制等政策要求。在环评工作中，统筹开展污染物和碳排放的源项识别、源强核算、减污降碳措施可行性论证及方案比选，提出协同控制最优方案。鼓励有条件的地区、企业探索实施减污降碳协同治理和碳捕集、封存、综合利用工程试点、示范。

⑤ 强化以排污许可证为主要依据的执法监管。各地生态环境部门应将"两高"企业纳入"双随机、一公开"监管。加大"两高"企业依证排污以及环境信息依法公开情况检查力度，特别对实行排污许可重点管理的"两高"企业，应及时核查排污许可证许可事项落实情况，重点核查污染物排放浓度及排放量、无组织排放控制、特殊时段排放控制等要求的落实情况。

(2) 玻璃行业产能置换实施办法

《工业和信息化部关于印发〈水泥玻璃行业产能置换实施办法〉的通知》（工信部原〔2021〕80 号）部分要求如下所述。

严禁备案和新建扩大产能的平板玻璃项目。确有必要新建的，必须制定产能置换方案，实施产能置换。

下列情形可不制定产能置换方案：

① 依托现有玻璃熔窑实施治污减排、节能降耗、协同处置、提升装备水平等不扩大产能的技术改造项目。

② 确因当地发展规划调整，导致不属于国家明令淘汰的落后产能的生产装置迁建的，企业搬迁又未享受退出产能的资金奖补（因员工安置、土地回收的补偿和奖励除外）和政策支持的项目，可不制定产能置换方案，但应公示、公告项目迁建情况，主动接受监督。

③ 熔窑能力不超过 150t/d 的新建工业用平板玻璃项目。

④ 光伏压延玻璃项目可不制定产能置换方案，但要建立产能风险预警机制，规定新建项目由省级工业和信息化主管部门委托全国性的行业组织或中介机构召开听证会，论证项目建设的必要性、技术先进性、能耗水平、环保水平等，并公告项目信息，项目建成投产后企业履行承诺不生产建筑玻璃。

用于置换的平板玻璃生产线产能必须是合规的有效产能，且在各省级工业和信息化主管部门每年公告的本地区合规平板玻璃生产线清单内（包括企业名称、生产线名称、窑径、备案或核准产能、实际产能、建成投产日期等）。

用于置换的平板玻璃生产线产能拆分转让不能超过两个项目。

（3）高耗能行业重点领域能效标杆水平和基准水平

《国家发展改革委等部门关于发布〈高耗能行业重点领域能效标杆水平和基准水平（2021 年版）〉的通知》（发改产业〔2021〕1609 号）部分要求如表 1-27 所列。

表 1-27　平板玻璃行业能效标杆水平和基准水平

国民经济行业分类及代码			重点领域	指标名称	指标单位	标杆水平	基准水平
大类	中类	小类					
非金属矿物制品业（30）	玻璃制造（304）	平板玻璃制造（3041）	平板玻璃（生产能力＞800t/d）	单位产品能耗	千克标准煤/重量箱	8	12
			平板玻璃（500t/d≤生产能力≤800t/d）			9.5	13.5

（4）高耗能行业重点领域节能降碳改造升级实施指南

《关于发布〈高耗能行业重点领域节能降碳改造升级实施指南（2022 年版）〉的通知》（发改产业〔2022〕200 号）对平板玻璃行业提出如下要求：

① 推广节能技术应用。采用玻璃熔窑全保温、熔窑用红外高辐射节能涂料等技术，提高玻璃熔窑能源利用效率，提升窑炉的节能效果，减少燃料消耗。采用玻璃熔窑全氧燃烧、纯氧助燃工艺技术及装备，优化玻璃窑炉、锡槽、退火窑结构和燃烧控制技术，提高热效率，节能降耗。采用配合料块化、粒化和预热技术，调整配合料配方，控制配合料的气体率，调整玻璃体氧化物组成，开发低熔化温度的料方，减少玻璃原料中碳酸盐组成，降低熔化温度，减少燃料的用量，降低二氧化碳排放。推广自动化配料、熔窑、锡槽、退火窑三大热工智能化控制，熔化成型数字仿真，冷端优化控制、在线缺陷检测、自动堆垛铺纸、自动切割分片、智能仓储等数字化、智能化技术，推动玻璃生产全流程智能化升级。

② 加强清洁能源原燃料替代。建立替代原燃材料供应支撑体系，支持有条件的平板玻璃企业实施天然气、电气化改造提升，推动平板玻璃行业能源消费逐步转向清洁能源为主。大力推进能源的节约利用，不断提高能源精益化管理水平。加大绿色能源使用比例，鼓励平板玻璃企业利用自有设施、场地实施余热余压利用、分布式发电等，提升企业能源"自给"能力，减少对化石能源及外部电力依赖。

③ 合理压减终端排放。研发玻璃生产超低排放工艺及装备，探索推动玻璃行业颗粒物、二氧化硫、氮氧化物全过程达到超低排放。

1.3.4　国家、地方及行业环境保护相关要求

1.3.4.1　国家、地方环境保护相关要求

为推动玻璃和矿物棉行业污染防治工作，国家和地方结合玻璃和矿物棉行业的特点提出了环境保护要求，部分国家和地区相关环境保护要求如表 1-28 所列。

第 1 章　行业发展概况

表 1-28　部分国家和地区相关环境保护要求

序号	地区	文件名称	主要内容
1	国家	《中华人民共和国国民经济和社会发展第十四个五年规划和 2035 年远景目标纲要》	持续改善京津冀及周边地区、汾渭平原、长三角地区空气质量，因地制宜推动北方地区清洁取暖、工业窑炉治理、非电行业超低排放改造，加快挥发性有机物排放综合整治，氮氧化物和挥发性有机物排放总量分别下降 10%以上
2	国家	《"十四五"原材料工业发展规划》	推进特种玻璃熔化成型技术；推动特种玻璃纤维、玄武岩纤维等高性能纤维智能化池窑连续拉丝等材料深加工技术产业化应用；攻克高性能功能玻璃等一批关键材料；建设先进玻璃制造业创新中心；完善并严格落实平板玻璃行业产能置换相关政策；研究推动玻璃行业实施超低排放
3	国家	《"十四五"工业绿色发展规划》	在重点行业推广先进适用环保治理装备，推动形成稳定、高效的治理能力。实施水泥行业脱硫脱硝除尘超低排放、玻璃行业熔窑烟气除尘、脱硫脱硝、余热利用（发电）"一体化"工艺技术和成套设备改造
4	山东	《山东省"十四五"生态环境保护规划》	依据国家相关产业政策，对平板玻璃行业严格执行产能置换要求，确保产能总量只减不增；提高玻璃等行业的园区集聚水平，深入推进园区循环化改造；推进玻璃等行业污染深度治理
5	浙江	《浙江省生态环境保护"十四五"规划》	严格落实平板玻璃行业产能置换要求，持续压减淘汰落后和过剩产能；深化实施玻璃行业治理，严格控制物料储存、输送及生产工艺过程无组织排放
6	江苏	《江苏省"十四五"生态环境保护规划》	有序推进平板玻璃等非电非钢行业超低排放改造和工业炉窑等重点设施废气治理升级，通过提供技术帮扶、绿色审批通道、差异化能源价格、环保税减免、环保设备投资抵免税等，鼓励企业开展超低排放试点建设
7	河北	《河北省建设京津冀生态环境支撑区"十四五"规划》	推动平板玻璃等行业企业实行强制性清洁生产审核。邢台市推进玻璃企业超低排放改造。实施一批玻璃等特色产业清洁化改造和挥发性有机物对标治理
8	河北	《河北省生态环境保护"十四五"规划》	严禁新增平板玻璃产能。巩固平板玻璃等行业超低排放成效，实施工艺全流程深度治理，全面加强无组织排放管控。以工业炉窑污染综合治理为重点，深化工业氮氧化物减排
9	湖北	《湖北省生态环境保护"十四五"规划》	稳步推进平板玻璃等行业落后产能淘汰，强化产能化解及置换。大力推进玻璃等重点行业全流程清洁化、循环化、低碳化技术改造。进一步实施玻璃等行业污染深度治理
10	四川	《四川省"十四五"生态环境保护规划》	严格执行平板玻璃等行业产能置换政策。推进平板玻璃等重点行业深度治理。推动取消平板玻璃等行业非必要烟气旁路
11	福建	《福建省"十四五"生态环境保护专项规划》	加快推进玻璃等行业深度治理。深化工业炉窑大气综合整治，加强无组织排放控制。推进工业炉窑使用电、天然气等清洁能源
12	辽宁	《辽宁省"十四五"生态环境保护规划》	2025 年底前，平板玻璃等行业能效达到标杆水平的产能比例超过30%。以建材等行业为重点，淘汰一批、替代一批、治理一批，分类推动工业炉窑全面实现污染物达标排放
13	安徽	《安徽省"十四五"生态环境保护规划》	以玻璃等行业为重点，开展全流程清洁化、循环化、低碳化改造，促进传统产业绿色转型升级。实施窑炉深度治理，加快推进玻璃等行业污染深度治理
14	重庆	《重庆市生态环境保护"十四五"规划》	推进玻璃等重点行业氮氧化物深度治理
15	湖南	《湖南省"十四五"生态环境保护规划》	严禁未经批准新增平板玻璃等行业产能。推进玻璃等行业污染深度治理

047

续表

序号	地区	文件名称	主要内容
16	天津	《天津市生态环境保护"十四五"规划》	严格执行平板玻璃等重点行业产能置换实施办法。实施平板玻璃等行业深度治理，严格控制物料储存、输送及生产工艺过程无组织排放
17	河南	《河南省2019年大气污染防治攻坚战实施方案》（豫环攻坚办〔2019〕25号）	2019年年底前，全省符合条件的平板玻璃和电子玻璃企业完成提标治理，玻璃熔炉烟气在基准氧含量8%的条件下，颗粒物、二氧化硫、氮氧化物排放浓度分别不高于30mg/m³、150mg/m³、400mg/m³
18	江苏	《关于开展全省非电行业氮氧化物深度减排的通知》（苏环办〔2017〕128号）	玻璃行业2020年6月1日前，全省平板玻璃行业实现玻璃熔窑烟气氮氧化物排放浓度不高于350mg/m³

1.3.4.2　日用玻璃行业"十四五"高质量发展指导意见

《日用玻璃行业"十四五"高质量发展指导意见》（中玻协〔2021〕35号）部分意见如下所述。

①积极推行低碳化、循环化和集约化，坚持源头控制与末端治理并举，改善燃料结构，鼓励选用高热值、低硫、低灰分的优质清洁能源，优选玻璃料方，加强有毒有害原材料替代，从源头降低碳排放强度，削减污染负荷。②加大先进节能环保技术、工艺和装备的研发力度，加快绿色改造升级，大力研发和推广应用节能、脱硫脱硝除尘、挥发性有机物治理等技术和装备，全面加强无组织排放管理，选用能效比高的电机、空压机、锅炉等技术成熟的设备，实现绿色生产。③提高资源综合利用效率，推广余热回收、水循环利用，大力发展废碎玻璃回收再利用，改善废碎玻璃加工质量，增加废碎玻璃应用比重。④构建绿色标准体系，严格执行《玻璃工业大气污染物排放标准》，全面实行排污许可制，所有生产企业必须做到污染物达标排放；鼓励企业采用《日用玻璃炉窑烟气治理技术规范》团体标准，规范治理工程的设计、施工、验收、运行和维护；按照不同产品类别（玻璃瓶罐、玻璃器皿、玻璃保温瓶胆），考核评价企业单位产品综合能耗，鼓励企业采取积极措施，使能耗水平达到先进值指标；持续推进清洁生产，制定绿色工厂、绿色产品标准，开展绿色评价。

1.3.4.3　玻璃纤维行业"十四五"发展规划

《玻璃纤维行业"十四五"发展规划》（协字〔2021〕15号）部分意见如下所述。

积极做好玻璃纤维产品创新与技术进步。要不断提升玻璃纤维池窑生产工艺技术与装备水平，重点以提升产品质量和性能、提高劳动生产率、降低能源消耗和碳排放为目标，借鉴和集成各类自动化、智能化辅助生产技术，不断创新和提升大型池窑生产工艺技术与装备水平，进一步提高玻璃纤维纱性价比优势，扩大玻璃纤维应用领域和市场规模。

积极做好绿色低碳发展转型。一是玻璃纤维行业要在继续做好"三废"达标排放基础上，积极推行清洁生产和资源综合利用，通过创新工艺技术、优化工艺流程、改进装备自动化智能化水平等措施，稳步提升企业生产效率及产品品质，降低单位产品综合能耗和碳排放量。二是玻璃纤维行业要积极践行"碳达峰、碳中和"发展目标，通过开展能效对标、降低碳酸盐原料使用规模、提高绿色能源使用比例等措施，不断降低企业碳排放水平。要通过产业政策引导等措施，推动全行业实施低碳化发展转型，稳步实施行业产能及产业战略布局变革调整，引导行业向具备清洁能源优势地区转移，积极探索建立零碳工厂、零碳车间，实现绿色低碳发展。

第2章
生产工艺及产排污情况

2.1 平板玻璃

2.1.1 生产工艺

平板玻璃生产工艺包括浮法和压延法两种；其中，浮法是将玻璃液漂浮在金属锡液面上制得平板玻璃的一种方法。它是将玻璃液从池窑连续地流入并漂浮在有还原性气体保护的金属锡液面上，依靠玻璃的表面张力、重力及机械拉引力的综合作用，拉制成不同厚度的玻璃带，经退火、冷却而制成平板玻璃。目前，浮法已成为平板玻璃主要的制造工艺技术。

浮法玻璃生产工艺环节包括配料、熔化、成型、退火和切裁 5 个工序。生产工艺流程如图 2-1 所示。

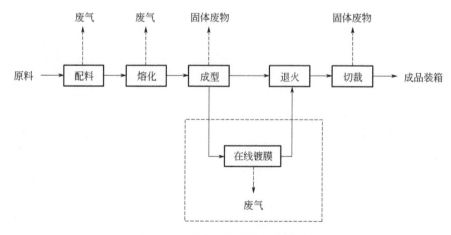

图 2-1 浮法玻璃生产工艺流程

浮法玻璃生产线设备工艺流程主要由配料系统、碎玻璃系统、熔窑、锡槽、退火窑、成品切割线以及辅助生产设施组成。

（1）配料系统

制造玻璃的原料由白云石、硅砂（又名石英砂）、石灰石、芒硝、纯碱、着色剂等数种物料组成，通过输送设备送入筒仓内，之后通过振动给料机、皮带输送机、混合机以及称量装置等设备，最后经碎玻璃筒仓送入装料机进入炉内。

（2）碎玻璃系统

碎玻璃是制造玻璃不可缺少的原料。成品切割线加工玻璃过程中产生的碎玻璃通过破碎机破碎再落入胶带机上，然后送入碎玻璃筒仓，经称量及磁选检验，借助混合料胶带输送机送入投料机，再进入熔窑。

（3）熔窑

熔窑是浮法玻璃生产的主要设备。熔窑本体分为熔化段、炉腰、工作段及蓄热室。由配料系统送来的合格混合料加入碎玻璃后送入熔窑头部的投料机，然后自动投入熔窑进入熔窑的熔化段熔化。熔融的玻璃液经炉腰，借助水冷搅拌器搅拌进入工作段，调整到成型所需的温度范围后，经流道流入锡槽。

（4）锡槽

锡槽是浮法玻璃生产的关键设备。锡槽由下部支承钢结构、上下部壳体及上部结构组成。熔窑工作段经均化的玻璃液经流道进入锡槽，在锡槽锡液面成型，借助拉边机调整厚度和直线马达使玻璃液均化，并逐段冷却成型为光滑而平坦的高质量玻璃带，然后进入退火窑。

某企业平板玻璃生产线锡槽如图 2-2 所示。

图 2-2　某企业平板玻璃生产线锡槽

（5）退火窑

玻璃带进入退火窑后消除内应力，使玻璃带在进入切割线时，顺利被切割成规定的尺寸，并达到工艺要求。窑内的温度、速度和报警等装置均由中央控制室内的电子模拟控制设备进行控制。在退火窑旁设有统计、质量、管理控制室。除了在线自动检测外，线外还设有玻璃厚度、应力、变形、平整度和疵点检测装置。

某企业退火窑如图 2-3 所示。

图 2-3　某企业退火窑

（6）成品切割线

切割线是以成品加工为主的生产线。玻璃带在切割作业线上经过检验、横向切割、采样、清洗、干燥等，以改善应力状态，然后经纵向切割、掰断、去边、分片、喷粉或衬纸等工序，并按不同尺寸进行分片，然后由取片装置进行自动取片衬纸、堆垛。切下的毛边或质量不合格的玻璃由落板段经破碎进入碎玻璃回收系统。

某企业切割系统如图 2-4 所示。

图 2-4　某企业切割系统

压延平板玻璃是采用压延方法制造的一种平板玻璃，制造工艺分为单辊法和双辊法。单辊法是将玻璃液浇注到压延成型台上，台面可以用铸铁或铸钢制成，台面或轧辊刻有花纹，轧辊在玻璃液面碾压，制成的压花玻璃再送入退火窑。双辊法生产压花玻璃又分为半连续压延和连续压延两种工艺，玻璃液通过水冷的一对轧辊，随辊子转动向前拉引至退火窑，一般下辊表面有凹凸花纹，上辊是抛光辊，从而制成单面有图案的压花玻璃。从生产工艺上来讲，压延工艺与浮法工艺的区别仅仅在于成型这一工艺环节采用的技术不同，浮法工艺采用的是锡槽成型，而压延工艺采用的是压延机成型，其余工艺环节二者均相同。

平板显示玻璃生产工艺分为浮法和溢流法，其中浮法生产工艺与平板玻璃中的浮法生产工艺基本相同。溢流法为熔窑内熔融的玻璃液流入由耐火材料制造的斜槽（溢流砖）内，斜槽流满后，沿着溢流砖两侧流下并合流至尖锥部，由下方的辊子牵引后形成玻璃板的方法。

溢流法生产平板显示玻璃的炉窑吨位小，使用天然气和电作为能源，熔融的玻璃液通过铂金通道流入溢流砖，再用成型辊子牵引形成玻璃板，退火切割，再经过切割、清洗生产平板显示玻璃成品。与浮法生产工艺相比，溢流法的成型工艺有所区别。此外，溢流法还有清洗、研磨等后端处理的工艺环节。其生产工艺流程如图 2-5 所示。

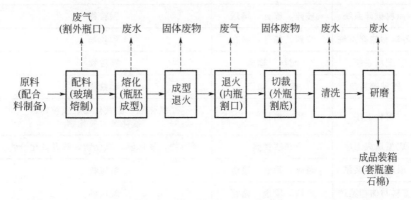

图 2-5　溢流法生产工艺流程

中空玻璃生产工艺流程如图 2-6 所示。

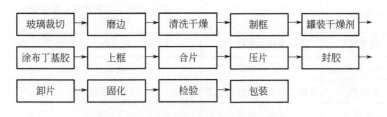

图 2-6　中空玻璃生产工艺流程

夹层玻璃生产工艺流程如图 2-7 所示。

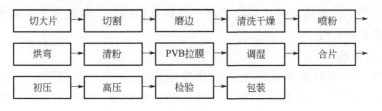

图 2-7　夹层玻璃生产工艺流程

2.1.2 产排污情况分析

2.1.2.1 大气污染物

平板玻璃制造企业产生的大气污染物主要包括颗粒物、二氧化硫、氮氧化物、氯化氢、氟化物、锡及其化合物等。其中颗粒物主要产生于配料及熔化两个工序；二氧化硫和氮氧化物产生于熔化工序；氯化氢和氟化物主要产生于熔化和在线镀膜两个工序；锡及其化合物主要产生于在线镀膜工序。

平板玻璃生产过程主要污染物排放情况如表 2-1 所列。

表 2-1　平板玻璃生产过程主要污染物排放

生产工艺	生产单元	产排污节点	主要污染物	排放方式
浮法	原料破碎系统	破碎、筛分、输送	颗粒物	有/无组织
	备料与储存系统	装卸、输送、储存	颗粒物	有/无组织
	配料系统	配料、输送	颗粒物	有/无组织
	碎玻璃系统	破碎、输送	颗粒物	有/无组织
	熔化工序	熔化	二氧化硫、氮氧化物、颗粒物、氯化氢、氟化物	有组织
	成型退火工序	在线镀膜	颗粒物、氯化氢、氟化物、锡及其化合物	有/无组织
压延	原料破碎系统	破碎、筛分、输送	颗粒物	有/无组织
	备料与储存系统	装卸、输送、储存	颗粒物	有/无组织
	配料系统	配料、输送	颗粒物	有/无组织
	碎玻璃系统	破碎、输送	颗粒物	有/无组织
	熔化工序	熔化	二氧化硫、氮氧化物、颗粒物、氯化氢、氟化物	有/无组织
燃料供应	煤制气	储存、输送	颗粒物、硫化氢	有/无组织
	重油、煤焦油	储存、输送	挥发性有机物	无组织
	石油焦	破碎、研磨、筛分、输送	颗粒物	无组织
公用设施	液氨/氨水	储存、输送	氨气	无组织

浮法玻璃生产工艺流程与主要产污节点如图 2-8 所示。

不同燃料的平板玻璃炉窑中熔化工序产生的颗粒物、二氧化硫和氮氧化物初始排放浓度范围如表 2-2 所列。

2.1.2.2 水污染物

平板玻璃生产所排放废水的主要污染物指标有 pH 值、悬浮物、五日生化需氧量（BOD_5）、化学需氧量（COD_{Cr}）、氨氮、挥发酚、硫化物、总磷、总氰化物等。具体污染物种类及治理设备与工艺如表 2-3 所列。

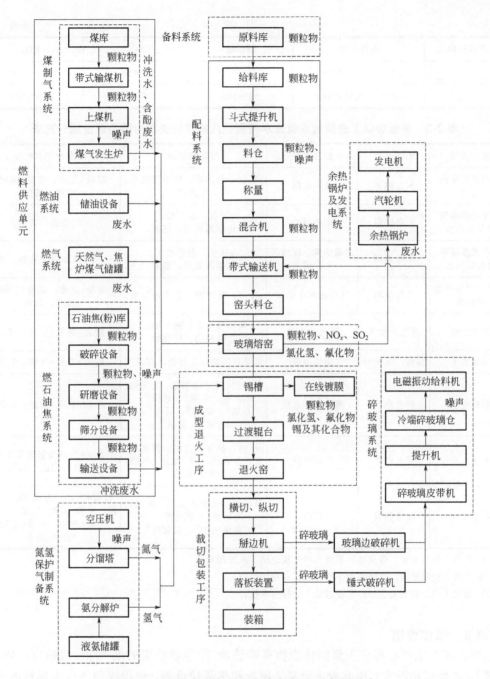

图 2-8　浮法玻璃生产工艺流程与主要产污节点

表 2-2　不同燃料的平板玻璃熔化工序大气污染物初始排放浓度　　　　单位：mg/m³

产品种类	燃料类型	颗粒物	SO₂	NOₓ
平板玻璃	天然气	300～400	200～400	3000～4000
	发生炉煤气、焦炉煤气	300～500	600～1500	2500～3000
	重油、煤焦油	500～800	800～3500	1200～2800

续表

产品种类	燃料类型	颗粒物	SO₂	NOₓ
平板显示玻璃	天然气（空气燃烧）	100~300	≤400	3000~4000
	天然气（纯氧燃烧）	50~100	≤400	500~700

表 2-3　平板玻璃工业排污单位废水类别、污染物种类及污染治理设施一览表

废水类别	燃料类型	废水来源	污染物种类	污染治理设施名称及工艺
原料车间冲洗废水	所有燃料	原料车间	pH 值、悬浮物、化学需氧量、石油类	混凝+沉淀、混凝+沉淀+过滤、其他
余热锅炉循环冷却排污水	所有燃料	余热锅炉	pH 值、悬浮物、化学需氧量、氨氮	反渗透、其他
生产设备循环冷却排污水	所有燃料	玻璃炉窑、锡槽等生产设备	pH 值、悬浮物、化学需氧量、氨氮	反渗透、其他
软化水制备系统排污水	所有燃料	软化水制备系统	pH 值、悬浮物、化学需氧量、	混凝+沉淀、混凝+沉淀+过滤、其他
含酚废水	发生炉煤气	煤气发生炉	化学需氧量、挥发酚、总氰化物、硫化物	破乳+萃取+生化、其他
含油废水	重油、煤焦油	储油设施	化学需氧量、悬浮物、石油类	隔油+混凝+气浮、其他
脱硫废水	所有燃料	湿法脱硫系统	悬浮物、化学需氧量、氟化物、硫化物、总汞①、总镉①、总铬①、总砷①、总铅①、总镍①、总锌①	中和+絮凝+沉淀、其他
生活污水	所有燃料	厂区生活	pH 值、悬浮物、化学需氧量、五日生化需氧量、氨氮、总磷、动植物油	化粪池+生物接触氧化工艺、活性污泥法、其他
初期雨水	所有燃料	厂区	悬浮物、化学需氧量、氨氮、石油类②、挥发酚③、总氰化物③、硫化物③	混凝+沉淀、混凝+沉淀+过滤、中和+絮凝+沉淀、破乳+萃取+生化、隔油+混凝+气浮、其他

① 适用于使用重油、煤焦油、石油焦的平板玻璃工业排污单位。
② 适用于使用重油、煤焦油的平板玻璃工业排污单位。
③ 适用于使用煤气发生炉的平板玻璃工业排污单位。

2.1.2.3　固体废物

平板玻璃生产过程中主要固体废物有碎玻璃、除尘器收集的烟/粉尘、脱硫副产物（如石膏）、水处理站污泥、废弃耐火材料、锡渣和生活垃圾等，使用煤制气作为燃料的企业还会有煤气发生炉炉渣。产生的危险废物主要有废弃脱硝催化剂、废矿物油和废树脂、酚水池污泥及煤焦油。

除尘器收集的烟/粉尘可在厂内得到重复利用，脱硫副产品、废耐火材料和煤气发生炉炉渣可外销，其他固体废物的产生总量不大，按规定处理即可。平板玻璃企业固体废物处理处置情况如表 2-4 所列。

表 2-4　固体废物处理处置情况

序号	名称	分类	形状及成分	处理或处置方式
1	锡渣	一般固废	固体，锡的氧化物	委托有资质公司处置
2	废耐火材料	一般固废	固体，砖块	厂家回收
3	沉淀污泥	一般固废	固体，玻璃	填埋
4	脱硫除尘渣	一般固废	固体，硫酸钙	外销
5	生活垃圾	一般固废	固体，废纸等	填埋
6	储油罐清罐废渣	危险废物	固体，废油	委托有资质公司处置
7	废机油	危险废物	固体，废油	委托有资质公司处置
8	废催化剂	危险废物	固体，废钒钛系催化剂	委托有资质公司处置

2.2　日用玻璃

2.2.1　生产工艺

日用玻璃行业主要包含玻璃仪器制造、日用玻璃制品及玻璃包装容器制造、玻璃保温容器制造等。

日用玻璃配合料主要包括石英砂、纯碱、石灰石、白云石、长石、硼砂等。此外，还有澄清剂、着色剂、脱色剂、乳浊剂等辅助材料。

主要原料种类及来源如表 2-5 所列。

表 2-5　日用玻璃主要原料种类及来源

原料	来源
SiO_2	石英砂等
B_2O_3	硼砂（NaB_4O_7）、硼酸（H_3BO_3）等
Al_2O_3	氧化铝（Al_2O_3）、氢氧化铝［$Al(OH)_3$］、长石等
碱金属原料	纯碱（Na_2CO_3）等
碱土金属原料	方解石（$CaCO_3$）、白云石（$MgCO_3 \cdot CaCO_3$）等
澄清剂	（1）氧化物澄清剂：白砒（As_2O_3）、氧化锑（Sb_2O_3）、硝酸盐、二氧化铈等。 （2）硫酸盐型澄清剂：硫酸钠、硫酸钡、硫酸钙等。 （3）卤化物澄清剂：氟化物、氯化钠、氯化铵等
着色剂	（1）离子着色剂：锰化合物、钴化合物、镍化合物、铜化合物、铬化合物、钒化合物、铁化合物、稀土元素氧化物、铀化合物。 （2）胶态着色剂：金化合物、银化合物、铜化合物。 （3）硫硒化合物着色剂：硒与硫化镉、锑化合物
脱色剂	（1）化学脱色剂：硝酸钠、白砒和三氧化二锑、二氧化铈、卤素化合物。 （2）物理脱色剂：二氧化锰、硒、氧化钴、氧化钕、氧化镍
乳浊剂	氟化合物、磷酸盐、锡化合物、氧化砷和氧化锑
助熔剂	氟化合物、硼化合物、硝酸盐、钡化合物

日用玻璃的制造工艺主要包括配合料制备、熔制、成型、退火、表面处理、加工和装饰、检验和包装等工序。

（1）配合料制备

包括原料的贮存、称量、混合及配合料的输送。要求配合料混合均匀，化学成分稳定。

（2）熔制

把配置合格的配合料加入熔炉内，配合料在高温加热的作用下形成符合要求的玻璃液的过程为玻璃熔制过程。玻璃的熔制包括物理反应、化学反应、物理化学反应，玻璃配合料在这些高温反应过程中，各种原料的机械混合物变成了复杂的熔融物。根据各过程中的不同变化实质，一般认为玻璃的熔制过程有五个阶段，包括硅酸盐形成阶段、玻璃的形成阶段、玻璃液的澄清阶段、玻璃液的均化阶段和玻璃液的冷却阶段。

玻璃熔炉是由多种耐火材料砌筑的熔制玻璃的主要热工设备。熔炉的任务就是将混合好的配合料在高温的作用下，经过一系列的物理化学反应，使之成为质量均匀、无结石、无条纹、气泡等缺陷，并适宜于成型各种玻璃制品的玻璃液。

玻璃熔炉也称为熔窑。按加热方式分为火焰炉和电熔炉。日用玻璃行业火焰炉主要为蓄热式马蹄焰池窑，按其燃料的不同分为发生炉煤气炉、天然气炉等。具体炉型如下所述。

① 蓄热式马蹄焰池窑：主要用于各类瓶罐、钠钙玻璃器皿的生产。采用的燃料为发生炉煤气（约占80%）、天然气、石油焦、重油等。《日用玻璃行业规范条件（2017年本）》规定：燃料应优先使用清洁能源。可选用优质煤制热煤气燃料，即用两段煤气发生炉气化含硫量小于0.5%、灰分含量小于10%的优质煤生产的热煤气，通过热煤气管道直接送至玻璃熔窑燃烧。

某企业两段煤气发生炉如图2-9所示。

图2-9　某企业两段煤气发生炉

② 电熔炉：其主要原理是以电能为热源。一般在窑膛侧壁安装碳化硅或二硅化钼电阻发热体，进行间接电阻辐射加热。

　　有的用来熔制特殊玻璃的坩埚窑采用感应加热方式，依靠在窑中及玻璃液中感应产生涡电流进行加热。池窑直接用窑内的玻璃液作发热电阻，可在玻璃液不同高度层处布置多组和多层电极，使玻璃液发热，并通过调节耗电功率控制温度制度。采用这种方式时，玻璃液面上的空间温度很低（称冷炉顶），因而能量基本消耗于熔制玻璃和窑壁散热，没有烟气带走热量的损失和排放烟气时对环境的污染，热利用率高，并且无需设置燃烧系统和余热回收系统。电池窑可自动控制，管理人员少，劳动条件好，但电力资源消耗大。电熔炉适用于熔制难熔玻璃、易挥发玻璃和深色玻璃等。图 2-10 为玻璃电熔炉。

图 2-10　玻璃电熔炉

　　③ 坩埚炉：主要用于艺术玻璃（琉璃）的生产与新产品开发。

　　（3）成型

　　把已熔化好并符合成型要求的玻璃液，通过一定方法转变为具有固定几何形状制品的过程，称为玻璃制品的成型。日用玻璃品种繁多、形状各异，其成型方法也彼此不同。通常有吹制成型、压制成型、压吹成型、离心浇注成型等方法。

　　压制成型是将熔制好的玻璃液注入模型，放上模环，将冲头压入，在冲头与模环和模型之间形成制品的方法。主要应用于实心和空心的玻璃制品（如水杯、花瓶、餐具等）。

　　吹制成型是采用吹管或者吹气头将熔制好的玻璃液在模型中吹制成制品的方法，主要包括人工吹制法和机械吹制法。人工吹制主要应用于高级器皿、艺术玻璃等；机械吹制主要应用于广口瓶、小口瓶等空心制品。

　　某企业行列式制瓶机如图 2-11 所示。

　　（4）退火

　　玻璃器皿制品特别是厚度不匀、形状复杂的制品，在成型后从高温冷却到常温这一过程中，如冷却过快，则玻璃制品产生的内外层温度差和由于制品形状关系而产生的各部位温度差，会使玻璃制品产生热应力。当制品遇到机械碰撞或受到急冷急热时，该应力将造成制品破裂。为了消除玻璃制品中的永久应力，需要对玻璃制品进行退火处理。退火是先把玻璃制品加热，然后按照规定的温度制度进行保温和冷却，这样玻璃制品的永久应力就会减少到实际允许值，把这种处理过程称为退火。

图 2-11　某企业行列式制瓶机

（5）表面处理

一般通过在退火炉的热端和冷端涂层的方法对玻璃瓶罐进行表面处理。

热端涂层是将成型后处于炽热状态（500～600℃）的瓶罐置于气化的四氯化锡、四氯化钛或四氯化锡丁酯的环境中，使这些金属化合物在热的瓶罐表面上经过分解氧化成氧化物薄膜，以填平玻璃表面微裂纹，同时可以防止表面微裂纹的产生，提高玻璃瓶罐的机械强度。

冷端涂层是用单硬脂酸盐、油酸、聚乙烯乳剂、硅酮或硅烷等，在退火炉出口处对温度约 100～150℃的瓶罐表面进行喷涂，形成一层润滑膜，以提高瓶罐表面的抗磨损性、润滑性和抗冲击强度。

某企业冷端喷涂机行列式制瓶机如图 2-12 所示。

图 2-12　某企业冷端喷涂机行列式制瓶机

（6）加工和装饰

玻璃器皿制品在完成了成型和退火工序后，大多数要进行加工。其加工工序方法复杂而多样化，包括爆口、磨口、抛光、烘口、切割钻孔、钢化等。

为了美化玻璃器皿制品和提高制品的艺术性，玻璃器皿制品一般都要进行各种装饰。因此，装饰也是玻璃器皿制品生产的重要环节。装饰按工艺特点分为成型过程的热装饰方法和加工后的冷装饰方法两类。热装饰是把不同颜色的易熔玻璃制成各种图案、颗粒、粉体等，利用成型时制品的高温作用，把其黏结或喷洒在制品表面。冷装饰方法是把已完成各种加工后的制品，用低温颜色釉料、玻璃花纸、有机染料等，通过彩绘、印花、贴花、喷花等工艺，使制品达到装饰效果。

某企业喷漆生产线如图 2-13 所示。某企业玻璃烤花炉如图 2-14 所示。

图 2-13　某企业玻璃喷漆生产线

图 2-14　某企业玻璃烤花炉

玻璃瓶罐生产工艺如图 2-15 所示，装饰工艺如图 2-16 所示。

瓶胆生产工艺包括配合料制备、玻璃熔制、成型、退火、割口、拉底、封口、镀银、抽真空等工序。其中部分工序如下所述。

① 割口：将内瓶坯的头口和外瓶坯的底割去。采用火焰加热切割法对玻璃瓶坯进行切割，火焰温度约 500℃。

② 拉底：将外瓶坯的开口底部在 900℃火焰上加热烧熔，拉除余料，再熔封成底。

③ 封口：将内瓶坯及外瓶坯的两瓶口进行熔封。

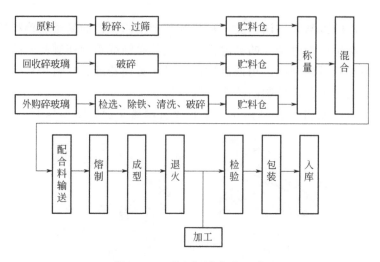

图 2-15　玻璃瓶罐生产工艺

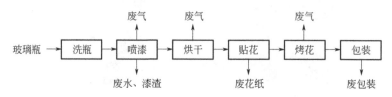

图 2-16　装饰工艺

④　镀银：在瓶胆内外瓶夹层的玻璃壁面镀银。将一定量的银氨络合物溶液及还原液通过尾管灌入内外瓶坯夹层中，进行银镜反应，银离子被还原沉淀在玻璃表面形成镜面银膜薄层，某企业镀银工序如图 2-17 所示。镀银溶液中银氨络合物以 $[Ag(NH_3)_2]OH$ 为主，还原液以葡萄糖为主。

图 2-17　某企业镀银工序

镀银液的配制：

$$AgNO_3 + 2NH_4OH \longrightarrow [Ag(NH_3)_2]NO_3 + 2H_2O$$

$$[Ag(NH_3)_2]NO_3 + NaOH \longrightarrow [Ag(NH_3)_2]OH + NaNO_3$$

还原液的配制：

$$C_{12}H_{22}O_{11}+H_2O \longrightarrow C_6H_{12}O_6（葡萄糖）+C_6H_{12}O_6（果糖）$$

镀银反应：

$$2[Ag(NH_3)_2]OH+C_6H_{12}O_6 \longrightarrow 2Ag+C_6H_{12}O_7+4NH_3+H_2O$$

保温瓶胆生产工艺如图 2-18 所示。

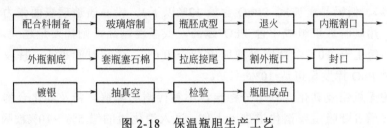

图 2-18　保温瓶胆生产工艺

2.2.2　产排污情况分析

2.2.2.1　大气污染物

日用玻璃生产过程中对大气的污染主要有3个方面：a. 燃料燃烧产生的硫氧化物（SO₂）、氮氧化物（NOₓ）等；b. 玻璃熔窑高温熔制时产生的含有高活性 Na^+、少量重金属及具有黏附性的碱性烟尘；c. 原料加工、配合料制备产生的粉尘。

（1）粉尘、烟尘

粉尘主要来源于原料的贮存、粉碎、筛分、搬运以及混合工序中的原料飞散。烟尘主要是原料及燃料在炉窑内燃烧产生的。

（2）SO₂

玻璃熔炉排出废气中的 SO_2，主要来自燃料中的含硫成分的氧化；另外，部分来源于配合料中芒硝分解。

（3）NOₓ

玻璃熔炉烟气中的 NO_x 主要来源于助燃空气中氮的燃烧，当温度高于 1300℃，空气中氮气就会与氧气反应生成 NO_x；此外，还有一小部分来源于配合料中少量硝酸盐的分解及燃料中含氮物质的燃烧。

（4）氯化氢

由于使用了含氯原料（如使用氯化钠作澄清剂）或原料中含有氯化物杂质，当配合料熔制时会生产一定量的氯化氢。

（5）氟化物

氟化物主要来源于含氟原料（如使用萤石即氟化钙作乳浊剂、助溶剂）以及原料中含有的含氟杂质。

（6）砷、锑、铅等重金属污染物

玻璃熔窑的重金属主要来源于燃料、碎玻璃以及含砷、锑澄清剂等原辅材料的添加。

玻璃配合料中常加入白吡（As_2O_3）作为澄清剂、脱色剂。砷氧化物在池窑的高温作用下可以挥发进入烟气。砷及其化合物是人类已确定的致癌物，人体长期暴露于低剂量砷（如 mg/L 级）环境中就能导致严重的健康问题，长期砷暴露也会对人体产生一些非致癌性的疾病，包括皮肤病变（如皮肤色素沉着、皮肤角化及黑病变）、心血管疾病、精神错乱和第二类糖尿病等疾病。

铅晶质玻璃由于要求有较高的折射率、色散与密度，故会加入较多量的氧化铅。按其中氧化铅的含量，分为全铅晶质玻璃（PbO 含量 30%～35%）、中铅晶质玻璃（PbO 含量 24%～30%）、低铅晶质玻璃（PbO 含量 12%以下）。铅晶质玻璃表面张力低，熔制过程挥发量大，熔制时玻璃组成中含 PbO 越高，或温度越高，则挥发量越大。在 1420～1440℃之间，每上升 10℃，挥发量增加 0.5%～0.6%。熔制时间越长，挥发量也越大。通常在熔制时 PbO 挥发量可达 10%～12%。

环境中的无机铅及其化合物十分稳定，不易代谢和降解。铅及其化合物主要以粉尘或烟雾的形式通过呼吸道或消化道进入人体，进入消化道的铅 5%～10%被吸收，通过呼吸道进入肺部的铅吸收沉积率可达 30%～50%。铅及其化合物对人体的毒性影响主要是损害造血系统和心血管系统、神经系统和肾脏。当血铅达到 60～80μg/100mL 时，就会出现头疼、头晕、疲乏、记忆力减退和失眠，并伴有便秘、腹痛等症状。

（7）挥发性有机物

挥发性有机物（VOCs）主要来源于装饰环节的喷漆、烘干、烤花等工序。原辅材料的化学成分决定了污染物产生的类型。装饰环节原辅材料成分如表 2-6 所列。苯系物产生浓度为 50～100mg/m³，VOCs 产生浓度为 300～500mg/m³。

表 2-6　装饰环节原辅材料成分

原辅材料名称	主要化学成分
釉料主剂	环氧树脂、乙二醇单丁醚、乙醇、二甲苯、乙酸丁酯、甲基异丁酮、水等
固化剂	甲苯二异氰酸酯、二甲苯、乙酸正丁酯
稀释剂	二甲苯、乙二醇、乙醚、醋酸酯等

熔窑废气主要大气污染物产生浓度如表 2-7 所列。

表 2-7　日用玻璃熔窑废气主要成分及产生浓度　　　　　　单位：mg/m³

熔窑类型	颗粒物	SO₂	NOₓ	氯化氢	氟化物	重金属
热煤气窑炉	400～1000	600～2000	1800～3000			
石油焦窑炉	1000～3000	1500～3500	2000～3500	5～90	1～20	1～15
天然气窑炉	300～500	40～400	2000～4000			

注：碱性氧化物主要来自长石、纯碱等的挥发。窑炉火焰换向时，废气中各成分有所变化。

从调研的情况看，大中型企业大都安装了脱硫设施，配料车间均为密闭操作，粉尘收集经除尘器处理后排放，但部分小企业废气治理设施不健全。日用玻璃行业内对污染物的治理水平存在着较大差异，主要大气污染物排放情况如表 2-8 所列。

表 2-8　日用玻璃大气污染物排放水平
（干烟气、273K、压力 101.3kPa、8%含氧量状态下）

污染物	吨产品排放量（欧盟水平）/kg	吨产品排放量（我国水平）/kg
颗粒物	0.2～0.6	0.31～2.96
硫氧化物（SO_2 计）	0.5～7.1	1.2～12.8
氮氧化物（NO_2 计）	1.2～3.9	1.5～11.7
氯化氢	0.02～0.08	0.03～0.23
氟化物	0.001～0.022	0.002～0.045
重金属	0.001～0.011	0.002～0.027

电熔炉烟气主要成分为烟尘、硝酸钠高温分解产生的氧气和少量氮氧化物。采用电熔工艺，热量从配合料下面释放出来，各种配合料组分分解产生的气体会通过配合料层向上逸出。由于配合料温度较低，各挥发分的气体就会凝聚在冷的配合料中，减少损失，从而使流出的玻璃液与加入熔炉的配合料在成分上基本保持一致。原料挥发量约为 2%。

2.2.2.2　水污染物

日用玻璃企业中的废水来源主要有生活污水、碎玻璃清洗水、冷却水、锅炉废水和冲洗水，生产保温玻璃瓶胆的企业产生的废水中还有含银废水，部分企业还会产生脱硫废水。

（1）设备与玻璃液冷却水

包括循环冷却水、含污冷却水。循环冷却水指熔窑池壁水包和水管冷却水、玻璃液冷却水、成型机及其他设备冷却水。此类水使用后水质不发生变化，主要是水温升高，经冷却后可循环使用。而含污冷却水是指冷却设备时，可能会带入一些油类污染物，如成型时的模具冷却水，这种水如污染物较少，可直接循环使用；如污染物较多，也可经过处理后循环使用。玻璃液冷却水是直接与玻璃液接触的冷却水，包括池窑放料、供料机放料等所用冷却水。

（2）原料加工处理中的废水

碎玻璃回收清洗所产生的含有悬浮物、污泥、有机物等的废水。

（3）燃料及其加工处理中的废水

指燃料本身含有的水分以及燃料气化过程中所产生的废水。当熔窑以重油为燃料时，重油在装卸、输送、储存过程中排放 2%左右废水，废水中含油量在 600～6000mg/L；如以发生炉煤气为燃料时，在气化过程中的沥滤水含有煤粉和悬浮物，发生炉灰盘水封水和洗涤煤气的洗涤水含有悬浮物、煤焦油、酚、硫化物等，熔炉煤气交换器的水封水也含有上述污染物。

（4）地面与设备冲洗水

由于车间各工段生产情况与不同类型、不同用途的设备冲洗时，废水中含有的污染物也不同，如原料车间的污水含硅质粉尘、各种矿物粉尘；熔制车间污水含有配合料粉尘、玻璃粉末等；成型车间污水中含有玻璃粉末、油污等。

（5）含氟废水

在日用玻璃行业，采用化学蒙砂工艺的企业，会产生含氟废水。玻璃蒙砂是用玻璃蒙砂粉配成的溶液或其他化学原料对玻璃表面进行处理的一种方法。玻璃蒙砂材料主要有蒙砂液、蒙砂膏、蒙砂粉几种。蒙砂液是由氢氟酸及添加剂配制而成的液体。蒙砂粉是由氟化物及其添加剂配制成的粉状物，使用时加入硫酸或盐酸，产生氢氟酸，实质上应属于蒙砂液范畴。蒙砂膏是由氟化物加酸调制成的膏状物或由氢氟酸和添加剂调制而成的膏状物。

（6）含银废水

含银废水主要来源于保温瓶胆镀银工序。镀银是在镀银车上进行，瓶坯不停旋转或翻转，使银液均匀分布。镀好的瓶子从镀银车另一端取下，斜放在一个专用于倒入残液的设备上，在此环节产生含银废水。随后灌入蒸馏水短时存放后倒出残液，此处也会产生含银废水。

银是人体组织内的微量元素之一，微量的银对人体是无害的，世界卫生组织规定银对人体的安全值为 0.05mg/L 以下，饮用水中银离子的限量为 0.05mg/L。但是，当银在皮肤组织中沉积，会导致银质沉淀症。银质沉着病可在局部皮肤出现，也可能发生于全身皮肤。银在局部皮肤上由于光的作用转变为蛋白银，在一定组织中遇硫化氢转变为硫化银，其在真皮的弹力纤维中形成蓝灰色斑点所构成的色素沉着，进而形成由细微的银颗粒构成的放射状网，即所谓"职业性斑点症"。此外，银对眼睛有伤害，对呼吸道的损害主要是呼吸道银质沉淀症，并可能伴有支气管炎症。

总之，日用玻璃工业废水的特点是 pH 值高、无机固体悬浮物较多，而 BOD_5 和 COD_{Cr} 值较低。

2.2.2.3　固体废物

日用玻璃工业固体废物处理处置情况如表 2-9 所列。

表 2-9　日用玻璃工业固体废物处理处置情况

序号	名称	分类	形状及成分	处理或处置方式
1	脱硫除尘渣	一般固废	固体，硫酸钙	外销
2	废耐火材料	一般固废	固体，砖块	厂家回收
3	生活垃圾	一般固废	固体，废纸等	填埋
4	废机油	危险废物	固体，废油	委托有资质公司处置
5	废催化剂	危险废物	固体，废钒钛系催化剂	委托有资质公司处置

2.3　玻璃纤维

2.3.1　生产工艺

2.3.1.1　纤维玻璃的熔制

用于拉制玻璃纤维的玻璃统称为纤维玻璃。纤维玻璃的熔制过程是指将配合料在高温下经过硅酸盐反应、熔融再转化成均质玻璃液的过程。熔融是指配合料反应后固相相融的过程；澄清是指从熔融的玻璃液中排出气泡的过程；均化是指把线道、条纹以及节瘤等缺陷减少到容许程度的过程，也是把玻璃的化学成分均化的过程，这些过程是分阶段交叉进行的。

从加入配合料到熔制成玻璃液包括以下几个阶段。

(1) 硅酸盐形成阶段

配合料进入炉窑后，受热过程中经过一系列物理、化学变化，如各组分间的固相反应、吸附水的挥发、结晶水的脱水、碳酸盐的热分解、释放大量气体，变成了由硅酸盐和 SiO_2 组成的烧结物。对普通的钠钙硅玻璃而言，在 800～900℃终结。

(2) 玻璃形成阶段

由于继续加热，烧结物开始熔化，首先熔化的是低熔混合物，同时硅氧与硅酸盐相互熔解。这一阶段结束时烧结物变成了透明体，不再有未起反应的配合料颗粒，但此时玻璃液中带有大量的气泡、条纹，在化学成分上是不均匀的。对普通钠钙玻璃来讲，玻璃形成阶段在 1200℃左右；对硼铝硅酸盐来讲在 1400℃以上。

(3) 玻璃的澄清阶段

继续加热升温，玻璃液黏度降低，玻璃液溶解的气泡长大，上浮而释放，直到可见气泡全部排出。对普通钠钙玻璃而言，此阶段温度为 1400～1500℃以上。

(4) 玻璃液的均化阶段

玻璃液长时间处于高温下，在窑体上下温差的驱动下发生玻璃液的对流和作业流的牵动等，使其化学组成趋于一致。这可通过测定不同部位的玻璃折射率或密度是否一致来鉴定。

(5) 玻璃液的冷却阶段

将已澄清均化好的玻璃液降温，直到冷却至成型温度，如制玻璃球、池窑通路拉丝。

2.3.1.2 纤维玻璃的成型

生产玻璃纤维常用的方法有池窑法直接拉丝和坩埚法拉丝两种。

(1) 池窑法

池窑法直接拉丝是将矿物原料磨细配制送入单元窑，用燃料燃烧加热熔化物料后直接拉丝，具有产量大、质量稳、能耗低的特点。池窑法拉丝工艺又被称为一次成型工艺，主要分为配合料制备、玻璃熔制、纤维成型、浸润剂配制和玻璃纤维制品加工五大工序。

这种生产工艺是将各种玻璃配合料在池窑熔化部经高温熔成玻璃液，在澄清部排出气泡成为均匀的玻璃液，再在成型通路中辅助加热，经池窑漏板高速拉制成一定直径的玻璃纤维原丝。一座窑炉可以通过数条成型通路，安装上百台拉丝漏板同时生产。

这种池窑拉丝工艺温度控制合理、节约能源消耗、生产工艺稳定、产品产量和质量得以提高。采用这种池窑法拉丝工艺能实现大规模化工业生产，并容易实施最先进的全自动控制技术，使劳动生产效率得以大幅度提高。因此，池窑法拉丝工艺已经成为当前国际上的主流拉丝工艺。用这种方法生产的玻璃纤维总量约占全球总量的 85%～90%，只有一些特殊的玻璃纤维品种仍使用坩埚法拉丝工艺。

某企业玻璃纤维拉丝生产线如图 2-19 所示。

图 2-19　某企业玻璃纤维拉丝生产线

池窑法生产工艺流程如图 2-20 所示。

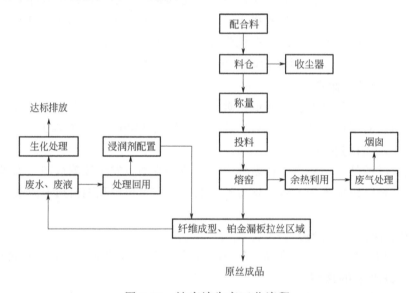

图 2-20　池窑法生产工艺流程

目前，我国大型池窑企业均以天然气为燃料，采用纯氧燃烧技术。一些天然气匮乏的地区采用煤及重油作为燃料。玻璃纤维拉丝过程中漏板拉丝工序消耗部分电能。玻璃纤维工业用玻璃球生产企业的主要燃料仍然是煤炭。

（2）坩埚法

坩埚法拉丝工艺被称为二次成型工艺，即先把玻璃配合料经高温熔化制成玻璃球，再将玻璃球通过电二次加热至熔化，再高速拉制成一定直径的玻璃纤维原丝。

这种生产工艺工序繁多，又由于玻璃球二次加热熔化，给生产及产品带来很多弊端，诸如能耗高、成型工艺不稳定、产品质量不高、劳动生产率低，生产规模和自动化水平受到一定限制。因此，目前在国外，除少量特种玻璃纤维还沿用这种生产工艺外，大规模工业化生产品种，已基本上淘汰了这种生产工艺。在我国采用坩埚法生产的比例正迅速下降。坩埚法生产虽然能耗高，但也有优点：技术要求不高、投资较低、建设周期短、产品方案调整灵活等，仍是一种适合于中小型玻璃纤维企业的生产工艺。

玻璃球是坩埚法生产玻璃纤维的原料，其生产工艺流程主要包括配合料熔制、玻璃球成型和玻璃球退火等。马蹄焰池窑目前是我国制造玻璃球的主要窑型。

玻璃纤维工业用玻璃球生产工艺流程如图 2-21 所示。坩埚法生产工艺流程如图 2-22 所示。

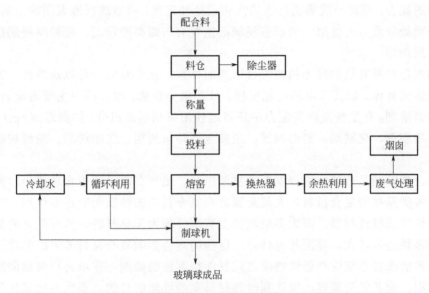

图 2-21　玻璃纤维工业用玻璃球生产工艺流程

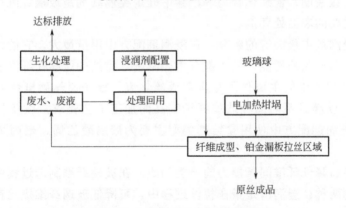

图 2-22　坩埚法生产工艺流程

在玻璃纤维（简称玻纤）拉丝过程中，需要在玻璃纤维表面涂覆一种以有机物乳状液或溶液为主体的多相结构专用表面处理剂。这种涂覆物既能有效地润滑玻璃纤维表面，又能将玻纤单丝集成一束，还能改变玻璃纤维的表面状态。这样不仅满足了玻纤原丝后道工序加工性能的要求，而且在复合材料中还能促进玻璃纤维与被增强高分子聚合物的结合。这些有机涂覆物统称为玻璃纤维浸润剂，可分为增强型浸润剂、纺织型浸润剂两大类。

增强型浸润剂主要指可直接用于热固性塑料、热塑性塑料和橡胶等增强玻纤制品生产的浸润剂。该浸润剂组分中含有偶联剂，起到了将玻纤与基体树脂黏结的桥梁作用，可提高复合材料的电学、力学及耐老化性能。该浸润剂应具有良好的拉丝、络纱性能，同时还能赋予玻璃纤维应具有的二次加工性能，如短切性、分散性、成带性、浸透性等。

纺织型浸润剂是玻璃纤维纺织加工而使用的浸润剂，该浸润剂具有良好的拉丝、加捻、合股、整经、织造等纺织加工性能。由于纤维上涂覆的浸润剂会妨碍纤维与被增强基材之间的黏合，因此一般需通过热清洗和后处理工艺，将玻璃纤维表面的浸润剂除去，再经偶联剂处理后方可使用。纺织型浸润剂主要有石蜡型浸润剂、淀粉型浸润剂、增强纺织型浸润剂等。

浸润剂是多种有机物和无机物混合而成的体系，从外观看，可以是溶液、乳状液、触变型胶体或膏体。因其作用和性能多样，故其组分复杂。浸润剂中主要组成为偶联剂、黏结剂和润滑剂，在某些浸润剂配方中还可能使用下列辅助组分，如润湿剂、pH调节剂、防腐剂、增塑剂、交联剂、消泡剂等，主要包括环氧树脂、聚酯树脂、酚醛树脂、聚氨酯树脂等。

其中，偶联剂是玻璃纤维浸润剂的重要组分，虽然在浸润剂中含量很少，但对于玻璃纤维与各类基材的复合材料，尤其是聚合物复合材料的性能起着重要作用。树脂材料多为非极性或弱极性材料，而大多数填料如玻璃纤维为无机材料，具有较强的极性，两者之间的极性差异较大，界面相容性差，这些问题会影响复合材料多方面的性能。而偶联剂是一种能改善非极性和极性物质之间界面相容性的助剂，在填料和树脂间通过物理和化学作用，使其紧密相容，以达到改善材料某些性能的目的。偶联剂按其化学结构可以分为硅烷类、钛酸酯、含磷化合物等，其中硅烷类偶联剂是玻璃纤维等含硅无机填料及增强材料最主要的表面处理剂。

黏结剂是浸润剂中最关键的组分，在浸润剂配方中用量最大，它的性能直接决定了浸润剂的效果，对产品的性能、品质都有重要影响。黏结剂能够在纤维表面形成连续保护膜，在浸润剂配方中的主要作用是实现原丝集束，赋予原丝硬挺性或柔软性、浸透性、耐机械性，以满足不同品种玻璃纤维制品的加工工艺要求，以及制品性能、用途的要求。当前浸润剂配方中使用黏结剂类型主要为聚醋酸乙烯、聚丙烯酸酯、环氧树脂、聚氨酯等。

润滑剂指能够降低纤维间摩擦力的一类物质。在玻璃纤维制造过程中，可分为湿润滑剂及干润滑剂两种。湿润滑是指在拉丝过程中，可降低玻璃纤维原丝在潮湿含水情况下与单丝涂油器、集束槽、钢丝排线器之间的磨损，保持原丝筒上玻璃纤维的完整性；干润滑是指原丝烘干后，在退屏或玻璃钢成型机组上，可有效降低动摩擦系数，保持滑爽，减少毛丝。润滑剂之所以有润滑作用，是由近乎直链的脂肪族碳氢结构部分决定的，如十八烷基、十六烷基的结构。因玻璃纤维表面为阴离子型（存在大量—OH），所以阳离子型润滑剂能很好地附着于玻璃纤维表面，从而起到润滑作用。阳离子表面活性剂对降低玻璃纤维的表面摩擦系数特别有效，它可以提高玻璃纤维短切纱的流动性、分散性和堆积密度。玻璃纤维润滑剂大致有矿物油类（石蜡、机油等）、氢化植物油类、高级醇类、聚乙二醇型非离子表面活性剂等。

因浸润剂为液体，原丝经过涂覆浸润剂后，约80%的浸润剂黏附在原丝表面，余下的浸润剂进入废水。浸润剂配制流程如图2-23所示。

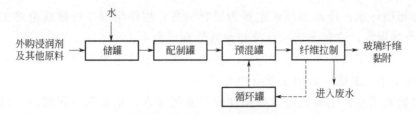

图 2-23　浸润剂配制流程及产污环节

2.3.2　产排污情况分析

2.3.2.1　大气污染物

玻璃纤维及制品生产过程中的大气污染物主要来源于熔化过程，其污染物及产生来源如表 2-10 所列。

表 2-10　熔化过程产生的大气污染物一览表

污染物	产生来源
颗粒物	（1）原料贮存库和配料车间； （2）加料过程中少部分原料被带入烟气中； （3）挥发性物质高温挥发后冷凝生成的烟尘； （4）燃料燃烧后生成的烟尘
NO_x	（1）高温导致空气中的氮与氧气反应生成大量的热 NO_x； （2）原料中硝酸盐热分解产生 NO_x
SO_2	（1）燃料中含硫成分的氧化； （2）原料中作为澄清剂的芒硝分解产生的硫氧化物
氯化氢	（1）原料、燃料中含有的氯化物杂质； （2）作为澄清剂的氯化物
氟化氢	玻璃纤维原料中的含氟杂质
氨	使用氨水、尿素等含氨物质作为还原剂去除烟气中氮氧化物
挥发性有机物	浸润剂的配制和使用、拉丝等工序

主要大气污染物产生浓度如下：颗粒物 50～100mg/m³、二氧化硫 200～600mg/m³、氮氧化物 1000～2000mg/m³、氟化物 5～10mg/m³。

2.3.2.2　水污染物

玻璃纤维企业用水主要包括以下几方面。

① 原料制备环节：在池窑拉丝企业中，部分企业直接采用矿石精细粉作为原材料；部分企业则直接采购矿石，经加工后用于玻璃纤维生产。直接采购矿石的生产企业在矿石清洗过程需消耗水资源，企业将清洗用水回收并经沉淀池等设备处理后继续回用于厂内，从而达到节水的目的。

② 车间用水：拉丝环节需对玻璃纤维进行降温，此处用水为消耗水。此外，拉丝环节用水还包括拉丝机润滑和清洁用水。

③ 浸润剂配置环节：浸润剂一般为水性聚合物稀释液，此部分用水主要为消耗水。

④ 冷却循环水：冷却循环水主要为原料制备、熔炉熔制、纤维成型等工艺环节生产设备的冷却用水，这部分用水以冷却水重复利用为主。

⑤ 脱硫脱硝工段用水：如使用湿法脱硫工艺，则需考虑此部分用水。部分企业采用干法或者半干法脱硫，则用水量会相对较低。

⑥ 实验室用水：实验室用水属辅助生产系统用水，用水量占比较小，但却是生产企业必不可少的用水环节。

⑦ 办公楼、食堂、浴室、绿化、空调等附属生产系统用水：此部分用水与企业工人数、是否建有回水设备有关。

拉丝废水是玻璃纤维工业废水的主要污染源。拉丝喷雾废水是一种有机废水，其性质与所含浸润剂种类有关。各类浸润剂的化学组成有很大差别，但主要包括油脂类、乳化剂和水溶性有机物等。以石蜡型浸润剂拉丝废水为例，主要含有以下几类物质：

① 油脂类物质。石蜡、硬脂酸、凡士林和机油等均为分子量较大的石油烃类化合物。它们的化学性质相当稳定，常温下大都不溶于水。其中石蜡、硬脂酸等固态物质在乳化剂的作用下呈细小颗粒状态，均匀分散在水中。

② 水溶性有机物质。浸润剂中存在着水溶性环氧树脂、水溶性聚酯树脂、酯类物质和硅烷偶联剂等有机化合物。其中环氧树脂和聚酯树脂是改性的、能溶于水的高聚物，它们由氯丙烷和多酚类、醇类和酸类等单体缩聚而成。酯类物质中存在着邻苯二甲酸二丁酯、邻苯二甲酸二辛酯等。

国内部分玻璃纤维企业废水水质情况如表 2-11 所列。

表 2-11　国内部分玻璃纤维企业废水水质情况　　　　单位：mg/L

企业编号	水质指标						
	pH 值	SS	COD_{Cr}	BOD_5	油	甲醛	挥发酚
1	8.0	1267.5	4073.0	82.6	14.8	70.2	0.016
2	9.0	695.0	3018.0	168.7	12.4	60.4	0.035
3	7.0	870.0	4882.5	310.2	216	88.1	0.68
4	10.0	730.5	6854.0	303.5	157	123.4	0.59

不同类型产品废水排放量存在一定差异。其中，电子玻璃纤维布（简称电子玻纤布）废水排放量相对较大。随着印制线路板（PCB）技术的发展，无卤素等树脂板材的使用越来越广泛，对 PCB 的耐热性、表面平滑性的要求越来越高，这就对电子玻纤布与树脂的浸透性能提出了更高的要求。为应对下游产业发展的新趋势，催生了电子玻纤布的开纤技术。该技术主要是指在生产过程中，对电子玻纤布进行扁平化处理，提高其表面积。该技术用水量相对较大。

调研结果显示，玻璃纤维原料球生产企业单位产品废水排放量小于 1.5m³/t；玻璃纤维拉丝生产企业单位产品废水排放量小于 5m³/t，电子布单位产品废水排放量小于 10m³/t。

2.3.2.3　固体废物

玻璃纤维企业固体废物处理处置情况如表 2-12 所列。

表 2-12　固体废物处理处置情况

序号	名称	分类	形状及成分	处理或处置方式
1	废丝	一般固废	固体	外销或综合利用
2	脱硫除尘渣	一般固废	固体，硫酸钙	外销
3	废耐火材料	一般固废	固体，砖块	厂家回收
4	生活垃圾	一般固废	固体，废纸等	填埋
5	废机油	危险废物	固体，废油	委托有资质公司处置
6	废催化剂	危险废物	固体，废钒钛系催化剂	委托有资质公司处置

2.4　玻璃制镜

2.4.1　生产工艺

制镜玻璃生产线主要包括玻璃前处理、化学镀镜、背面刷漆、烘干、清洗、下片、检验、包装入库等生产工序。

① 玻璃前处理。由玻璃上片机、玻璃洗涤干燥机及盐清洗机组成。装有玻璃吸盘的上片机将大片玻璃送到上片台上，对于小片玻璃则可由人工上片至上片台上，再进行漂洗抛光。抛光是使用抛光剂（主要成分为氧化铈）通过盘刷的抛磨，使玻璃基片上表面产生一个非常新鲜的表面，为镀镜打下良好基础。用滚刷和干净的自来水去除玻璃基片上的抛光剂等杂物，再用去离子水进行清洗，使玻璃基片有一个洁净度非常高的上表面。将敏化剂（一般用氯化亚锡溶液）均匀地喷在洁净度非常高的玻璃基片表面，亚锡离子进入玻璃的硅氧网络中与氧结合，使玻璃表面产生一个亚锡离子敏化层。将活化剂溶液（一般为氯化钯和硝酸银）均匀地喷涂到有敏化层的玻璃基片上，亚锡离子将活化剂中的金属离子还原成金属原子，使玻璃表面产生一个活化层——贵金属的薄膜，贵金属为钯或银，在后续的镀银过程中起催化作用。

② 化学镀镜。分为镀银和镀铜两个工序，先在玻璃表面镀上一层银，再覆盖一层铜，经烘干褪火后再进行淋漆。首先将表面清净的玻璃由辊道送至镀银段，表面被均匀喷镀一层镀银液（含硝酸银、醛类还原剂、氨水），在玻璃表面发生还原反应（银镜反应），析出单质银，沉积在玻璃上；经清洗后送入镀铜工段，玻璃同样被均匀喷镀一层镀铜液（含硫酸铜、铁粉），在银镜表面发生还原反应，析出单质铜沉积在表面，经清洗后的玻璃被送至空气干燥段吹风干燥，再经过电加热段烘干；烘干的玻璃送入自由段进行膜层退火，消除膜层应力。退火后的玻璃被送入背面涂漆工段。

③ 淋底漆及烘干。通过淋漆机将底漆均匀地涂布于铜表面，底漆能很好地与铜附

着，使得漆与金属膜及玻璃基片间有机地结合在一起。根据所使用底漆的性质和工艺参数设定烘箱的烘烤温度，使得底漆在淋面漆前达到表干的程度，为淋面漆做好准备。某企业淋漆工序如图 2-24 所示。

图 2-24　某企业淋漆工序

④ 通过淋漆机将面漆均匀地涂布于底漆表面。根据所使用面漆的性质和工艺参数设定烘箱的烘烤温度，使得面漆在到达烘箱的出口前达到表干的程度。某企业烘干工序如图 2-25 所示。

图 2-25　某企业烘干工序

⑤ 漆面固化冷却。使用高压风刀、风机、风扇和冷却水等方法将经过高温烘烤的玻璃银镜进行冷却，使得漆膜进一步冷凝固化，为下片装箱做好准备。

⑥ 镜面清洗。将在整个生产过程中由于水或溶液溅射或其他因素而留于镜面的银、铜、漆等，用三氯化铁溶液和水清洗除去。

⑦ 检验。通过仪器或人工检验员对下片的银镜进行生产检验，检出那些镜面有结石、气泡、划伤、玻筋、疙瘩、透漆及镀层不符合银镜标准的不合格产品和残次品。

⑧ 包装入库。将合格品玻璃进行包装，用吊车或叉车运入成品库中。

玻璃制镜工艺流程及产污环节如图 2-26 所示。其中，无铜银镜没有镀铜、钝化工艺，不产生含铜废水。

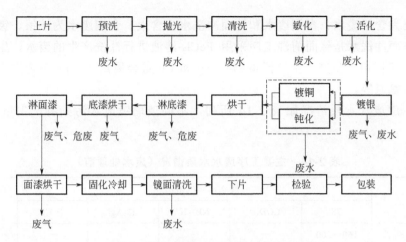

图 2-26　玻璃制镜工艺流程及产污环节

2.4.2　产排污情况分析

2.4.2.1　大气污染物

制镜过程中产生的废气，主要包括：玻璃银镜反应产生的氨气；油漆调制、底漆和面漆淋涂、红外线烘烤干燥等工序产生的有机废气，主要含有苯系物、乙醇、乙二醇等。苯系物产生浓度 200～300mg/m³，VOCs 产生浓度 400～600mg/m³。

根据 2018 年我国银镜产量和企业调研数据初步计算挥发性有机物产生量。2018 年银镜产量 47.34 万吨（折合约为 3805 万平方米）、底漆膜厚 25μm、面漆膜厚 30μm、密度 1.42t/m³，附着率 70%，按照以上数据计算底漆和面漆使用量，根据油漆、稀释剂、固化剂配比（4：2：1）计算稀释剂和固化剂使用量，最终计算出 2018 年银镜行业 VOCs 的产生量为 4372.65t/a，单位产品 VOCs 产生量为 9.23t/t。

挥发性有机物产生情况如表 2-13 所列。

表 2-13　挥发性有机物产生情况

种类	底漆+面漆	稀释剂	固化剂	合计
使用量/t	4245.29	2122.65	1061.32	7429.26
VOCs 含量/%	48	100	20	—
VOCs 产生量/（t/a）	2037.74	2122.65	212.26	4372.65
单位产品 VOCs 产生量/（kg/t）	4.30	4.48	0.45	9.23

注：VOCs 含量采用调研数据平均值。

2.4.2.2　水污染物

废水主要为玻璃原片清洗水、各工序冲洗水。玻璃原片一般采用抛光剂（氧化铈）和新鲜水一起进行清洗抛光，再采用纯水进行清洗，该工序产生原片清洗废水。各工序冲洗水主要为含银废水、含铜废水和镜面冲洗水，含银、含铜废水为镀银、镀铜工序的清洗水，镜面冲洗水是镜面清洗工序采用 $FeCl_3$ 溶液进行冲洗产生的废水，生产废水经处理后 75%可回用于生产。主要污染物有 Ag 和 Cu 重金属离子、Fe 等金属离子以及化学需氧量、氨氮等。

主要工序废水水质情况如表 2-14 所列，不同玻璃镜废水污染物产生量如表 2-15 所列。

表 2-14　主要工序废水水质情况（废水处理前）

工序	废水水质/(mg/L)					单位产品水量/(t/t)
	SS	COD_{Cr}	NH$_3$-N	总 Ag	总 Cu	
水磨	160～200	—	—	—	—	1.2～1.4
镀银	—	300～400	70～100	7～10	—	0.4～0.5
镀铜	—	250～300	—	—	3～5	0.4～0.5
钝化	—	180～220	—	—	—	0.4～0.6
镜面清洗	—	—	—	0.01～0.03	—	1.6～1.8
纯水系统浓水	—	—	—	—	—	0.6～0.7

表 2-15　不同玻璃镜废水污染物产生量（废水处理前）

污染物种类	含铜镀银玻璃镜	无铜镀银玻璃镜
单位产品废水量/(m^3/t)	1.1～1.4	1.1～1.4
COD_{Cr}/(mg/L)	250～400	250～400
氨氮/(mg/L)	70～100	70～100
总 Cu/(mg/L)	3～5	—
总 Ag/(mg/L)	7～10	7～10

2.4.2.3　固体废物

固体废物主要包括一般工业固体废物、危险废物。危险废物包括清洗剂、油漆、稀释剂等废包装瓶，废活性炭、回收的 Ag 和 Cu 重金属、含有重金属的污泥等。一般固体废物有废玻璃、废包装等。固体废物产生情况如表 2-16 所列。

表 2-16　固体废物产生情况

污染物种类	含铜镀银玻璃镜	无铜镀银玻璃镜
单位产品废玻璃/(kg/t)	4.0～5.5	4.0～5.5
单位产品回收银/(kg/t)	0.03～0.04	0.03～0.04
单位产品回收铜/(kg/t)	0.005～0.01	—
单位产品含银污泥/(kg/t)	0.25～0.35	0.25～0.35
单位产品含铜污泥/(kg/t)	0.25～0.35	—

2.5 岩（矿）棉

2.5.1 生产工艺

2.5.1.1 产品成分及原料成分

岩（矿）棉的化学成分不固定，传统上采用其所含氧化物的质量分数来表示，常见岩（矿）棉、矿渣棉化学成分如表 2-17 所列。可作矿渣棉原料的工业废渣有：冶金和化工工业炉渣、煤灰渣和采选矿的废料（如煤矸石、工业尾矿等）、粉煤灰、旋风炉渣等，常见作为矿渣棉原料的工业矿渣成分如表 2-18 所列。岩棉的原料有酸性岩石如玄武岩、辉绿岩、辉长岩、花岗岩、闪长岩、石英岩、安山岩等和碱性熔剂如石灰石、白云石等，常见岩棉原料成分如表 2-19 所列。

表 2-17 常见岩棉、矿渣棉产品成分　　　　　　　　单位：%

名称	SiO_2	Al_2O_3	CaO	MgO	Fe_mO_n	TiO_2	碱金属氧化物（R_2O）	S 及其他
矿渣棉	36～41	9～17	28～47	3～12	1～5	—	0～1.2	0.7～2
岩棉	39～50	10～17	6～35	7～18	3.5～17	微量	0.5～4	0～1.3

表 2-18 常见矿渣棉原料成分　　　　　　　　单位：%

名称	SiO_2	Al_2O_3	Fe_mO_n	CaO	MgO	R_2O	SO_3	可灼烧成分
某炉矿渣	33～41	7～16	<2.5	34～47	1.5～11	0.9～1.2	<1.5	—
某高矿渣	36.65	9.80	2.76	43.24	6.14	0.72	0.96	—
石河子矿渣	35～55	10～29	1.5	30～50	<3	—	<3	—
钢渣	15～17	4～6	14～22	44～49	9～13	<1	—	<4
铜渣	38	6.99	2.79	35.64	10.92	3.26	1.89	—
铅渣	35	8	11	33	5	1	其他	<6
锰渣	23.7	11.6	—	2.8	2.8		其他	<6
水泥窑灰	15.62	5.12	3.66	47.01	1.97	4.3	—	20.56
粉煤灰	48.02	28.55	8.30	2.42	1.57	—	0.21	8.25
煤渣	51.06	34.98	6.28	4.45	0.67	—	—	—
磷渣	40～43	1～10	—	40～52	<1	<4	<2	—
煤矸石	24.2	14.2	10.5	4.1	0.71		6.78	40.8

表2-19 常见岩棉原料成分

单位：%

	名称	SiO$_2$	TiO$_2$	Al$_2$O$_3$	Fe$_2$O$_3$	FeO	MnO	MgO	CaO	Na$_2$O	K$_2$O	H$_2$O	P$_2$O$_5$	CO$_2$	SiO$_2$/Al$_2$O$_3$	CaO/MgO	M$_k$
酸性岩石	玄武岩	48.23	2.21	14.99	4.18	6.95	0.20	7.00	9.07	3.40	2.51	1.26	0.60	0.35	2.81	1.15	4.35
	辉绿岩	45.05	1.00	4.79	4.28	8.14	0.31	21.61	10.78	0.97	0.37	2.28	0.16	0.26	7.78	0.499	1.57
	辉长岩	47.62	1.67	14.52	4.09	0.37	0.22	6.47	8.75	2.97	1.18	2.02	0.46	0.66	2.94	1.35	4.19
	花岗岩	71.27	0.25	14.25	1.24	1.62	0.08	0.8	1.62	3.79	4.03	0.56	0.16	0.33	4.92	2.0	35
	闪长岩	57.39	0.89	16.24	3.10	4.15	0.18	3.77	5.88	4.26	2.57	0.89	0.37	0.43	3.32	1.5	8.0
	石英岩	74.28	0.26	13.43	0.98	1.18	0.06	0.67	1.36	4.32	2.12	0.79	0.10	0.67	5.43	2.0	43
	安山岩	56.75	0.76	18.60	3.88	3.26	0.15	3.42	6.97	3.07	2.01	0.79	0.49	0.15	2.93	2.0	7.3
碱性熔剂	石灰石	0.07~1	—	0.02~1	0.03~1	—	—	0.08~1	48~55	—	—	—	—	—	—	—	—
	白云石	0.02~1	0.01~1	0.03~1	0.02~1	—	—	21.9	30.4	—	—	—	—	47.7	—	—	—

2.5.1.2　主要工艺及产污环节

岩（矿）棉生产工艺包括配料、熔制、成纤、集棉、成型固化、切割等工序。原料按照配比混合后送入炉窑，熔化好的物料通过料道末端的漏板流出，进入离心器。在高速旋转的离心器带动下，离心器侧壁甩出近万股细流，在燃烧室产生的高温高速火焰作用下，细流进一步牵伸成纤维；然后施加雾化的黏结剂，在集棉网带的负压风作用下，附着了黏结剂的棉纤维沉积在运行的网带上，形成均匀棉毡，然后通过固化炉树脂进行固化、定型。定型后的产品切割成预定规格的制品，进行压缩包装。

岩（矿）棉典型生产工艺流程如图 2-27 所示。

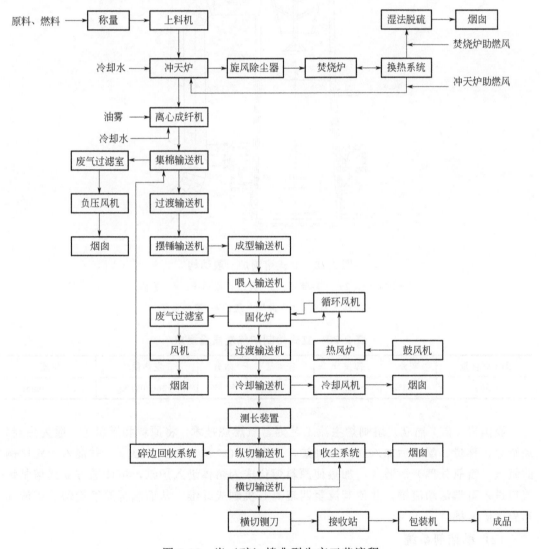

图 2-27　岩（矿）棉典型生产工艺流程

（1）熔制设备及燃料

岩（矿）棉的熔制目前大部分采用立式熔制炉熔制工艺，立式熔制炉结构如图 2-28 所示；另外，还有电熔炉熔制工艺。使用立式熔制炉熔炼，燃料为焦炭，一般常用的是铸造焦，有时也用冶金焦，立式熔制炉焦炭质量要求如表2-20所列；使用电熔炉熔炼，则以电为主要能源。出于成本考虑，目前我国绝大多数岩（矿）棉企业以立式熔制炉为熔炼设备。但随着各地环保要求的提高，新建项目中电熔炉的比例将逐年提高。

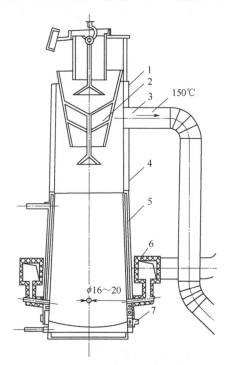

图 2-28 立式熔制炉一般结构

1—冲天炉；2—下料装置；3—废气排放系统；4—炉体；

5—冷却水系统；6—进风系统；7—流料系统

表 2-20 立式熔制炉焦炭质量要求

固定碳含量	灰分	挥发分	含硫量	水分	发热量	块度
＞80%	＜15%	＜1.5%	＜1%	＜1%	＞26000kJ/kg	60～120mm

我国岩（矿）棉立式熔制炉主流工艺为富氧燃烧技术：将原料和燃料（一般为焦炭）经筛分、称量、配料后加入立式熔制炉，助燃空气经预热至一定温度，并混入一定比例的氧气（富氧处理）后通入，加热使原料熔化成为熔体进入炉缸，熔体通过立式熔制炉流口进入可调活动流槽，并使其流至四辊离心机制成纤维，从而制得厚度均匀的矿渣棉和岩（矿）棉。

（2）黏结剂系统

矿物棉原料在经过熔制、离心、集棉工序之后形成离心棉，此时纤维交织形成棉毡，但这种毡强度低、没有固定形状、压缩后回弹性不好。为了改变这种情况，需要在每根纤维表面喷上一层黏结剂，当纤维交叉的时候，黏结剂会聚积并在固化时在纤维交结点被固定，纤维交织形成三维的网状，使制品不仅提高了强度而且有了固定的形状，有回弹性。

目前，国内岩（矿）棉所用黏结剂主要是水溶性的酚醛树脂，原料为苯酚、甲醛。酚醛树脂中甲醛单体结构含量的平均值约为53%，其中酚醛树脂（未添加尿素前）的游离甲醛含量平均值可达10%左右，即使加入尿素与氨水（危险品）吸收甲醛，甲醛的平均含量仍达到2%，在集棉及固化的过程中会挥发释放，对工人健康和环境造成影响。

黏结剂大多为有机物，加入棉毡中会使产品不燃性下降。对不同制品施加不同量的黏结剂，如表2-21所列。根据表2-21中的数据，考虑集棉机集棉率为98%，施胶有效利用率为70%～80%，切边加工损失0.5%等因素，再按10%的黏结剂施加浓度即可计算出总溶液量及各组分的加入量。采用计量泵输送胶液便于调整生产。

表 2-21　离心棉制品的黏结剂固含量

容重/（kg/m³）		10～12	12～16	16～20	20～24	24～32	32～40	40～50	50～65	65～80	80～100
黏结剂固含量/%	棉板	—	—	6.5～7	7～7.5	7.5～8	8～8.5	8.5～9	9～9.5	9.5～10.5	10.5～11.5
	棉毡	5～5.5	5.5～6	6～6.5	6.5～7	—	—	—	—	—	—
	棉管	—	—	—	—	—	7～8	8～9	9～10	—	—

目前，国外玻璃棉生产商无甲醛黏结剂使用比例逐年提高，岩（矿）棉制造商也在向无甲醛技术过渡中，而国内目前仅有2～3条无甲醛矿物棉生产线，产量约2万吨/年。

2.5.2　产排污情况分析

2.5.2.1　大气污染物

岩（矿）棉生产过程中产生的大气污染物主要有粉尘、烟粉尘、硫氧化物、氮氧化物、苯酚、甲醛等，其产生环节分析如表2-22所列、图2-29所示。

表 2-22　岩（矿）棉生产过程中污染物产生情况一览表

产生环节		污染物种类	产生来源
原料处理		粉尘	原料储存、运输、混合过程中的颗粒物逸散
熔制	电熔炉	烟粉尘	加料时颗粒物逸散；熔化过程排放烟尘
		氮氧化物	高温条件下，空气中氮与氧气反应产生的热 NO_x；原料中硝酸盐热分解产生 NO_x
		硫氧化物	含硫原料分解产生的硫氧化物
	立式熔制炉	烟粉尘	加料时颗粒物逸散；燃料燃烧后生成的颗粒物
		氮氧化物	高温条件下，空气中氮与氧气反应产生的热 NO_x；原料中硝酸盐热分解产生 NO_x；燃料中氮的氧化
		硫氧化物	燃料中含硫成分氧化；含硫原料分解产生的硫氧化物
集棉室、固化室		粉尘、苯酚甲醛	成型时使用的酚醛黏结剂的挥发；固化时酚醛黏结剂的挥发
切割带		粉尘	切割产生

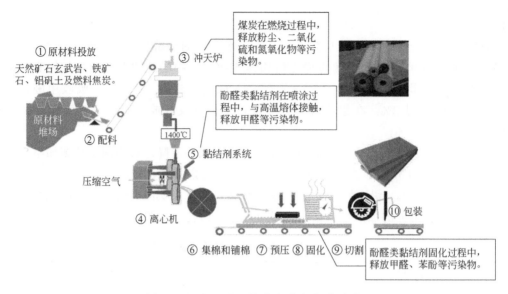

图 2-29　岩（矿）棉生产废气产生节点

2.5.2.2　水污染物

岩（矿）棉生产过程中产生的废水主要来自：设备冷却水（如离心机冷却水）、设备清洗水；离心成纤时漏洒的含酚醛树脂的废水；集棉室和固化室后采用矿棉板过滤+水喷淋工艺处理废气的也会产生相应的废水。这些废水中主要含有游离酚、甲醛。此外，采用湿法除尘或湿法烟气脱硫处理废气的企业还会产生相应的废水。

（1）设备冷却水

包括冷却循环水、含污冷却水。冷却循环水指熔窑池壁水包和水管冷却、离心器及其他设备冷却水。此类水使用后水质不起变化，主要是水温升高，属热污染，经冷却后可循环使用。而含污冷却水是指冷却设备时，可能会带入一些油类污染物，这类废水经处理后也可以循环使用。

（2）原料加工处理中的废水

碎玻璃或其他废料回收清洗所产生的含有悬浮物、污泥、有机物等废水。

（3）地面与设备冲洗水

由于车间各工段生产情况与不同类型、不同用途的设备冲洗时，废水中含有的污染物也不同，如原料车间的污水含有各种粉尘；熔制工段污水含有配合料粉尘等；成纤、离心工段污水中含有黏结剂成分游离酚、甲醛等。

（4）过滤喷淋废水

集棉室和固化室后采用矿棉板过滤+水喷淋工艺处理废气的也会产生相应的废水，这些废水中主要含有游离酚、甲醛。

总之，岩（矿）棉工业废水的特点是 pH 值高、无机固体悬浮物较多，含有酚、醛，BOD_5 和 COD_{Cr} 值较低。

2.5.2.3　固体废物

岩（矿）棉企业固体废物处理处置情况如表 2-23 所列。

表 2-23　固体废物处理处置情况

序号	名称	分类	形状及成分	处理或处置方式
1	熔制和成纤过程产生的渣球和炉渣	一般固废	固体	外销或综合利用
2	不合格产品和废边等废棉	一般固废	固体	外销或综合利用
3	脱硫除尘渣	一般固废	固体，硫酸钙	外销
4	废耐火材料	一般固废	固体，砖块	厂家回收
5	废机油	危险废物	固体，废油	委托有资质公司处置
6	废活性炭（固化废气处理用活性炭）	危险废物	固体	委托有资质公司处置
7	生活垃圾	一般固废	固体，废纸等	填埋

2.6　玻璃棉

2.6.1　生产工艺

2.6.1.1　产品成分及原料成分

由于原料成分不固定，故玻璃棉产品成分同样不固定，几种典型玻璃棉化学组成如表 2-24 所列。玻璃棉原料主要是石英砂、纯碱、石灰石、白云石、硼砂、长石、方解石、芒硝、碎玻璃等。玻璃棉原料组成情况如表 2-25 所列。

表 2-24　几种典型玻璃棉化学组成　　　　　　　　　　　单位：%

序号	SiO_2	Al_2O_3	CaO	MgO	Na_2O	K_2O	B_2O_3	Fe_2O_3
1	60.3	4.84	7.97	4.49	13.06	2.24	4.84	0.14
2	63.7	3.32	6.99	3.03	15.37	2.05	5.30	0.23
3	63.4	5.9	5.4	2.7	15.2	1.1	4.6	0.12
4	62.7	4.8	5.9	3.4	14.6	1.5	6.1	0.3
5	63.8	3.8	7.0	3.0	15.2	2.5	4.4	0.14

表 2-25　玻璃棉原料组成情况

原料	氧化物含量/%	水分/%
石英砂	$SiO_2>95$，$Al_2O_3<3$，$Fe_2O_3<0.15$	<6
石灰石	$CaO>54$，$Fe_2O_3<0.05$	—
白云石	$CaO<30$，$MgO<20$，$Fe_2O_3<0.04$	—
长石	SiO_2 约 85，Al_2O_3 约 27，K_2O、Na_2O 约 6，$Fe_2O_3<0.2$	—
纯碱	Na_2O 约 58	<1

续表

原料	氧化物含量/%	水分/%
硼砂	B_2O_3 约 47，Na_2O 约 21，$Fe_2O_3 < 0.25$	—
芒硝	Na_2SO_4 约 99.5，$Fe_2O_3 < 0.05$	<0.3
碎玻璃	玻璃熔窑流出料、平板玻璃纯净料	<10

2.6.1.2 主要工艺及产污环节

玻璃棉生产工艺可分为两种：一种是将熔融玻璃制成玻璃球、棒或块状物，使其再二次熔化，然后拉丝并经火焰喷吹成棉，也就是火焰法玻璃棉；另一种是对粉状玻璃原料进行熔化，借助离心力和火焰喷吹的双重作用，将熔融玻璃液直接制成玻璃棉，也就是离心喷吹法玻璃棉。目前用作绝热隔声方面的玻璃棉制造均采用离心喷吹法生产工艺，用于其他方面的特种玻璃微纤维则采用火焰喷吹法生产工艺。

离心玻璃棉生产线包括原料系统、熔化系统、成纤系统、集棉系统、固化系统、制品加工和包装系统、黏结剂制备输送及施加系统、燃烧气体混合供给系统等部分。

离心玻璃棉生产工艺及产污环节如图 2-30 所示。

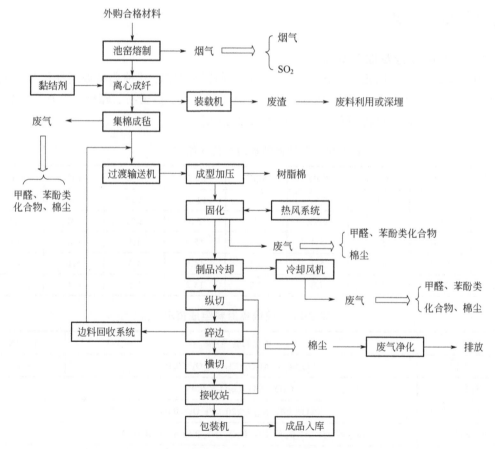

图 2-30　离心玻璃棉生产工艺及产污环节

（1）熔化系统

熔化系统由熔窑、供料道、漏板等组成。离心玻璃棉熔化温度较低，玻璃熔化可以在火焰或电熔窑中进行。

（2）成纤系统

离心玻璃棉成纤系统主要装备包括离心机、离心器、环形燃烧室、燃气供给系统、空气吹拉装置、棉分配装置、中频加热装置、黏结剂喷洒装置等。

（3）集棉系统

棉纤维成型以后，附着上黏结剂，在集棉机负压作用下随着喷吹气流沉降到集棉网带上，形成棉毡。集棉机由链板传动系统、回转侧壁、洗涤系统、负压吸风系统和废水循环系统组成。某企业集棉系统如图 2-31 所示。

图 2-31　某企业集棉系统

（4）固化系统

固化炉是将含树脂的玻璃棉毡，按照产品规格要求进行热处理的装备。固化炉由炉体、输送机构、加压机构、热风系统、传动机构等部分组成。

（5）后处理系统

玻璃棉毡（板）后处理系统包括磨面、贴面、横切、纵切、卷取和包装系统等。某企业切割工序如图 2-32 所示。

（6）黏结剂系统

玻璃棉生产环节的黏结剂系统与岩（矿）棉类似，具体内容详见 2.5.1.2 部分论述。

图 2-32　某企业切割工序

2.6.2　产排污情况分析

2.6.2.1　大气污染物

玻璃棉生产过程中产生的污染物主要有粉尘、烟尘、二氧化硫、氮氧化物以及甲醛、酚类（苯酚）化合物。具体的产污环节如表 2-26 所列。

表 2-26　玻璃棉生产产污分析

序号	产生环节	污染物种类	排放特征	污染物排放浓度[①]/（mg/m³）
1	原料处理	粉尘	间歇	—
2	玻璃熔窑熔制	烟尘	连续	10～1000
		NO_x	连续	100～1500
		SO_2	连续	20～1000
3	集棉机	游离酚	连续	2.0～50
		游离醛	连续	2.0～30
		短纤维	连续	10～200
4	固化炉	游离酚	连续	2.0～40
		游离醛	连续	2.0～60
		短纤维	连续	5.0～55
5	切割	粉尘	纵向切割机：连续 横向切割机：间歇 飞锯：间歇	1.0～50

① 数据来源于《欧盟 IPPC 矿棉工业 BAT 技术参考文件》。

2.6.2.2　水污染物

玻璃棉生产过程中产生的废水主要来自：设备冷却水（如离心机冷却水）、设备清洗水、离心成纤时漏洒的含酚醛树脂的废水、集棉室和固化室采用矿棉板过滤+水喷淋工艺处理废气产生的废水等。具体情况如 2.5.2.2 部分论述。

2.6.2.3　固体废物

玻璃棉企业固体废物处理处置情况如表 2-27 所列。

表 2-27　固体废物处理处置情况

序号	名称	分类	形状及成分	处理或处置方式
1	不合格产品和废边等废棉	一般固废	固体	外销或综合利用
2	脱硫除尘渣	一般固废	固体，硫酸钙	外销
3	废耐火材料	一般固废	固体，砖块	厂家回收
4	生活垃圾	一般固废	固体，废纸等	填埋
5	废机油	危险废物	固体，废油	委托有资质公司处置
6	废催化剂	危险废物	固体，废钒钛系催化剂	委托有资质公司处置
7	废活性炭（固化废气处理用活性炭）	危险废物	固体	委托有资质公司处置

第 3 章
排污许可证核发情况

3.1 平板玻璃

3.1.1 排污许可技术规范的部分内容

3.1.1.1 适用范围

《排污许可证申请与核发技术规范 玻璃工业—平板玻璃》（HJ 856—2017）规定了平板玻璃工业排污单位排污许可证申请与核发的基本情况填报要求、许可排放限值确定、实际排放量核算、合规判定的方法以及自行监测、环境管理台账与排污许可证执行报告等环境管理要求，提出了平板玻璃工业污染防治可行技术要求。

该标准适用于指导平板玻璃工业排污单位填报《排污许可证申请表》及网上填报相关申请信息，适用于指导核发机关审核确定平板玻璃工业排污单位排污许可证许可要求。该标准适用于平板玻璃工业排污单位排放的大气污染物和水污染物的排污许可管理。

该标准未做出规定但排放工业废水、废气或者国家规定的有毒有害大气污染物的平板玻璃工业排污单位其他产污设施和排放口，参照《排污许可证申请与核发技术规范 总则》（HJ 942—2018）执行。

3.1.1.2 污染物许可排放浓度和排放量确定方法

（1）大气污染物许可排放浓度和排放量确定方法

1）许可排放浓度

按照污染物排放标准确定平板玻璃工业排污单位大气污染物许可排放浓度时，应依据《平板玻璃工业大气污染物排放标准》（GB 26453—2011）及地方排放标准从严确定。

2）许可排放量

平板玻璃工业排污单位应明确颗粒物、二氧化硫、氮氧化物的许可排放量。

根据大气污染物许可排放浓度限值、单位产品基准排气量、产能（以玻璃液计）确定大气污染物年许可排放量。年许可排放量计算如式（3-1）所示：

$$E_{\text{年许可}} = \sum_{i=1}^{n} E_i \tag{3-1}$$

式中　$E_{\text{年许可}}$——平板玻璃工艺排污单位年许可排放量，t/a；

　　　　E_i——第 i 个主要排放口大气污染物年许可排放量，t/a。

对于非纯氧燃烧玻璃熔窑，按公式（3-2）核算各主要排放口大气污染物年许可排放量。

$$E_i = Q_i C_i P_i TK \times 10^{-9} \tag{3-2}$$

式中　Q_i——第 i 个主要排放口标准状态下的基准排气量，m^3/t，如表 3-1 所列；

　　　　C_i——第 i 个主要排放口污染物许可排放浓度限值，mg/m^3；

　　　　P_i——第 i 个主要排放口对应装置的产能，以玻璃液计，t/d；

　　　　T——环境影响评价文件批复或设计的年运行天数，d；

　　　　K——玻璃熔窑熔化量与产品产量转换系数，浮法工艺取 0.88，压延工艺取 0.85。

表 3-1　平板玻璃熔窑单位产品基准排气量

序号	生产单元	主要工艺	排放口	规模等级	单位产品基准排气量[①]/（m^3/t）
1	浮法	熔化工序	经玻璃熔窑烟气治理设施处理后的净烟气排放口	日熔量≤500t	4410（4950[①]）
				500t<日熔量≤600t	4220（4500[①]）
				600t<日熔量≤900t	4080（4250[①]）
				日熔量>900t	3200
2	压延	熔化工序		—	4394（4550[①]）

① 适用于使用煤气发生炉的平板玻璃工业排污单位。

对于纯氧燃烧玻璃熔窑，按公式（3-3）核算各主要排放口大气污染物年许可排放量。

$$E_i = Q_i C_i P_i T \times 10^{-9} \tag{3-3}$$

式中　Q_i——第 i 个主要排放口标准状态下的基准排气量，m^3/t，取 $3000 m^3/t$；

　　　　C_i——第 i 个主要排放口污染物许可排放浓度限值，mg/m^3；

　　　　P_i——第 i 个主要排放口对应装置的产能，以玻璃液计，t/d；

　　　　T——环境影响评价文件批复或设计的年运行天数，d。

平板玻璃工业排污单位实际生产能力不大于环境影响评价文件批复生产能力，且具备有效在线监测数据的，也可按《排污许可证申请与核发技术规范 玻璃工业—平板玻璃》（HJ 856—2017）"9 实际排放量核算方法"核算前一自然年实际排放量，以此为依据申请年许可排放量，其中浓度限值超标时段或者监测数据缺失时段的排放量不得计算在内。

（2）水污染物许可浓度确定方法

按照污染物排放标准确定平板玻璃工业排污单位水污染物许可排放浓度时，应依据《污水综合排放标准》（GB 8978—1996）、《污水排入城镇下水道水质标准》（GB/T 31962—2015）及地方排放标准从严确定。

若平板玻璃工业排污单位在同一废水排放口排放两种或两种以上工业废水，且每种废水中同一种污染物排放标准不同时，许可浓度按照《污水综合排放标准》（GB 8978—1996）中附录 A 的要求确定。

3.1.1.3　合规性判定方法

（1）废气排放浓度合规性判定

1）正常情况

平板玻璃工业排污单位废气排放浓度合规是指各有组织排放口和厂界无组织污染物排放浓度满足《平板玻璃工业大气污染物排放标准》（GB 26453—2011）及地方排放标准的要求。

大气污染防治重点控制区按照《关于执行大气污染物特别排放限值的公告》等相关文件的要求执行。其他执行大气污染物特别排放限值的地域范围、时间，由国务院生态环境主管部门或省级人民政府规定。

若执行不同许可排放浓度的多台生产设施或排放口采用混合方式排放废气，且选择的监控位置只能监测混合废气中的大气污染物浓度，则应执行各限值要求中最严格的许可排放浓度。

其中，在执法监测时，按照监测规范要求获取的执法监测数据超过许可排放浓度限值的，即视为超标。根据《固定污染源排气中颗粒物测定与气态污染物采样方法》（GB/T 16157—1996）、《大气污染物无组织排放监测技术导则》（HJ/T 55—2000）、《固定源废气监测技术规范》（HJ/T 397—2007）确定监测要求。

采用自动监测时，将按照监测规范要求获取的有效自动监测数据通过计算得到的有效小时浓度均值（林格曼黑度除外），与许可排放浓度限值进行对比，超过许可排放浓度限值的，即视为超标。对于应采用自动监测而未采用的排放口或污染物，即视为不合规。自动监测小时浓度均值是指"整点 1 小时内不少于 45 分钟的有效数据的算术平均值"。

2）非正常情况

对于已建备用污染治理设施且已拆除旁路或实行旁路挡板铅封的平板玻璃工业排污单位，非正常情况切换脱硝设备时，脱硝设施启动 6h 内的氮氧化物排放数据可不作为合规判定依据。

（2）排放量合规判定

平板玻璃工业排污单位污染物排放量合规，是指正常情况主要排放口实际排放量和非正常情况实际排放量之和，满足年许可排放量要求。

（3）无组织排放控制要求合规判定

平板玻璃工业排污单位无组织排放合规性以现场检查无组织排放控制要求落实情况为主，必要时，辅以现场监测方式判定。平板玻璃工业排污单位无组织排放控制要求如表 3-2 所列。

表 3-2　平板玻璃工业排污单位无组织排放控制要求

主要工艺	控制措施
原料破碎系统	（1）硅质原料的均化在密闭的均化库中进行； （2）粉料卸料口密闭或设置集气罩，并配备除尘设施； （3）在物料输送阶段选择密闭斗式提升机或螺旋输送机，对皮带输送机进行有效密闭； （4）配料车间产生粉尘的设备和产尘点设置集气罩，并配备除尘设施
备料与储存系统	
配料系统	
碎玻璃系统	
燃油系统	加强储罐及输送管道的密封，严格控制无组织排放
煤制气系统	煤炭储存于储库、堆棚中
燃石油焦系统	（1）在石油焦的储存、破碎、研磨、筛分、输送等阶段封闭操作； （2）在输送设备及各转载点等产尘点设立局部或整体气体收集系统和净化处理装置
液氨/氨水储存系统	液氨/氨水用全封闭罐车运输，配氨气回收或吸收回用装置，氨罐区设氨气泄露检测设施
其他	（1）厂区运输道路全硬化、及时清扫、无积灰扬尘、定期洒水抑尘； （2）各收尘器、管道等设备运行完好，无粉尘外溢； （3）粉状物料采用新型散装罐车，在装车设备上加装通风除尘系统； （4）厂区设置车辆清洗、清扫装置

（4）废水排放浓度合规性判定

1）执法监测

将按照监测规范要求获取的执法监测数据与许可排放浓度限值进行对比，超过许可排放浓度限值的，即视为超标。

2）排污单位自行监测

① 自动监测。利用按照监测规范要求获取的自动监测数据计算得到有效日均浓度值（pH 值除外），将其与许可排放浓度限值进行对比，超过许可排放浓度限值的，即视为超标。对于应采用自动监测而未采用的排放口或污染物，即视为不合规。

对于自动监测，有效日均浓度是以每日为一个监测周期而获得的某个污染物的多个有效监测数据的平均值。在同时监测污水排放流量的情况下，有效日均值是以流量为权的某个污染物有效监测数据的加权平均值；在未监测污水排放流量的情况下，有效日均值是某个污染物有效监测数据的算术平均值。

② 手工监测。对于未要求采用自动监测的排放口或污染物，应进行手工监测。按照自行监测方案、监测规范要求开展的手工监测，当日各次监测数据平均值或当日混合样监测数据（pH 值除外）超过许可排放浓度限值的，即视为超标。

执法监测与排污单位自行监测数据不一致时处理方式若同一时段的执法监测数据与排污单位自行监测数据不一致，执法监测数据符合法定监测标准和监测方法的，以该执法监测数据为准。

3.1.1.4　排污许可环境管理要求

（1）企业自行监测

《排污单位自行监测技术指南　平板玻璃工业》（HJ 988—2018）提出了平板玻璃工业排污单位自行监测的一般要求、监测方案制定、信息记录和报告的基本内容和要求。

该标准适用于平板玻璃工业排污单位在生产运行阶段对其排放的气、水污染物，噪声以及对周边环境质量影响开展自行监测。该标准同样适用于电子玻璃工业太阳能玻璃（薄膜太阳能电池用基板玻璃、晶体硅太阳能电池用封装玻璃）排污单位的自行监测。

其中，平板玻璃工业排污单位有组织废气监测点位、监测指标及最低监测频次如表 3-3 所列。

表 3-3　有组织废气监测点位、监测指标及最低监测频次

生产工艺	生产设施	监测点位	监测指标	最低监测频次[①]
原料破碎系统	粗破机、细破机、筛分机、斗式提升机、带式输送机	各装置对应排气筒	颗粒物	年
备料与储存系统	斗式提升机、带式输送机、筛分机			
配料系统	混合机、斗式提升机、带式输送机、窑头料仓			
碎玻璃系统	碎玻璃破碎机、带式输送机			
熔化工序	玻璃熔窑	熔窑对应排气筒	二氧化硫、氮氧化物、颗粒物	自动监测
			烟气黑度	年
			氯化氢、氟化物、氨[②]	半年
			汞及其化合物[③]、镉及其化合物[③]、铬及其化合物[③]、砷及其化合物[③]、铅及其化合物[③]、镍及其化合物[③]、锌及其化合物[③]	半年
成型退火工序	在线镀膜设备	设备对应排气筒	颗粒物、氯化氢、氟化物、锡及其化合物	半年
煤制气系统	煤库、加工设备、筛分设备、上煤机		颗粒物	半年
燃石油焦系统	石油焦（粉）库、破碎设备、研磨装备、筛分设备、输送设备		颗粒物	半年

①　重点控制区可根据管理需要适当增加监测频次。

②　适用于以液氨等含氨物质作为还原剂去除烟气中氮氧化物的排污单位，可选测该指标。

③　适用于以重油、煤焦油、石油焦为燃料的平板玻璃工业排污单位。排污单位应根据各采购批次的燃料成分检测分析报告，确定废气中应开展监测的重金属类型，没有分析报告的，应对本标准规定的重金属指标全部进行监测。

平板玻璃工业排污单位无组织排放废气监测点位的设置应按照《大气污染物无组织排放监测技术导则》（HJ/T 55—2000）的要求执行，监测指标及最低监测频次如表 3-4 所列。

表 3-4 无组织废气监测点位、监测指标及最低监测频次

监测点位	监测指标	最低监测频次	备注
厂界	颗粒物	半年	适用于所有平板玻璃工业排污单位
氨罐区周边	氨	半年	适用于以液氨为原料制氢及使用液氨、氨水等含氨物质作为还原剂去除烟气中氮氧化物的平板玻璃工业排污单位
煤气发生炉周边	硫化氢	半年	适用于以发生炉煤气为燃料的平板玻璃工业排污单位
储油罐周边	非甲烷总烃	年	适用于以重油、煤焦油为燃料及建有备用储油罐的平板玻璃工业排污单位

废水监测点位、监测指标及最低监测频次如表 3-5 所列。

表 3-5 废水监测点位、监测指标及最低监测频次

监测点位	燃料类型	监测指标	最低监测频次	
			直接排放	间接排放
废水总排放口	所有燃料	流量、pH 值、化学需氧量、氨氮、悬浮物、五日生化需氧量、总磷、总氮、动植物油、石油类	月	季度
	重油、煤焦油、石油焦	氟化物、硫化物、总锌	月	季度
	发生炉煤气	挥发酚、总氰化物、硫化物	月	季度
循环冷却水排放口	所有燃料	流量、pH 值、悬浮物、化学需氧量、氨氮	季度	
脱硫废水处理设施排放口	重油、煤焦油、石油焦	流量、总汞、总镉、总铬、总砷、总铅、总镍、苯并[a]芘①	季度	
发生炉灰盘水封水和洗涤煤气的洗涤水排放口	发生炉煤气	苯并[a]芘①	季度	
雨水排放口	所有燃料	化学需氧量、氨氮、悬浮物	日②	
	重油、煤焦油	石油类		
	发生炉煤气	挥发酚、总氰化物、硫化物		

① 若连续两次监测未检出，可放宽至每年开展一次监测；若连续两年监测未检出，可不开展监测。
② 排放口有流量时开展监测，排放期间按日监测。若监测一年无异常情况，可放宽至每季度开展一次监测。

（2）环境管理台账记录

平板玻璃工业排污单位环境管理台账应记录以下内容。

1）生产设施信息

生产设施信息包括基本信息和生产设施运行管理信息。生产设施基本信息应记录设施名称、设施编码、生产负荷等。生产设施运行管理信息应记录正常情况主要产品产量、原辅料（硅砂、长石、白云石、石灰石、纯碱、澄清剂、助熔剂等）及燃料（天然气、煤、焦炉煤气、石油焦等）使用情况等数据。

2）污染治理设施信息

污染治理设施信息应按照设施类别分别记录设施名称、编码、设计参数等。其中，

废气污染治理设施的设计参数应至少包含设计处理风量、处理效率、设计污染物排放浓度限值等信息。

平板玻璃工业排污单位污染治理设施运行管理信息应按照有组织废气污染治理设施、无组织废气排放控制措施以及废水污染治理设施三种类型分别进行运行管理信息的记录。

① 有组织废气污染治理设施。有组织废气污染治理设施运行管理信息应按原料破碎系统、备料与储存系统、配料系统、碎玻璃系统、熔化工序、成型退火工序等主要生产工艺，分别记录所在主要工艺名称、该主要工艺全部排放口治理设施数量、污染治理设施名称及编号，并按班次记录治理设施是否正常运转。

主要排放口污染治理设施运行管理还应保留自动监测系统彩色曲线图，注明生产线编号及各条曲线含义，相同参数使用同一颜色。根据参数的变化区间合理设定参数量程，每台设备或生产线核算期同一参数量程保持不变。对曲线图中的不同参数进行合理布局，避免重叠。

脱硫、脱硝、除尘等自动监测系统记录曲线应至少包括标态烟气量、氧含量、原烟气污染物浓度（折标）、净烟气污染物浓度（折标）、出口烟气温度等信息内容。

② 无组织废气排放控制措施。无组织废气排放控制措施应记录原料破碎系统、备料与储存系统、配料系统、碎玻璃系统、煤制气系统、液氨/氨水储存系统等主要生产工艺无组织排放污染因子、采用的无组织排放控制措施，并按班次记录控制措施运行参数，运行参数应包含：洒水次数、清扫频次、原料场地检查密闭情况、是否出现破损等。

③ 废水污染治理设施。废水污染治理设施运行管理信息应记录污染治理设施名称及工艺、污染治理设施编号、废水类型、治理设施规格参数，并按班次记录污染治理设施运行参数，运行参数包括累计运行时间、废水处理量、废水排放量、废水回用量、药剂投加种类及投加量。全厂综合污水治理设施运行参数还应按日记录实际进出水水质，包括 pH 值、化学需氧量、氨氮、流量等。

3）手工监测记录信息

① 有组织废气污染物排放情况手工监测记录信息。记录包括采样日期、样品数量、采样方法、采样人姓名等采样信息，并记录排放口编码、标况烟气量、排放口温度、污染因子、许可排放浓度限值、监测浓度、监测浓度（折标）、测定方法以及是否超标等信息。若监测结果超标，应说明超标原因。

② 无组织废气污染物排放情况手工监测记录信息。记录包括采样日期、无组织采样点位数量、各点位样品数量、采样方法、采样人姓名等采样信息，并记录无组织排放工序、污染因子、采样点位、各采样点监测浓度、许可排放浓度限值、测定方法、是否超标。若监测结果超标，应说明超标原因。

③ 废水污染物排放情况手工监测记录信息。记录包括采样日期、样品数量、采样方法、采样人姓名等采样信息，并记录排放口编码、废水类型、水温、出口流量、污染因子、出口浓度、许可排放浓度限值、测定方法以及是否超标。若监测结果超标，应说明超标原因。

④ 自动监测运维记录信息。记录包括自动监测系统运行状况、系统辅助设备运行状况、

系统校准和校验工作等，并记录仪器说明书及相关标准规范中规定的其他检查项目等。

（3）执行报告要求

平板玻璃工业排污单位排污许可证执行报告按报告周期分为年度执行报告、半年执行报告、季度执行报告和月度执行报告。持有排污许可证的平板玻璃工业排污单位，均应按照标准规定提交年度执行报告与季度执行报告。地方生态环境主管部门有更高要求的，排污单位还应根据其规定，提交半年执行报告或月度执行报告。

执行报告编制内容应包括排污单位基本信息、遵守法律法规情况、污染防治设施运行情况、自行监测执行情况、环境管理台账执行情况、实际排放情况及合规判定分析、环境保护税缴纳情况、信息公开情况、排污单位内部环境管理体系建设与运行情况、其他排污许可证规定的内容执行情况，以及其他需要说明的问题、结论、附图附件要求等部分。

（4）污染防治可行技术运行管理要求

《排污许可证申请与核发技术规范　玻璃工业—平板玻璃》（HJ 856—2017）规定了污染防治可行技术的运行管理要求。该标准部分规定：

① 平板玻璃工业排污单位应按照相关法律法规、标准和技术规范等要求运行大气、水污染治理设施，并定期进行维护和管理，保证设施正常运行。

② 禁止燃用不符合质量标准的石油焦，禁止掺烧高硫石油焦。

《石油焦（生焦）》（NB/SH/T 0527—2019）于 2019 年 12 月 30 日由国家能源局发布并实施。该标准规定：普通石油焦（生焦）适用于作普通功率石墨电极、铝用炭素原料以及燃料等。普通石油焦（生焦）的部分技术要求如表 3-6 所列。

表 3-6　普通石油焦（生焦）的部分技术要求

项目	质量指标						
	1 号	2A	2B	2C	3A	3B	3C
硫含量（质量分数）/%	≤0.5	≤1.0	≤1.5	≤1.5	≤2.0	≤2.5	≤3.0
挥发分（质量分数）/%	≤12.0	≤12.0	≤12.0	≤12.0	≤12.0	≤12.0	≤12.0
灰分（质量分数）/%	≤0.30	≤0.35	≤0.40	≤0.45	≤0.50	≤0.50	≤0.50

③ 位于高污染燃料禁燃区内的平板玻璃工业排污单位，使用的燃料应符合《关于发布〈高污染燃料目录〉的通知》的相关要求。

④ 应妥善收集、贮存废烟气脱硝催化剂及煤气发生炉产生的煤焦油，贮存应符合《危险废物贮存污染控制标准》（GB 18597—2001）的相关要求，并委托具有危险废物经营许可证的单位进行处置。

⑤ 新建、改建、扩建项目的环境影响评价文件或地方相关规定中有原辅材料、燃料等其他污染防治强制要求的，还应根据环境影响评价文件或地方相关规定，明确其他需要落实的污染防治要求。

⑥ 平板玻璃工业排污单位应按照相关文件要求向生态环境主管部门提交污染治理设施检维修计划，检维修计划应至少包括检维修的起始时间、情形描述、预计结束时间、拟采取应对措施等内容。污染治理设施检维修、故障期间，烟气经旁路排放时，平板玻

璃工业排污单位应按照相关文件要求在规定时限内及时告知生态环境主管部门，并上报检维修总结，检维修总结应至少包括检维修的起始时间、情形描述、结束时间、采取的应对措施、检维修期间污染物的排放浓度和排放量等内容。

⑦ 平板玻璃工业排污单位产生的废水回用时需根据回用途径满足相应回用水水质标准要求。其中一类污染物按照国家或地方污染物排放标准执行。

⑧ 平板玻璃工业排污单位应对厂区范围内的初期雨水进行收集、处理后回用或排放。

3.1.2 排污许可证核发现状

截至 2021 年年底，3000 家玻璃制造（C304）企业核发了排污许可证。其中：平板玻璃制造（C3041）企业 178 家；特种玻璃制造（C3042）企业 2775 家；其他玻璃制造（C3049）企业 47 家。

已核发排污许可证的平板玻璃制造企业分布情况如图 3-1 所示。

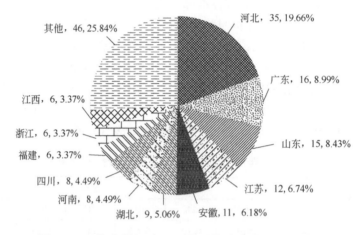

图 3-1　已核发排污许可证的平板玻璃企业分布情况

已核发排污许可证的特种玻璃制造企业分布情况如图 3-2 所示。

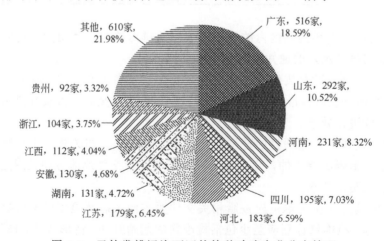

图 3-2　已核发排污许可证的特种玻璃企业分布情况

3.2　日用玻璃

3.2.1　排污许可技术规范的部分内容

3.2.1.1　适用范围

《排污许可证申请与核发技术规范　工业炉窑》（HJ 1121—2020）规定了日用玻璃工业排污单位排污许可证申请与核发的基本情况填报要求、许可排放限值确定、实际排放量核算、合规判定的方法以及自行监测、环境管理台账与排污许可证执行报告等环境管理要求，提出了平板玻璃工业污染防治可行技术要求。

该标准适用于指导日用玻璃工业排污单位填报《排污许可证申请表》及网上填报相关申请信息，适用于指导核发机关审核确定日用玻璃工业排污单位排污许可证许可要求。该标准适用于日用玻璃工业排污单位排放的大气污染物和水污染物的排污许可管理。

3.2.1.2　大气污染物许可排放浓度和排放量确定方法

（1）许可排放浓度

按照污染物排放标准确定日用玻璃工业排污单位许可排放浓度时，应依据《工业炉窑大气污染物排放标准》（GB 9078—1996）及地方排放标准从严确定。

（2）许可排放量

《排污许可证申请与核发技术规范　工业炉窑》（HJ 1121—2020）规定，日用玻璃熔窑大气污染物年许可排放量计算方法按照优先顺序依次为基准排气量法、绩效值法、气量法。日用玻璃熔窑可按照绩效值、年实际产量确定许可排放量。其中，实际产量为玻璃熔窑前三年实际产量最大值（若不足一年或前三年实际产量最大值超过设计产能，则以设计产能为准）。

日用玻璃熔窑排放口参考绩效值如表 3-7 所列。

表 3-7　日用玻璃熔窑排放口参考绩效值

生产单元	主要工艺	地区	单位玻璃液绩效值/（kg/t）			备注
			颗粒物	二氧化硫	氮氧化物	
热工单元	熔化	重点地区	0.06	0.60	1.60	
			0.06	0.60	3.50	硼硅玻璃器皿、微晶玻璃
		一般地区	0.16	1.30	2.20	
			0.16	1.30	5.00	硼硅玻璃器皿、微晶玻璃

3.2.1.3　合规性判定方法

（1）排放浓度合规性判定

工业炉窑排污单位各废气排放口和无组织排放污染物的排放浓度合规，是指"任一小时浓度均值均满足许可排放浓度要求"。国务院生态环境主管部门发布相关合规判定方法的，从其规定。

其中，在执法监测时，按照监测规范要求获取的现场监测数据超过许可排放浓度限值的，即视为不合规。根据《固定污染源排气中颗粒物测定与气态污染物采样方法》（GB/T 16157—1996）、《大气污染物无组织排放监测技术导则》（HJ/T 55—2000）、《固定源废气监测技术规范》（HJ/T 397—2007）确定监测要求。

采用自动监测时，利用按照监测规范要求获取的有效自动监测数据计算得到有效小时浓度均值，将其与许可排放浓度限值进行对比，超过许可排放浓度限值的，即视为不合规。自动监测有效小时浓度均值是指"整点 1 小时内不少于 45 分钟的有效数据的算术平均值"。

（2）排放量合规性判定

工业炉窑排污单位污染物的排放量合规是指：

① 有许可排放量要求的废气排放口污染物年实际排放量满足年许可排放量要求；

② 废气污染物年实际排放量满足年许可排放量要求；

③ 对于特殊时段有许可排放量要求的，特殊时段实际排放量之和满足特殊时段许可排放量要求。

对于工业炉窑排污单位非金属焙（煅）烧炉窑（耐火材料窑、石灰窑）等设施启停、设备故障、检维修等情况，应通过加强正常运营时污染物排放管理、减少污染物排放量的方式，确保全厂污染物实际年排放量（正常排放+非正常排放）满足年许可排放量要求。

3.2.1.4 排污许可环境管理要求

（1）企业自行监测

日用玻璃企业在申请排污许可证时，应制定自行监测方案，并在全国排污许可证管理信息平台填报。自行监测内容应包括有组织排放废气、无组织排放废气、生产废水和生活污水等全部污染源（单独排入公共污水处理设施的生活污水可不开展自行监测）。

以炉窑烟气为例，重点管理工业炉窑排污单位有组织废气污染物监测指标及最低监测频次如表 3-8 所列。

表 3-8 重点管理工业炉窑排污单位有组织废气污染物监测指标及最低监测频次

生产单元	监测指标	最低监测频次			
		主要排放口		一般排放口	
		重点地区	一般地区	重点地区	一般地区
热工单元	颗粒物、二氧化硫、氮氧化物	1 次/月	1 次/季度	1 次/季度	1 次/半年
热工单元	烟气黑度、氟及其化合物	1 次/半年	1 次/年	1 次/半年	1 次/年

以涉挥发性有机物工序为例，日用玻璃工业排污单位涂装工序自行监测按照《排污单位自行监测技术指南 涂装》（HJ 1086—2020）执行。

有组织废气排放监测点位、监测指标及最低监测频次部分要求如表 3-9 所列。

表 3-9 有组织废气排放监测点位、监测指标及最低监测频次部分要求

生产工序	监测点位	监测指标	最低监测频次		非重点排污单位
			主要排污单位		
			主要排放口	一般排放口	
涂覆	水性涂料涂覆设施废气排气筒	颗粒物、挥发性有机物、特征污染物	季度	半年	年
	溶剂涂料涂覆（含溶剂擦洗）设施废气排气筒	挥发性有机物	月	半年	年
		颗粒物、苯、甲苯、二甲苯、特征污染物	季度		
固化成膜	水性涂料（含胶）固化成膜设施废气排气筒	挥发性有机物、特征污染物	季度	半年	年
	溶剂涂料（含胶）固化成膜设施废气排气筒	挥发性有机物	月	半年	年
		苯、甲苯、二甲苯、特征污染物	季度		

日用玻璃工业排污单位无组织废气排放监测点位设置、监测指标及最低监测频次部分要求如表 3-10 所列。

表 3-10 日用玻璃工业排污单位无组织废气排放监测点位设置、监测指标及最低监测频次部分要求

监测点位	监测指标	最低监测频次
厂界	挥发性有机物、颗粒物、特征污染物	半年
涂装工段旁（适用于涂装工段无密闭空间情况）	挥发性有机物、颗粒物、特征污染物	季度

（2）环境管理台账记录

重点管理日用玻璃工业排污单位环境管理台账应记录以下内容。

1）工业炉窑运行管理信息

分为正常工况和非正常工况。正常工况运行管理信息包括按周或批次记录主要产品产量，按采购批次记录原辅料用量、硫元素占比等，按采购批次记录燃料用量、热值、品质等。非正常工况运行管理信息包括按工况期记录起止时间、产品产量、原辅料及燃料消耗量、事件原因、应对措施、是否报告等。

2）污染防治设施运行管理信息

分为正常情况和异常情况。正常情况运行管理信息包括按批次记录除尘灰（泥）、脱硫副产物、脱硝副产物等产生量，按批次记录袋式除尘系统滤料更换量和时间，按批次记录脱硫剂、脱硝剂添加量和时间；涉及 DCS 系统的，还应按月记录 DCS 曲线图（包括烟气量、污染物出口浓度等）。异常情况运行管理信息包括按异常情况期记录起止时间、污染物排放浓度、异常原因、应对措施、是否报告等。

3）手工监测记录信息

① 有组织废气。有组织废气污染物排放情况手工监测记录信息包括采样日期、样品数量、采样方法、采样人姓名等采样信息，并记录排放口编码、标况烟气量、排放口

温度、污染因子、许可排放浓度、监测浓度、监测浓度（折标）、测定方法以及是否超标等信息。若监测结果超标，应说明超标原因。

② 无组织废气。无组织废气污染物排放情况手工监测信息包括采样日期、无组织采样点位数量、各点位样品数量、采样方法、采样人姓名等采样信息，并记录无组织排放工序、污染因子、采样点位、各采样点监测浓度、许可排放浓度、测定方法、是否超标。若监测结果超标，应说明超标原因。

（3）执行报告要求

重点管理日用玻璃工业排污单位应提交年度执行报告与季度执行报告。

年度执行报告与季度执行报告编制内容应包括排污单位基本信息、污染防治措施运行情况、自行监测执行情况、环境管理台账执行情况、实际排放情况及合规判定分析、信息公开情况、排污单位内部环境管理体系建设与运行情况、其他排污许可证规定的内容执行情况，以及其他需要说明的问题、结论、附图附件要求等部分。

（4）污染防治可行技术运行管理要求

《排污许可证申请与核发技术规范 工业炉窑》（HJ 1121—2020）规定了污染防治可行技术的运行管理要求。该标准部分规定如下所述。

1）废气有组织排放管理要求

有组织排放废气污染防治设施应按照国家和地方规范进行设计；污染防治设施应与产生废气的生产设施同步运行；由事故或设备维修等造成污染防治设施停止运行时，应立即报告当地生态环境主管部门；污染防治设施应在满足设计工况的条件下运行，并根据工艺要求，定期对设备、电气、自控仪表及构筑物进行检查维护，确保污染防治设施可靠运行；污染防治设施正常运行中废气的排放应符合国家和地方污染物排放标准。

2）废气无组织排放管理要求

无组织排放的运行管理按照国家和地方污染物排放标准以及《工业炉窑大气污染综合治理方案》执行。严格控制工业炉窑生产工艺过程及相关物料储存、输送等无组织排放，在保障生产安全的前提下采取密闭、封闭等有效措施，有效提高废气收集率，产尘点及车间不得有可见烟粉尘外逸。

3）废水排放管理要求

废水污染防治设施应按照国家和地方规范进行设计；由事故或设备维修等造成污染防治设施停止运行时，应立即报告当地生态环境主管部门；污染防治设施应在满足设计工况的条件下运行，并根据工艺要求，定期对设备、电气、自控仪表及构筑物进行检查维护，确保污染防治设施可靠运行；全厂综合污水处理厂应加强源头管理，加强对上游装置来水的监测，并通过管理手段控制上游来水水质满足污水处理厂的进水要求；污染防治设施正常运行中废水的排放应符合国家和地方污染物排放标准。

4）固体废物管理要求

产生的固体废物应按照一般工业固体废物和危险废物分别贮存；对于不明确是否具有危险特性的固体废物，应当按照《危险废物鉴别标准 通则》（GB 5085.7—2019）等系列标准进行鉴别。一般工业固体废物贮存的污染控制及管理应满足《一般工业固体废物贮存和填埋污染控制标准》（GB 18599—2020）的相关要求；危险废物应当根据其主要有害成分和危险特性确定所属废物类别并进行归类管理，其贮存的污染控制及监督管理应满足《危险废物贮存污染控制标准》（GB 18597—2001）的相关要求。固体废物贮存场所或设施应满足相应污染控制标准要求。

3.2.2　排污许可证核发现状

截至 2021 年底，已有 1270 家玻璃制品制造（C305）企业核发了排污许可证。其中：技术玻璃制品制造（C3051）企业 91 家；光学玻璃制造（C3052）企业 85 家；玻璃仪器制造（C3053）企业 34 家；日用玻璃制品制造（C3054）企业 430 家；玻璃包装容器制造（C3055）企业 324 家；玻璃保温容器制造（C3056）企业 14 家；其他玻璃制品制造（C3059）企业 292 家。

已核发排污许可证的日用玻璃制品制造企业分布情况如图 3-3 所示。

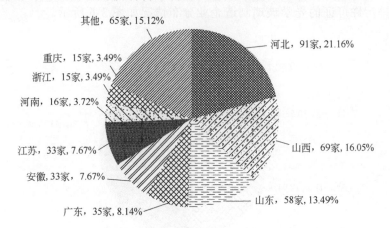

图 3-3　已核发排污许可证的日用玻璃制品制造企业分布情况

已核发排污许可证的玻璃包装容器制造企业分布情况如图 3-4 所示。

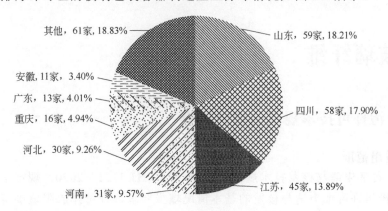

图 3-4　已核发排污许可证的玻璃包装容器制造企业分布情况

已核发排污许可证的技术玻璃制品制造企业分布情况如图 3-5 所示。

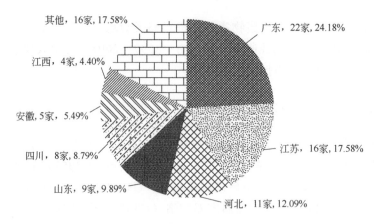

图 3-5　已核发排污许可证的技术玻璃制造企业分布情况

已核发排污许可证的光学玻璃制造企业分布情况如图 3-6 所示。

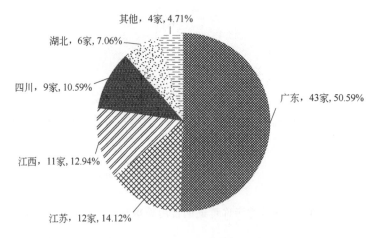

图 3-6　已核发排污许可证的光学玻璃制造企业分布情况

3.3　玻璃纤维

3.3.1　排污许可技术规范的部分内容

3.3.1.1　适用范围

《排污许可证申请与核发技术规范 工业炉窑》（HJ 1121—2020）规定了玻璃纤维工业排污单位排污许可证申请与核发的基本情况填报要求、许可排放限值确定、实际排放量核算、合规判定的方法以及自行监测、环境管理台账与排污许可证执行报告等环境管理要求，提出了平板玻璃工业污染防治可行技术要求。

该标准适用于指导玻璃纤维工业排污单位填报《排污许可证申请表》及网上填

报相关申请信息，适用于指导核发机关审核确定玻璃纤维工业排污单位排污许可证许可要求。该标准适用于玻璃纤维工业排污单位排放的大气污染物和水污染物的排污许可管理。

3.3.1.2　大气污染物许可排放浓度和排放量确定方法

（1）许可排放浓度

按照污染物排放标准确定玻璃纤维工业排污单位许可排放浓度时，应依据《工业炉窑大气污染物排放标准》（GB 9078—1996）及地方排放标准从严确定。

（2）许可排放量

《排污许可证申请与核发技术规范　工业炉窑》（HJ 1121—2020）规定，玻璃纤维熔窑大气污染物年许可排放量计算方法按照优先顺序依次为基准排气量法、绩效值法、气量法。玻璃纤维熔窑可按照绩效值、年实际产量确定许可排放量。其中，实际产量为玻璃纤维熔窑前三年实际产量最大值（若不足一年或前三年实际产量最大值超过设计产能，则以设计产能为准）。

玻璃纤维熔窑排放口参考绩效值如表 3-11 所列。

表 3-11　玻璃纤维熔窑排放口参考绩效值

生产单元	主要工艺	地区	单位玻璃液绩效值/（kg/t）		
			颗粒物	二氧化硫	氮氧化物
热工单元	熔化	重点地区	0.05	0.86	1.00
		一般地区	0.10	1.01	1.25

3.3.1.3　合规性判定方法

（1）排放浓度合规性判定

工业炉窑排污单位各废气排放口和无组织排放污染物的排放浓度合规，是指"任一小时浓度均值均满足许可排放浓度要求"。国务院生态环境主管部门发布相关合规判定方法的，从其规定。

其中，在执法监测时，按照监测规范要求获取的现场监测数据超过许可排放浓度限值的，即视为不合规。根据《固定污染源排气中颗粒物测定与气态污染物采样方法》（GB/T 16157—1996）、《大气污染物无组织排放监测技术导则》（HJ/T 55—2000）、《固定源废气监测技术规范》（HJ/T 397—2007）确定监测要求。

采用自动监测时，利用按照监测规范要求获取的有效自动监测数据计算得到有效小时浓度均值，将其与许可排放浓度限值进行对比，超过许可排放浓度限值的，即视为不合规。自动监测有效小时浓度均值是指"整点 1 小时内不少于 45 分钟的有效数据的算术平均值"。

（2）排放量合规性判定

工业炉窑排污单位污染物的排放量合规是指：

① 有许可排放量要求的废气排放口污染物年实际排放量满足年许可排放量要求；

② 废气污染物年实际排放量满足年许可排放量要求；

③ 对于特殊时段有许可排放量要求的，特殊时段实际排放量之和满足特殊时段许可排放量要求。

对于工业炉窑排污单位非金属焙（煅）烧炉窑（耐火材料窑、石灰窑）等设施启停、设备故障、检维修等情况，应通过加强正常运营时污染物排放管理、减少污染物排放量的方式，确保全厂污染物实际年排放量（正常排放+非正常排放）满足年许可排放量要求。

3.3.1.4 排污许可环境管理要求

（1）企业自行监测

玻璃纤维企业在申请排污许可证时，应制定自行监测方案，并在全国排污许可证管理信息平台填报。自行监测内容应包括有组织排放废气、无组织排放废气、生产废水和生活污水等全部污染源（单独排入公共污水处理设施的生活污水可不开展自行监测）。

以废气为例，重点管理工业炉窑排污单位有组织废气污染物监测指标及最低监测频次如表 3-12 所列。

表 3-12　重点管理工业炉窑排污单位有组织废气污染物监测指标及最低监测频次

生产单元	监测指标	最低监测频次			
		主要排放口		一般排放口	
		重点地区	一般地区	重点地区	一般地区
热工单元	颗粒物、二氧化硫、氮氧化物	1 次/月	1 次/季度	1 次/季度	1 次/半年
热工单元	烟气黑度、氟及其化合物	1 次/半年	1 次/年	1 次/半年	1 次/年

（2）环境管理台账记录

重点管理玻璃纤维工业排污单位环境管理台账应记录以下内容。

1）工业炉窑运行管理信息

分为正常工况和非正常工况。正常工况运行管理信息包括按周或批次记录主要产品产量，按采购批次记录原辅料用量、硫元素占比等，按采购批次记录燃料用量、热值、品质等。非正常工况运行管理信息包括按工况期记录起止时间、产品产量、原辅料及燃料消耗量、事件原因、应对措施、是否报告等。

2）污染防治设施运行管理信息

分为正常情况和异常情况。正常情况运行管理信息包括按批次记录除尘灰（泥）、脱硫副产物、脱硝副产物等产生量，按批次记录袋式除尘系统滤料更换量和时间，按批次记录脱硫剂、脱硝剂添加量和时间；涉及分散控制系统（DCS）的，还应按月记录 DCS 曲线图（包括烟气量、污染物出口浓度等）。异常情况运行管理信息包括按异常情况期记录起止时间、污染物排放浓度、异常原因、应对措施、是否报告等。

3）手工监测记录信息

① 有组织废气。有组织废气污染物排放情况手工监测记录信息包括采样日期、样

品数量、采样方法、采样人姓名等采样信息，并记录排放口编码、标况烟气量、排放口温度、污染因子、许可排放浓度、监测浓度、监测浓度（折标）、测定方法以及是否超标等信息。若监测结果超标，应说明超标原因。

② 无组织废气。无组织废气污染物排放情况手工监测记录信息包括采样日期、无组织采样点位数量、各点位样品数量、采样方法、采样人姓名等采样信息，并记录无组织排放工序、污染因子、采样点位、各采样点监测浓度、许可排放浓度、测定方法、是否超标。若监测结果超标，应说明超标原因。

（3）执行报告要求

重点管理玻璃纤维工业排污单位应提交年度执行报告与季度执行报告。

年度执行报告与季度执行报告编制内容应包括排污单位基本信息、污染防治措施运行情况、自行监测执行情况、环境管理台账执行情况、实际排放情况及合规判定分析、信息公开情况、排污单位内部环境管理体系建设与运行情况、其他排污许可证规定的内容执行情况，以及其他需要说明的问题、结论、附图附件要求等部分。

（4）污染防治可行技术运行管理要求

《排污许可证申请与核发技术规范 工业炉窑》（HJ 1121—2020）规定了污染防治可行技术的运行管理要求。该标准部分规定如下所述。

1）废气有组织排放管理要求

有组织排放废气污染防治设施应按照国家和地方规范进行设计；污染防治设施应与产生废气的生产设施同步运行；由事故或设备维修等造成污染防治设施停止运行时，应立即报告当地生态环境主管部门；污染防治设施应在满足设计工况的条件下运行，并根据工艺要求，定期对设备、电气、自控仪表及构筑物进行检查维护，确保污染防治设施可靠运行；污染防治设施正常运行中废气的排放应符合国家和地方污染物排放标准。

2）废气无组织排放管理要求

无组织排放的运行管理按照国家和地方污染物排放标准以及《工业炉窑大气污染综合治理方案》执行。严格控制工业炉窑生产工艺过程及相关物料储存、输送等无组织排放，在保障生产安全的前提下，采取密闭、封闭等有效措施，有效提高废气收集率，产尘点及车间不得有可见烟粉尘外逸。

3）废水排放管理要求

废水污染防治设施应按照国家和地方规范进行设计；由事故或设备维修等造成污染防治设施停止运行时，应立即报告当地生态环境主管部门；污染防治设施应在满足设计工况的条件下运行，并根据工艺要求，定期对设备、电气、自控仪表及构筑物进行检查维护，确保污染防治设施可靠运行；全厂综合污水处理厂应加强源头管理，加强对上游装置来水的监测，并通过管理手段控制上游来水水质满足污水处理厂的进水要求；污染防治设施正常运行中废水的排放应符合国家和地方污染物排放标准。

4）固体废物管理要求

产生的固体废物应按照一般工业固体废物和危险废物，分别贮存；对于不明确是否具有危险特性的固体废物，应当按照《危险废物鉴别标准 通则》（GB 5085.7—2019）等系列标准进行鉴别。一般工业固体废物贮存的污染控制及管理应满足《一般工业固体废物贮存和填埋污染控制标准》（GB 18599—2020）的相关要求；危险废物应当根据其主要有害成分和危险特性确定所属废物类别并进行归类管理，其贮存的污染控制及监督管理应满足《危险废物贮存污染控制标准》（GB 18597—2001）的相关要求。固体废物贮存场所或设施应满足相应污染控制标准要求。

3.3.2　排污许可证核发现状

截至 2021 年底，共有 545 家玻璃纤维企业核发了排污许可证，分布情况如图 3-7 所示。其中，河北有 293 家，占全国核发总量的 53.76%。

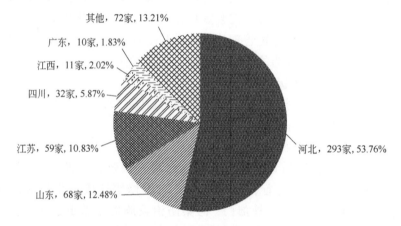

图 3-7　已核发排污许可证的玻璃纤维企业分布情况

3.4　玻璃制镜

3.4.1　排污许可技术规范的部分内容

3.4.1.1　适用范围

玻璃制镜工业排污单位填报《排污许可证申请表》及网上填报相关申请信息执行《排污许可证申请与核发技术规范　总则》（HJ 942—2018）。

3.4.1.2　污染物许可浓度和排放量确定方法

按照国家和地方污染物排放标准确定玻璃制镜工业排污单位许可排放浓度时，应依据排污单位执行的国家和地方排放标准从严确定。

3.4.1.3　合规性判定方法

（1）排放浓度合规性判定

废气有组织排放口污染物排放浓度或生产设施、生产单元、厂界无组织污染物排放浓度达标，均是指"任一小时浓度均值均满足许可排放浓度要求"。生态环境部发布在线监测数据达标判定方法的，从其规定。

其中，在执法监测时，按照监测规范要求获取的执法监测数据超标的，即视为不合规。根据《固定污染源排气中颗粒物测定与气态污染物采样方法》（GB/T 16157—1996）、《大气污染物无组织排放监测技术导则》（HJ/T 55—2000）、《固定源废气监测技术规范》（HJ/T 397—2007）确定监测要求。

采用自动监测时，利用按照监测规范要求获取的自动监测数据计算得到有效小时浓度均值，将其与许可排放浓度限值进行对比，超过许可排放浓度限值的，即视为不合规。对于应当采用自动监测的排放口或污染物项目而未采用的，以及自动监测设备不符合规定的，即视为不合规。

（2）排放量合规性判定

污染物排放量合规是指：

① 排污单位污染物年实际排放量满足年许可排放量要求；

② 对于特殊时段有许可排放量要求的排污单位，实际排放量之和不得超过特殊时段许可排放量。

3.4.1.4　排污许可环境管理要求

（1）企业自行监测

玻璃制镜工业排污单位涂装工序自行监测按照《排污单位自行监测技术指南 涂装》（HJ 1086—2020）执行。

有组织废气排放监测点位、监测指标及最低监测频次部分要求如表 3-13 所列。

表 3-13　有组织废气排放监测点位、监测指标及最低监测频次部分要求

生产工序	监测点位	监测指标	最低监测频次		
			主要排污单位		非重点排污单位
			主要排放口	一般排放口	
涂覆	水性涂料涂覆设施废气排气筒	颗粒物、挥发性有机物、特征污染物	季度	半年	年
	溶剂涂料涂覆（含溶剂擦洗）设施废气排气筒	挥发性有机物	月	半年	年
		颗粒物、苯、甲苯、二甲苯、特征污染物	季度		
固化成膜	水性涂料（含胶）固化成膜设施废气排气筒	挥发性有机物、特征污染物	季度	半年	年
	溶剂涂料（含胶）固化成膜设施废气排气筒	挥发性有机物	月	半年	年
		苯、甲苯、二甲苯、特征污染物	季度		

玻璃制镜工业排污单位无组织废气排放监测点位设置、监测指标及最低监测频次部分要求如表 3-14 所列。

表 3-14　无组织废气排放监测点位、监测指标及最低监测频次部分要求

监测点位	监测指标	最低监测频次
厂界	挥发性有机物、颗粒物、特征污染物	半年
涂装工段旁（适用于涂装工段无密闭空间情况）	挥发性有机物、颗粒物、特征污染物	季度

（2）环境管理台账记录

环境管理台账按照《排污单位环境管理台账及排污许可证执行报告技术规范 总则（试行）》（HJ 944—2018）执行。

（3）执行报告要求

排污许可证执行报告编制按照《排污单位环境管理台账及排污许可证执行报告技术规范 总则（试行）》（HJ 944—2018）执行。

（4）污染防治可行技术运行管理要求

废气有组织排放和废水排放运行管理部分要求如下：

① 污染治理设施应与产生废气的生产设施同步运行。由事故或设备维修等造成污染治理设施停止运行时，应立即报告当地生态环境主管部门。

② 污染治理设施应在满足设计工况的条件下运行，并根据工艺要求，定期对设备、电气、自控仪表及构筑物进行检查维护，确保污染治理设施可靠运行。

③ 全厂综合污水处理厂应加强源头管理，加强对上游装置来水的监测，并通过管理手段控制上游来水水质满足污水处理厂的进水要求。

3.4.2　排污许可证核发现状

根据《中国轻工业年鉴》统计数据，我国规模以上制镜及类似加工企业共计 74 家。

截至 2021 年底，共有 5 家玻璃制镜企业核发了排污许可证。其中：广东省 2 家，江苏省、安徽省、山东省各 1 家。截至 2021 年年底，共有 374 家玻璃制镜企业填报登记表，分布情况如图 3-8 所示。

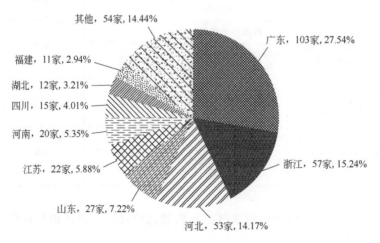

图 3-8　制镜企业排污许可证（登记表）登记情况

3.5 矿物棉

3.5.1 排污许可技术规范的部分内容

3.5.1.1 适用范围

《排污许可证申请与核发技术规范 陶瓷砖瓦工业》（HJ 954—2018）规定了矿物棉工业排污单位排污许可证申请与核发的基本情况填报要求、许可排放限值确定、实际排放量核算、合规判定的技术方法以及自行监测、环境管理台账与排污许可证执行报告等环境管理要求，提出了矿物棉工业污染防治可行技术要求。

该标准适用于指导矿物棉工业排污单位填报《排污许可证申请表》及网上填报相关申请信息，适用于指导核发机关审核确定矿物棉工业排污单位排污许可证许可要求。该标准适用于矿物棉工业排污单位排放的大气污染物和水污染物的排污许可管理。

3.5.1.2 排污单位申请的主要技术方法

（1）许可浓度和排放量确定方法

1）许可排放浓度

矿物棉工业排污单位废气许可排放浓度按照《工业炉窑大气污染物排放标准》（GB 9078—1996）、《大气污染物综合排放标准》（GB 16297—1996）以及地方排放标准从严确定。

大气污染防治重点控制区按照《关于执行大气污染物特别排放限值的公告》《关于执行大气污染物特别排放限值有关问题的复函》《关于京津冀大气污染传输通道城市执行大气污染物特别排放限值的公告》等相关文件的要求执行。其他执行大气污染物特别排放限值的地域范围、时间，由国务院生态环境主管部门或省级人民政府规定。

矿物棉工业排污单位水污染物许可排放浓度按照《污水综合排放标准》（GB 8978—1996）及地方排放标准从严确定。

2）许可排放量

矿物棉工业排污单位，对于大气污染物，以排放口为单位确定有组织排放口许可排放浓度，不设置许可排放量要求。

对于水污染物，按照排放口确定许可排放浓度，不设置许可排放量要求。对于有水环境质量改善需求的或者地方政府有要求的，可增加各项水污染物年许可排放量。

（2）合规性判定方法

1）废气排放浓度合规性判定

正常情况时，在执法监测时，按照监测规范要求获取的执法监测数据超过许可排放浓度限值的，即视为超标。根据《固定污染源排气中颗粒物测定与气态污染物采样方法》（GB/T 16157—1996）、《大气污染物无组织排放监测技术导则》（HJ/T 55—2000）、《固定源废气监测技术规范》（HJ/T 397—2007）确定监测要求。

采用自动监测时，利用按照监测规范要求获取的有效自动监测数据计算得到有效小时浓度均值（林格曼黑度除外），将其与许可排放浓度限值进行对比，超过许可排放浓度限值的，即视为超标。对于应采用自动监测而未采用的排放口或污染物，即视为不合规。自动监测有效小时浓度均值是指"整点 1 小时内不少于 45 分钟的有效数据的算术平均值"。

2）无组织排放控制要求合规判定

矿物棉工业排污单位无组织排放源，按照主要生产单元分别执行无组织排放控制要求，如表 3-15 所列。

表 3-15 矿物棉工业排污单位无组织排放控制要求

主要生产单元	控制措施
原辅料存放	（1）物料场应采用封闭、半封闭料场（仓、库、棚），或四周设置防风抑尘网、挡风墙，或采用覆盖等抑尘措施，防风抑尘网、挡风墙高度不低于堆存物料高度的 1.1 倍；有包装袋的物料采取覆盖措施。 （2）粉状物料应密闭输送；其他物料输送应在转运点设置集气罩，并配备除尘设施
混料、搅拌过程	粉状物料的筛分、配料、混合搅拌、制备等工序，应在封闭、半封闭厂房内进行，或采用封闭式作业，并配备除尘设施
其他要求	厂区道路应硬化；道路采取清扫、洒水等措施，保持清洁

3.5.1.3 排污许可环境管理要求
（1）企业自行监测

《排污许可证申请与核发技术规范 陶瓷砖瓦工业》（HJ 954—2018）提出了矿物棉工业排污单位自行监测的一般要求、监测方案制定、信息记录和报告的基本内容和要求。

其中，矿物棉工业排污单位有组织废气监测点位、监测指标及最低监测频次如表 3-16 所列。

表 3-16 有组织废气监测点位、监测指标及最低监测频次

监测点位	监测指标	最低监测频次[①]
冲天炉、熔化炉、池窑、预热炉等排气筒	二氧化硫、氮氧化物、颗粒物	半年
集棉室、固化炉排气筒	颗粒物、甲醛、酚类、非甲烷总烃	半年
混料机、搅拌机、制成机、成型机及其他通风生产设备排气筒	颗粒物	年

① 重点控制区可根据管理需要适当增加监测频次。

无组织排放废气监测点位、监测指标及最低监测频次如表 3-17 所列。

表 3-17 无组织排放废气监测点位、监测指标及最低监测频次

监测点位	监测指标	最低监测频次
厂界	颗粒物	年

废水监测点位、监测指标及最低监测频次如表 3-18 所列。

表 3-18　废水监测点位、监测指标及最低监测频次

监测点位	监测指标	最低监测频次
废水总排放口	pH 值、化学需氧量、悬浮物、石油类、五日生化需氧量、氨氮、总磷、总氮	季度

(2) 环境管理台账记录

矿物棉工业排污单位环境管理台账应记录以下内容。

1) 生产设施信息

生产设施信息包括基本信息和生产设施运行管理信息。生产设施基本信息应记录设施名称、设施编码、生产负荷等。生产设施运行管理信息应记录正常情况主要产品产量、原辅料及燃料使用情况等数据。

2) 污染治理设施信息

污染治理设施基本信息应按照设施类别分别记录设施名称、编码、设计参数等。污染治理设施运行信息应按照设施类别分别记录设施的实际运行相关参数、检查记录、运维记录等信息。部分信息记录要求如下所述。

① DCS 或其他运行系统治理设施记录要求。脱硫、脱硝、除尘等自动监测系统记录曲线应至少包括氧含量、烟气量、原烟气污染物浓度（折标）、净烟气污染物浓度（折标）、出口烟气温度等信息。

② 环保设施检查、维护记录要求。除尘、脱硫、脱硝等设施，无组织治理设施及污水处理设施是否正常、故障原因、维护过程、检查人、检查日期等信息。

3) 监测记录信息

① 自动监测运维记录。包括自动监测及辅助设备运行状况、系统校准、校验记录、定期比对监测记录、维护保养记录、故障维修记录、巡检日期等信息。

② 手工监测记录信息。对于无自动监测的大气污染物和水污染物指标，排污单位应当按照排污许可证中监测方案所确定的监测频次要求，记录开展手工监测的日期和时间、污染物排放口和监测点位、监测方法、监测频次、监测仪器及型号、采用方法等。

(3) 执行报告要求

矿物棉工业排污单位属于简化管理范畴，实行简化管理的排污单位应提交年度执行报告。地方生态环境主管部门有更高要求的，排污单位还应根据其规定，提交月度执行报告。

执行报告编制内容应包括排污单位基本信息、污染治理设施正常和异常情况、自行监测执行情况、环境管理台账执行情况、实际排放情况及合规判定分析、信息公开情况、排污单位内部环境管理体系建设与运行情况、其他排污许可证规定的内容执行情况，以及其他需要说明的问题、结论、附图附件要求等部分。

(4) 污染防治可行技术运行管理要求

废气有组织排放和废水排放运行管理部分要求如下。

① 生产工艺设备、废气收集系统以及污染治理设施应同步运行。废气收集系统或污染治理设施发生故障或检修时，应记入设备管理台账；出现污染物排放异常时，应立

即报告当地生态环境主管部门。

② 环保设施应在满足设计工况条件下运行，并定期检查维护，确保正常稳定运行。

③ 建立环保设施运行、维护巡检、原辅材料消耗、仪表数据等的记录和存档制度，并按要求记录和存档。

④ 废水治理后回用需满足相应回用水水质标准要求。其中一类污染物按照国家或地方污染物排放标准执行。

3.5.2　排污许可证核发现状

截至 2021 年年底，共有 403 家矿物棉企业核发了排污许可证。其中，河北 191 家，占全国核发总量的 **47.39%**。分布情况如图 3-9 所示。

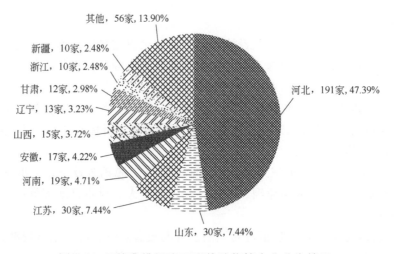

图 3-9　已核发排污许可证的矿物棉企业分布情况

第4章
排污许可证核发要点及
常见填报问题

4.1 排污许可证核发要点

4.1.1 材料的完整性审核

申报材料应包括以下几部分：

① 排污许可证申请表；

② 守法承诺书；

③ 申请前信息公开情况说明表（简化管理除外）；

④ 附图（工艺流程图和平面布置图）；

⑤ 相关附件等材料。

以下 3 种情况不予受理：

① 位于法律法规明确规定禁止建设区域内的玻璃和矿物棉排污单位或者生产装置；

② 属于国家或地方已明确规定予以淘汰或取缔的玻璃和矿物棉排污单位或者生产装置；

③ 既没有环评手续，也没有地方政府对违规项目的认定或备案文件的玻璃和矿物棉排污单位或者生产装置。

4.1.2 材料的规范性审核

本书仅对排污许可证申请表的规范性进行说明。

排污许可证申请表主要核查企业基本信息，主要生产装置、产品及产能信息，主要原辅材料及燃料信息，废气、废水等产排污环节、排放污染物种类及污染治理设施信息，执行的排放标准，许可排放浓度和排放量，申请排放量限值计算过程，自行监测及记录信息，环境管理台账记录等。部分审核要点如下所述。

（1）排污单位基本信息表

① 应注意"行业类别"填写是否准确。如平板玻璃企业应填写"平板玻璃制造"，而非填写"玻璃制造"。根据《国民经济行业分类与代码》（GB/T 4754—2017），玻璃和矿物棉行业分类如表 4-1 所列。

表 4-1　玻璃和矿物棉行业分类

代码		类别名称	说明
中类	小类		
303		砖瓦、石材等建筑材料制造	指黏土、陶瓷砖瓦的生产，建筑用石的加工，用废料或废渣生产的建筑材料，以及其他建筑材料的制造
	3034	隔热和隔声材料制造	指用于隔热、隔声、保温的岩石棉、矿渣棉、膨胀珍珠岩、膨胀蛭石等矿物绝缘材料及其制品的制造，但不包括石棉隔热、隔声材料的制造
304		玻璃制造	指任何形态玻璃的生产，以及利用废玻璃再生产玻璃活动，包括特制玻璃的生产
	3041	平板玻璃制造	指用浮法、垂直引上法、压延法等生产平板玻璃原片的活动
	3042	特种玻璃制造	指具有钢化、单向透视、耐高压、耐高温、隔声、防紫外线、防弹、防爆、中空、夹层、变形、超厚、超薄等某一种特殊功能或特殊工艺的玻璃制造
	3049	其他玻璃制造	指未列明的玻璃制造
305		玻璃制品制造	指任何形态玻璃制品的生产，以及利用废玻璃再生产玻璃制品的活动
	3051	技术玻璃制品制造	指用于建筑、工业生产的技术玻璃制品的制造
	3052	光学玻璃制造	指用于放大镜、显微镜、光学仪器等方面的光学玻璃，日用光学玻璃，钟表用玻璃或类似玻璃，光学玻璃眼镜毛坯的制造，以及未进行光学加工的光学玻璃元件的制造
	3053	玻璃仪器制造	指实验室、医疗卫生用各种玻璃仪器和玻璃器皿以及玻璃管的制造
	3054	日用玻璃制品制造	指餐厅、厨房、卫生间、室内装饰及其他生活用玻璃制品的制造
	3055	玻璃包装容器制造	指主要用于产品包装的各种玻璃容器的制造
	3056	玻璃保温容器制造	指玻璃保温瓶和其他个人或家庭用玻璃保温容器的制造
	3057	制镜及类似品加工	指以平板玻璃为材料，经对其进行镀银、镀铝，或冷、热加工后成型的镜子及类似制品的制造
	3059	其他玻璃制品制造	
306		玻璃纤维和玻璃纤维增强塑料制品制造	
	3061	玻璃纤维及制品制造	

② "投产日期"一栏，以 2015 年 1 月 1 日为节点，依据企业填写的具体投产日期判别企业的许可排放限值是否需要考虑环评批复中的要求。

③ "是否有环评批复文件"及"环境影响评价批复文号（备案编号）"填写是否齐

全，应列出所有的批复文号。

④ "是否有地方政府对违规项目的认定或备案文件"及"认定或备案文件文号"是否填写。若既无环评批复文件，又无违规项目认定备案文件，原则上不予核发排污许可证。

⑤ "是否有主要污染物总量分配计划文件"及"总量分配文件文号及指标"是否填写。总量指标包括地方政府或生态环境部门发文确定的总量控制指标、环评批复文件中的总量控制指标、现有排污许可证中载明的总量控制指标、通过排污权有偿使用和交易确定的总量控制指标等地方政府或生态环境部门与排污单位以一定形式确认的总量控制指标。

（2）主要产品及产能信息表

① 生产单元、生产工艺及生产设施填写是否准确，应按技术规范填报，不应混填、漏填。

② 若有多台相同的设备，则应逐台填报，以合并填报并采取备注数量的方式不符合填报要求。

③ 对于多条生产线共用的工艺环节、同一生产线中共用的生产设备，则在对应的备注中加以说明后填报一次即可，无需重复填报。

④ 若企业余热锅炉发电系统产生的电除自用外还并网，则还应填写余热锅炉发电系统的产品，若自用，则无需填写。

⑤ 产品名称是否与环评批复一致。

⑥ 生产能力填写是否准确。生产能力为主要产品设计产能，不包括国家或地方政府予以淘汰或取缔的产能。其中，平板玻璃企业的产能计量单位为万吨/年，若环评批复中为重量箱/a，则应进行转化，1t=20 重量箱。此外，还应注意区别玻璃熔窑的熔化量并不等于最终的产品产量。此处应填写各类玻璃产品的产量，而非玻璃熔窑的熔化量。

（3）主要原辅材料及燃料信息表

① 原辅料种类是否填写完整。除了生产中用到的原辅料之外，还应填写污染治理设施运行用到的药剂。玻璃和矿物棉排污单位原辅料使用情况如表 4-2 所列。

表 4-2　玻璃和矿物棉排污单位原辅料使用情况

行业类别	原料	辅料
平板玻璃	硅砂、长石、白云石、石灰石、纯碱、碎玻璃、其他	澄清剂、助熔剂、氧化剂、还原剂、着色剂、脱色剂、乳浊剂、氨水、液氨、石灰、石灰石、烧碱、其他
日用玻璃	石英砂、纯碱、石灰石、白云石、长石、硼砂、碎玻璃、其他	澄清剂、着色剂、脱色剂、乳浊剂、氨水、液氨、石灰、石灰石、烧碱、其他
玻璃纤维	石英砂、叶蜡石、石灰石、白云石、纯碱、硼钙石、硼镁石、硼酸、其他	助熔剂、澄清剂、脱色剂、着色剂、乳浊剂、氧化剂、浸润剂、氨水、液氨、石灰、石灰石、烧碱、其他
矿物棉	矿渣、玄武岩、辉绿岩、辉长岩、花岗岩、闪长岩、安山岩、石英砂、纯碱、石灰石、白云石、碎玻璃、其他	黏结剂、氨水、液氨、石灰、石灰石、烧碱、其他

② 燃料种类包括天然气、焦炉煤气、发生炉煤气、重油、煤焦油、石油焦、燃煤、其他。使用燃煤的排污单位需填写燃煤的灰分、硫分、挥发分及热值，使用天然气、焦炉煤气、重油、煤焦油及石油焦的排污单位需填写硫分及热值。使用煤焦油、重油、石油焦的排污单位还应根据燃料的特性，填报总汞、总镉、总铬、总砷、总铅、总镍、总锌等重金属成分及占比。

③ 排污单位应填报主要原辅材料（如芒硝）的硫元素占比。

④ 排污单位应填写备用燃料。备用燃料若与日常使用燃料产生污染物不一致的，也应将备用燃料产生的污染物进行填报并加以备注说明。

（4）废气产排污节点、污染物及污染治理设施信息表

① 生产设施、对应产排污环节、污染物种类等信息填写是否完整。应按照技术规范中的内容进行填写，填写内容应既包括有组织的产排污情况，又包括无组织的产排污情况（无组织产排污节点包括各无组织排放源排放的颗粒物、液氨/氨水贮存系统排放的氨、煤气发生炉排放的硫化氢、燃油储存系统排放的非甲烷总烃等）。

② 污染物种类填写是否齐全。使用重油、石油焦、煤焦油的排污单位，还应根据燃料特性填报排放的重金属污染物。若企业未填写，则应对技术规范中列出的所有重金属开展自行监测。

天然气、清洁煤制气等燃料燃烧很少有重金属的产生。以重油、煤焦油、石油焦为燃料的熔窑会产生一定的重金属污染物。不同燃料烟气中粉尘的化学成分如表 4-3 所列。

表 4-3　不同燃料烟气中粉尘的化学成分　　　　　　　单位：%

燃料	SO_3	Na_2O	SiO_2	V_2O_5	CaO	K_2O	Al_2O_3	其他
天然气	50.1	44.1	0.8	0.1	1.3	1.3	0.07	2.23
煤制气	50.4	42.6	1.1	0.2	1.3	2.8	0.2	1.4
石油焦	50.3	25.2	1.4	15.4	3.5	1.1	0.1	3

对玻璃企业（燃料为重油）烟气重金属浓度进行了监测，结果如表 4-4 所列。该企业废气治理设施不健全，未能协同处理重金属。汞排放浓度较高，如安装完善的废气治理设施，通过协同处理可实现达标排放；而铬、镉、钒等重金属排放浓度偏低，远低于部分地方标准规定的排放限值（钒没有大气污染物排放标准）。

表 4-4　玻璃企业（燃料为重油）烟气重金属浓度　　　　　单位：mg/m^3

项目	熔窑 1		熔窑 2		部分地方标准	
	第一次	第二次	第一次	第二次	山东	河南
汞	0.02406	0.02629	0.03238	0.03115	—	0.01
铬	0.06268	0.06207	0.10935	0.11227	1	—
镉	0.00084	0.00075	0.00294	0.00295	0.2	0.8
钒	0.00119	0.00121	0.00098	0.00120	—	—

③ 污染治理设施一栏中，若填报袋式除尘器及电袋复合除尘器的，应填报滤料种类；若填报静电除尘器的，应填报电场数。

④ "排放口类型"填写是否规范。主要排口为经玻璃熔窑烟气治理设施处理后的净烟气排放口。除主要排放口之外的其他废气排放口均为一般排放口。

⑤ 一台生产设备对应多个治理设施的，应分别进行填报。多台生产设备对应同一个治理设施的，也应逐一填报生产设备。

⑥ 有组织排放口编号应填写地方生态环境部门现有编号或按照《固定污染源（水、大气）编码规则（试行）》进行编号，不应填写企业内部编号。

⑦ 若企业存在非正常情况下的旁路，则旁路烟囱也应在表中进行填报，并在备注中进行说明该排放口为非正常情况下的旁路排放口。此外，还应注意该排放口不能重复计算许可排放量。

（5）废水类别、污染物及污染治理设施信息表

① 废水类别应分别填报，原料车间冲洗废水、生产设备循环冷却排污水、含酚废水、含油废水、脱硫废水等废水类别填写是否齐全，生活污水及初期雨水是必填项。此外，使用煤气发生炉的排污单位含酚废水是必填项，使用重油、煤焦油的含油废水是必填项，采用湿法脱硫的脱硫废水是必填项。应确保废水中的污染物种类填写齐全，使用重油、煤焦油、石油焦的排污单位应填报脱硫废水中的重金属污染物。

② "排放口类型"填写是否规范。应将使用重油、煤焦油、石油焦的排污单位脱硫废水处理设施排放口识别为设施或车间排放口。所有废水排放口均为一般排放口。

③ 废水排放口编号应填写地方生态环境部门现有编号或按照《固定污染源（水、大气）编码规则（试行）》进行编号，不应填写企业内部编号。

④ 使用备用燃料若产生废水，也应进行填报。

（6）大气排放口基本情况表

排气筒高度应满足国家和地方污染物排放标准的要求。

（7）废气污染物排放执行标准表

① 执行的污染物排放标准名称及污染物排放浓度限值填写是否正确。应注意若存在地方标准的，需要根据国家标准及地方标准从严确定。

② 污染物种类是否符合技术规范要求。

③ 环评批复、认定或备案文件要求应以"数据+单位"的形式填报。

（8）大气污染物有组织排放表

① 申请的许可排放浓度是否为国家标准及地方标准对比之后的最小值。

② 应明确申请许可排放量的计算过程，计算结果是否准确，以及基准排气量的选择、浓度的选择是否准确。申请的许可排放量是否为总量控制指标及标准规定方法的最小值。2015 年 1 月 1 日（含）后取得环境影响评价文件批复的，申请的许可排放量还应同时满足环境影响评价文件和批复要求。

③ 应按照生产线/玻璃熔窑分别核算许可排放量，不应将产能加和后统一计算。

④ 对于技术规范中无许可排放量要求的一般排放口及污染物，应根据地方生态环境部门的要求判断是否需要申请排污许可量。

（9）大气污染物无组织排放表

① 是否以单位厂界、氨罐区、储油区、煤气发生炉区等为单位填报无组织排放情况。

② 污染物种类填写是否齐全，厂界的污染物种类应为颗粒物，氨罐区周边的污染物种类应为氨，储油区周边的污染物种类应为 VOCs，煤气发生炉区周边的污染物种类应为 H_2S。

③ 执行的污染物排放标准名称及污染物排放浓度限值填写是否正确。

④ 企业无组织管控现状应结合企业实际情况填报，不可复制无组织排放管控要求。

（10）企业大气排放总许可量

企业大气排放总许可量是否为总量控制指标及标准规定方法的最小值。2015 年 1 月 1 日（含）后取得环境影响评价文件批复的，申请的许可排放量还应同时满足环境影响评价文件和批复要求。

（11）废水直接排放口基本情况表

受纳自然水体信息填写是否完整、准确，受纳水体功能目标填写是否准确。

（12）废水间接排放口基本情况表

受纳污水处理厂信息填写是否完整、准确。受纳污水处理厂具体名称是否填写，污染物种类是否填写齐全，受纳污水处理厂执行的排放标准是否填写准确。

（13）废水污染物排放执行标准表

① 执行的污染物排放标准名称及污染物排放浓度限值填写是否正确。应注意若存在地方标准的，需要根据国家标准及地方标准从严确定。

② 污染物种类是否符合技术规范要求。

（14）废水污染物排放

① 申请的许可排放浓度是否为国家标准及地方标准对比之后的最小值。

② 对于废水技术规范中无许可量要求，应根据地方生态环境部门的要求判断是否需要申请排污许可量。

（15）自行监测及记录信息表

① 应按照污染源类别分别填写废水、有组织废气、无组织废气三类污染源的自行监测内容。

② 监测内容填写是否完整、准确。对于有组织燃烧类废气监测内容应为"氧含量、烟气流速、烟气温度、烟气含湿量、烟气量"；非燃烧类应为"烟气流速、烟气温度、烟气量"；无组织废气应为"风向、风速"；废水应为"流量"。

③ 监测的污染物种类是否齐全，是否包含技术规范规定的全部污染物。使用重油、煤焦油、石油焦的排污单位，还应在废气、废水排放口监测重金属污染物。对于废水中的重金属，还应根据是否属于一类污染物确定监测点位。

④ 最低监测频次应至少满足技术规范中的要求。

⑤ 对于采用自动监测设施的排放口，手工监测频次应填写技术规范中自动监测设施不能正常运行期间的手工监测频次，即每天不少于 4 次。

⑥ 除常规排放口的监测外，还应按照技术规范中的要求填写雨水排放口的相关监测内容。

⑦ 使用备用燃料，且备用燃料产生的污染物与正常生产时使用的燃料产生的污染物不一致的，还应填写使用备用燃料时的监测内容。

⑧ 若企业存在非正常情况下的旁路，且旁路已按照技术规范要求安装在线监测系统，则旁路烟囱也应填报自行监测的相关信息。若企业旁路尚未安装在线监测系统，除填报自行监测的相关信息外，还应在改正措施中明确安装在线监测系统的改正时间等相关内容。

（16）环境管理台账信息表

① 台账的类别是否分为生产设施台账及治理设施台账。生产设施台账应包括基本信息和生产设施运行管理信息，污染治理设施台账应包括基本信息、污染治理设施运行管理信息、监测记录信息、其他环境管理信息等内容。

② 因相关技术规范中对各类环保设施的运行台账记录频次不同，填报时应根据记录频次要求分类填报，填报的记录内容和频次不得低于相关技术规范的要求。

③ 记录形式应选择"电子台账+纸质台账"，同时备注"台账保存期限不少于三年"。

（17）工艺流程图与总平面布置图

① 工艺流程图应包括主要生产设施（设备）、主要原料和燃料流向、生产工艺流程等内容。

② 平面布置图应包括主要工序、厂房、设备位置关系，尤其应注明厂区污水收集和运输走向等内容。

（18）许可排放量计算过程

许可排放量计算过程应清晰完整，且列出计算方法及取严过程。按照相关技术规范计算时，应详细列出计算公式，各参数选取原则、选取值及计算结果；明确给出污染物排放总量指标来源及具体数值，环评文件及其批复要求；最终按取严原则确定申请的污染物许可排放量。

4.2　典型案例分析

4.2.1　排污单位概况

4.2.1.1　排污单位基本信息

案例企业属于平板玻璃制造行业，共有 8 条生产线，1#～6#线采用发生炉煤气作为燃料，7#、8#线采用天然气作为燃料，同时配套建设余热发电、烟气脱硫脱硝除尘设施，配套水、电、气及环保、安全等措施。其中，7#线已停产，5#、6#线批复燃料为天然气，但实际建造为发生炉煤气，批建不符，因此，5#～7#三线不在此次的核发范围内。纳入本次发证范围内的生产线的基本情况如表 4-5 所列。

表 4-5　符合发证条件的生产线基本情况表

生产线	日熔量	燃料	环评批复时间	总量控制文件	执行标准
1#生产线	500t/d	发生炉煤气	2002 年	无	废气执行地方标准《平板玻璃工业大气污染物排放标准》；废水执行《污水综合排放标准》（GB 8978—1996）
2#生产线	500t/d		2006 年		
3#生产线	900t/d		2008 年		
4#生产线	900t/d				
8#生产线	700t/d	天然气	2009 年		

4.2.1.2　主要生产工艺流程

该企业生产工艺为浮法，主要分为备料与储存系统、配料系统、熔化工序、成型退火工序、切裁装箱系统。

备料与储存系统中，将硅砂、白云石、石灰石等原料进行斗提、筛分后，进入料仓储存并称量，按照比例进入配料系统。此过程中会产生颗粒物。

配料系统中，将称量后的各原料输送到混合机进行混合，混合后的原料通过皮带机输送到窑头料仓中。此过程中会产生颗粒物。

煤制气系统及燃气系统为玻璃熔窑提供热量，此过程中废气污染物种类主要为颗粒物及硫化氢，废水为含酚废水；氮氢保护制备系统的作用是产生氮气及氢气，保护锡槽中的锡不被氧化。其中，氮气的制备通常使用空压机及分馏塔；氢气的制备利用氨分解炉将液氨进行分解，或利用电解水制备氢气。

配好的原料由窑头料仓进入玻璃熔窑后熔化，形成玻璃液。玻璃液进入锡槽定型，再通过退火窑冷却成型。玻璃熔窑产生的烟气为排污的重点，烟气先进行除尘、脱硝，其温度通常在 600℃ 以上，因此需要通过余热锅炉进行降温，降温后的烟气进入烟气治理设施中进行处理。余热锅炉可以将热量二次利用，并且可利用汽轮机等进行发电。此过程中废气污染物种类为颗粒物、SO_2、NO_x、林格曼黑度等，废水污染物种类为 pH 值、悬浮物、BOD_5、氨氮等。

成型后的玻璃进入切裁装箱工序，利用横切机、掰边机将玻璃进一步加工成需要的尺寸，加工好的产品经过装箱后外送运输。

切裁装箱工序中裁切下来的玻璃再次进入配料系统，经过破碎及筛分后与其他原料混合进入玻璃熔窑当中。

4.2.2　排污许可证申请组织和材料准备

4.2.2.1　排污单位基本情况

需要准备的材料包括企业经营许可证（营业执照、组织机构代码证等）、全部项目环评报告表（书）及其批复文件、地方政府对违规项目的认定或备案文件（若有）、主要污染物总量分配计划文件。经梳理后，该企业基本资料如表 4-6 所列。

表 4-6 企业基本资料

项目	有无	数量	备注
营业执照	有	1	
环评报告书	有	4	1#线一本；2#线一本；3#、4#线一本；8#线一本
环评批复文件	有	3	1#线一份；2#线一份；3#、4#线一份；8#线一份
地方政府对违规项目的认定或备案文件	无	—	—
主要污染物总量分配计划文件	无	—	—

4.2.2.2 主要产品及产能

需要准备的材料包括：行业排污许可申请与核发技术规范、各生产设施设计文件、产能确定文件、《固定污染源（水、大气）编码规则》、各环保设备和主机设备的说明书等。

该企业梳理出生产单元、主要工艺、生产设施、生产能力等信息，部分信息如表 4-7 所列。

表 4-7 生产设施梳理表（部分）

生产单元	主要工艺	生产设施	产品	生产能力	备注
1#线	备料与储存系统	白云石斗提机	浮法玻璃	300 万重量箱	1#线、2#线公用
		长石筛分机			
		纯碱筛分机			
		白云石上料设备			
		长石上料设备			
	配料系统	带式输送机			—
		混合机			—
		窑头料仓			—
	熔化工序	玻璃熔窑			
		投料机			
公用单元	余热锅炉及发电系统	发电机	—	—	—
		余热锅炉	—	—	—
	煤制气系统	煤库	—	—	—
		煤气发生炉	—	—	—
	辅助系统	灰库	—	—	—
		灰渣场	—	—	—

4.2.2.3 主要原辅材料及燃料

需要准备的材料包括设计文件、生产统计报表、生产工艺流程图、生产厂区总平面布置图、原辅燃料购买合同。

该企业使用发生炉煤气、天然气，因此收集了煤、天然气的年最大使用量及购买合同、相关参数。

4.2.2.4 产排污节点、污染物及污染治理设施

需要准备的材料包括生产设施个数、污染治理设施个数、对应的排放口信息、有组织排放口编号（优先使用生态环境部门已核定的编号）等。

该企业结合规范要求，梳理了产排污节点及污染治理设施关系。部分有组织排放关系如表 4-8 所列，部分无组织排放关系如表 4-9 所列，部分废水排放关系如表 4-10 所列。

表 4-8 有组织排放关系（部分）

工艺	对应生产设施	对应污染治理设施	排气筒编号
1#、2#线 备料与储存系统	白云石斗提机、白云石筛分机、白云石上料设备	袋式除尘器	排气筒 1
	长石斗提机、长石筛分机、长石上料设备	袋式除尘器	排气筒 2
1#、2#线 配料系统	带式输送机	袋式除尘器	排气筒 3
1#、2#线 熔化工序	玻璃熔窑	湿式电除尘器、石灰石/石灰-石膏法脱硫技术、选择性催化还原法	FQ-00306

表 4-9 无组织排放关系（部分）

生产线	无组织源	控制措施
1#、2#线备料与储存系统	白云石库 01	库房封闭
	白云石库 02	库房封闭
	碎玻璃库 01	在易产生扬尘的临时堆场设置不低于堆放物高度的严密围挡，采取有效覆盖
	纯碱、芒硝库 01	库房封闭

表 4-10 废水排放关系（部分）

生产线	废水类别	对应污染治理设施	排放去向
1#、2#线	软化水制备系统排污水	无	经总排口进入下游某污水处理厂
	生活污水	化粪池	
	脱硫废水	无	循环使用，不外排
	含酚废水	无	

4.2.2.5 大气污染物排放信息：排放口

需要准备的材料包括环境管理台账、排气筒经纬度统计表、国家及地方排放标准。

该企业废气执行地方标准《平板玻璃工业大气污染物排放标准》。

4.2.2.6 大气污染物排放信息：有组织排放信息

需要准备的材料包括环评批复文件、总量控制指标文件、行业排污许可证申请与核发技术规范。

4.2.2.7 大气污染物排放信息：无组织排放信息

需要准备的材料包括国家及地方排放标准、现场无组织源管控的措施梳理统计表、行业排污许可申请与核发技术规范。

4.2.2.8 大气污染物排放信息：企业大气排放总许可量

企业无需填写，由系统自动带入。

4.2.2.9 水污染物排放信息：排放口

需要准备的材料包括国家或地方污染物排放标准、排放口信息、受纳自然水体、污水处理厂信息以及污水处理厂的排放限值。

该企业废水执行《污水综合排放标准》（GB 8978—1996）。

4.2.2.10 水污染物排放信息：申请排放信息

需要准备的材料包括环评批复文件、总量控制指标文件、《排污许可证申请与核发技术规范 玻璃工业—平板玻璃》（HJ 856—2017）。

4.2.2.11 环境管理要求：自行监测要求

需要准备的材料包括自行监测方案、《排污许可证申请与核发技术规范 玻璃工业—平板玻璃》（HJ 856—2017）、《排污单位自行监测技术指南 平板玻璃工业》（HJ 988—2018）。

4.2.2.12 环境管理要求：环境管理台账记录要求

需要准备的材料包括《排污许可证申请与核发技术规范 玻璃工业—平板玻璃》（HJ 856—2017）、企业现有的环境管理台账。

4.2.2.13 地方生态环境部门依法增加的内容

可不填写，由地方生态环境部门补充相关内容。

4.2.2.14 相关附件

守法承诺书（法人签字）、排污许可证申领信息公开情况说明表、符合建设项目环境影响评价程序的相关文件或证明材料、通过排污权交易获取排污权指标的证明材料、排放去向及下游城市污水处理厂的纳管协议（若有）、排污口和监测孔规范化设置情况说明材料、自行监测相关材料、地方规定排污许可证申请表文件（如有）。

4.2.3 排污许可证管理平台填报及注意事项

4.2.3.1 排污单位基本信息

（1）排污单位基本信息填报内容

如表 4-11 所列。

表 4-11 排污单位基本信息表

单位名称	××公司	注册地址	××省××市开发区××号
生产经营场所地址	××省××市开发区××号	邮政编码[①]	××××××
行业类别	平板玻璃制造	是否投产	是
投产日期[②]	20××-××-××		
生产经营场所中心经度	××°××′××″	生产经营场所中心纬度	××°××′××″

续表

单位名称	××公司	注册地址	××省××市开发区××号
组织机构代码⑩		统一社会信用代码③	×××××××××××××× ×××××
技术负责人	×××	联系电话	××××××××××
所在地是否属于重点控制区域④	是		
是否有环评批复文件	是	环境影响评价批复文号（备案编号）⑤	环评〔2009〕××号《玻璃厂浮法玻璃生产线工程建设项目环境影响报告表审批意见》（2002.05.05）环评〔2008〕××号《关于××公司500t/d的审批意见》（2006.8.18）
是否有地方政府对违规项目的认定或备案文件	否	认定或备案文件文号	
是否有主要污染物总量分配计划文件⑥	否	总量分配计划文件文号	

① 邮政编码：指生产经营场所地址所在地邮政编码。

② 投产时间：指已投运的排污单位正式投产运行的时间，对于分期投运的排污单位，以先期投运时间为准。该企业最早投产生产线为1#线，因此投产日期填写了1#线的投产日期。

③ 组织机构代码/统一社会信用代码：根据企业组织机构代码证或企业营业执照中的相关代码填写。该企业根据营业执照中的统一社会信用代码，填写该栏。

④ 所在地是否属于重点控制区域：指根据《关于执行大气污染物特别排放限值的公告》（公告2013年 第14号）确定，该企业在此范围中，因此选择"是"。

⑤ 环境影响评价批复文号：包括分期建设项目、技改扩建项目。该企业5条生产线涉及4份环评批复文件，因此应逐一填写该栏。

⑥ 是否有主要污染物总量分配计划文件：对于有主要污染物总量控制指标计划的排污单位，须列出相关文件文号（或其他能够证明排污单位污染物排放总量控制指标的文件和法律文书），并列出上一年主要污染物总量指标。

（2）排污单位基本信息填报易错问题汇总

① 是否投产一项，要注意时间节点避免错填。2015年1月1日起，正在建设过程中，或已建成但尚未投产的，选"否"；已经建成投产并产生排污行为的，选"是"。

② 组织机构代码、统一社会信用代码栏中，若无统一社会信用代码，填写组织机构代码，若有统一社会信用代码的企业，仅填写统一社会信用代码。

③ 针对是否属于重点区域，企业未经核实而随意填报，导致错填。

④ 属于重点区域的排污单位分辨不出重点控制区和一般控制区，导致许可排放限值填报错误。

⑤ 环境影响评价批复文号一项，要填写所有环评影响评价批复文件号，容易漏填。

⑥ 未能按照环评文件取得时间判断新源和现有源，导致许可限值、污染因子的管控填报错误。

⑦ 总量分配文件选取错误，填报了环评文件或不填报。

4.2.3.2 主要产品及产能

（1）主要产品及产能部分填报内容

如表4-12所列。

表 4-12　主要产品及产能信息表（部分内容）

序号	主要生产单元编号	主要生产单元名称	主要工艺名称①	生产设施名称①	生产设施编号	生产设施参数①					产品名称	生产能力②	计量单位②	设计年生产时间/h	其他产品信息②	其他工艺信息
						参数名称	设计值	计量单位	其他设施参数信息	其他设施信息						
1	1#线	浮法玻璃生产线	备料与储存系统	带式输送机	MF0196	输送量	1200	t/d								2 条线（1#、1#）共用
				斗式提升机	MF0197	输送量	250	t/d								
				斗式提升机	MF0198	输送量	70	t/d								
2	1#线	浮法玻璃生产线	切裁装箱工序	横切机	MF0058	切割长度范围	0.6~4.45	m								
				落板、破碎机	MF0059	破碎量	40	t/h			浮法玻璃	15	万 t/a	8760	300 万重量箱	
				退火辊道转动设备	MF0060	车速	200~900	m/h								

① 主要工艺名称：指主要生产单元所采用的工艺名称。生产设施名称：指某生产单元中主要生产设施（设备）名称。生产设施参数①指设施（设备）的设计规格参数，包括参数名称、设计值、计量单位。该企业根据已准备好的"生产设施梳理表"（见表 4-7）材料，填写表 4-12。

② 生产能力和计量单位：指相应工艺中主要产品设计产能。该企业中给出的计量单位，需要填写合法产能，如环评批复中给出的单位是重量箱，可根据环评批复产能来填写。平板玻璃工业生产能力只需填写在"切裁装箱工序"进行折算后再填写。对应的"生产能力"栏。

③ 其他信息：表格中无法囊括的信息，若环评批复文件中是以"重量箱"单位给出生产能力的，需要根据"50kg 为一重量箱"单位给出生产能力的，需要在其他产品信息栏中添加"重量箱"单位给出生产能力，该企业 1#线环评批复生产能力为 300 万重量箱，等于 15 万吨（300 万重量箱×50kg/1000=15 万吨）。因此将 15 万吨/年填入"生产能力"栏，将 300 万重量箱填入"其他产品信息"一栏。

（2）主要产品及产能信息填报易错问题汇总

① 主要工艺及生产设施填报不全。

② 备料与储存系统容易只填写库房，相关的斗式提升机、带式输送机填写到配料系统。

③ 主要生产单元中，针对存在多条生产线的，企业未对生产单元编号识别。

④ 生产设施名称及编号中，针对存在同型号多台设备时，企业未对生产设备分别编号识别。

⑤ 设施参数填报不全，要求填报两个参数的仅填报一个。

⑥ 切裁装箱工序对应的生产能力，企业未与环评批复文件保持一致，且环评批复文件中是"重量箱"单位时，企业未在其他产品信息栏中添加"重量箱"单位的信息。

4.2.3.3 主要原辅材料及燃料

（1）主要原辅材料及燃料填报内容

如表 4-13 所列。

表 4-13 主要原辅材料及燃料信息表

原料及辅料							
序号	种类①	名称	年最大使用量	计量单位	硫元素占比	有毒有害成分及占比②	其他信息
1	原料	硅砂	872715	t/a	—	—	
2	原料	白云石	252215	t/a	—	—	
3	辅料	澄清剂	11315	t/a	22.2	—	芒硝
4	辅料	氢氧化钙	3442	t/a	—	—	脱硫
5	原料	碎玻璃	306600	t/a	—	—	
6	原料	纯碱	282510	t/a	—	—	
7	原料	石灰石	46720	t/a	—	—	
8	原料	长石	30295	t/a	—	—	
9	辅料	液氨	4745	t/a	—	—	脱硝

燃料③						
序号	燃料名称	灰分/%	硫分	挥发分/%	热值	年最大使用量	其他信息
1	燃煤	3.67	0.15%	33	26.28MJ/kg	24 万吨/年	
2	天然气	—	0.6ppm	—	38.0708MJ/m³	5110 万立方米/年	

① 种类：指材料种类，选填"原料"或"辅料"。辅料包括生产辅料及污染治理设施投入的药剂。该企业污染治理设施投入药剂包括脱硫时使用的氢氧化钙，脱硝时使用的液氨。

② 有毒有害成分及占比：指有毒有害物质或元素，及其在原料或辅料中的成分占比，如氟元素（0.1%）。芒硝需填写硫元素占比，萤石需填写氟元素占比。

③ 燃料：应填写燃料名称、硫分、热值、年最大使用量，固体燃料还需填写灰分、挥发分。

注：1ppm=10^{-6}。

（2）主要原辅材料及燃料信息填报易错问题汇总

① 容易遗漏辅料，辅料应包括生产辅料及环保污染治理设施所添加的药剂。

② 燃料数值与单位不对应导致错填，热值单位为"MJ/kg 或 MJ/m³"，年最大使用量单位为万吨/年或万立方米/年。

③ 未填报澄清剂等硫元素占比。

4.2.3.4　废气产排污节点、污染物及污染治理设施

1）废气产排污节点、污染物及污染治理设施部分　填报内容如表 4-14 所列。

2）废气产排污节点、污染物及污染治理设施信息填报易错问题汇总：

① 生产设施对应的污染物种类选填有误，污染物种类选填不全；

② 主要排放口和一般排放口分辨不清；

③ 未采用可行技术却选择"是"；

④ 对应关系填写混乱，1 台生产设施对应多台污染治理设施时，或多台生产设施对应 1 台污染治理设施时，企业容易遗漏；

⑤ 污染治理设施为"袋式除尘器"时，在"污染治理设施其他信息"栏中企业未填写滤料种类；

⑥ 排放形式为"无组织"时，"污染治理设施名称"及"可行技术"漏填；

⑦ 针对排放形式为"无组织"时，需要注意仅针对库房、车间、堆场等，不针对具体设备。

4.2.3.5　废水类别、污染物及污染治理设施信息

1）废水类别、污染物及污染治理设施信息部分　填报内容如表 4-15 所列。

2）废水类别、污染物及污染治理设施信息填报易错问题汇总：

① 废水类别填报不全，易漏填报生产设备循环冷却排污水等；

② 选填污染物种类不全；

③ 废水污染治理设施不符合可行技术却选择"是"；

④ 排放去向选填错误，如存在排放量较小，偶尔外排的废水，也应选填"进入污水处理厂"等，不应选择"不外排"；

⑤ 废水排放去向选择了"不外排"，但是却仍填写了排放规律；

⑥ 针对生活废水的废水类别，如有化粪池，应填写相关信息，企业容易遗漏。

4.2.3.6　大气排放口基本情况

大气排放口基本情况部分　填报内容如表 4-16 所列。

4.2.3.7　大气污染物排放执行标准

1）大气污染物排放执行标准部分　填报内容如表 4-17 所列。

2）大气污染物排放执行标准信息填报易错问题汇总

① "浓度限值"填写错误，未与执行标准对应。

② 新增污染源未填报"环境影响评价批复要求"的限值。

③ 地方生态环境主管部门存在更加严格排放限值时，容易漏填。

表 4-14 废气产排污节点、污染物及污染治理设施信息表（部分内容）

序号	生产设施编号①	生产设施名称①	对应产污环节名称②	污染物种类③	排放形式	污染治理设施编号	污染治理设施名称	是否为可行技术④	污染治理设施其他信息⑤	有组织排放口编号⑥	排放口设置是否符合要求⑦	排放口类型⑧	其他信息
1	MF0251	玻璃熔窑	熔化	颗粒物	有组织	TA093	湿式电除尘器	否	复合滤料（PPS+PTFE）	DA049	是	主要排放口	
2	MF0251	玻璃熔窑	熔化	二氧化硫	有组织	TA094	石灰石/石灰-石膏法脱硫技术	是		DA049	是	主要排放口	监测达标
3	MF0251	玻璃熔窑	熔化	氮氧化物	有组织	TA095	选择性催化还原法（SCR）	是		DA049	是	主要排放口	
4	MF0251	玻璃熔窑	熔化	氯化氢	有组织	无			协同处置	DA049	是	主要排放口	
5	MF0251	玻璃熔窑	熔化	氟化物	有组织	无			协同处置	DA049	是	主要排放口	
6	MF0251	玻璃熔窑	熔化	林格曼黑度	有组织	无			协同处置	DA049	是	主要排放口	

① 生产设施编号、生产设施名称：生产设施名称系统自动带入。

② 对应产污环节名称：需参照技术规范中相关要求填写。

③ 污染物种类：指产生的主要污染类型，参照技术规范中相关要求确定污染因子。

④ 是否为可行技术：需对照技术规范中"平板玻璃工业废气污染防治可行技术"填写。

⑤ 污染治理设施其他信息：如污染治理设施中涉及"袋式除尘器"，需在本栏中填写滤料种类。该企业使用复合滤料。

⑥ 有组织排放口编号：填写地方生态环境主管部门现有编号，若无相关编号可按照《固定污染源（水、大气）编码规则（试行）》中的排放口编码规则编写，如 DA001，不可使用企业内部编号。

⑦ 排放口设置是否符合要求：指排放口设置是否符合相应排放口规范化整治技术要求等相关的规定。

⑧ 排放口类型：主要排放口为玻璃熔窑烟囱烟气治理设施处理后的净烟气排放口。除主要排放口之外的其他废气排放口均为一般排放口。

表4-15 废水类别、污染物及污染治理设施信息表（部分内容）

序号①	废水类别①	污染物种类②	排放去向③	排放规律	污染治理设施				排放口编号⑤	排放口设置是否符合要求⑥	排放口类型⑦	其他信息
					污染治理设施编号	污染治理设施名称④	是否为可行技术	污染治理设施其他信息				
1	软化水制备系统排污水	pH值、悬浮物、化学需氧量	进入城市污水处理厂	间断排放，排放期间流量不稳定，但有间歇性规律	无	—		—	DW001	是	一般排放口	—
2	生活污水	pH值、动植物油、悬浮物、化学需氧量、五日生化需氧量、氨氮（NH₃-N）、总磷（以P计）	进入城市污水处理厂	间断排放，排放期间流量不稳定且无规律，但不属于冲击型排放	TW001	生活污水处理系统-化粪池	否	—	DW001	是	一般排放口	—
3	余热发电锅炉循环冷却排水	pH值、氨氮（NH₃-N）、悬浮物、化学需氧量	进入城市污水处理厂	间断排放，排放期间流量不稳定且无规律，但不属于冲击型排放	无	—		—	DW001	是	一般排放口	—

① 废水类别：根据已整理的资料"表4-10"填写该栏。

② 污染物种类：根据不同废水类别，参照技术规范中相关要求确定污染因子。

③ 排放去向：包括不外排；进入城市污水处理厂；排至厂内综合污水处理站；直接进入江河、湖、库等水环境；进入城市下水道（再入江河、湖、库等水环境；进入工业废水集中处理厂；其他（包括回喷、回灌、回用等）。对于工艺、工序产生的废水，"不外排"指全部在工序内循环使用；"排至厂内综合污水处理站"指工序废水经处理后排至综合污水处理站。对于综合污水处理站，"不外排"指全厂废水经处理后全部回用不排放。

④ 污染治理设施名称：指主要污水处理设施名称，如"综合污水处理站""生活污水处理系统"等。

⑤ 排放口编号：若无相关编号，可按照《固定污染源（水、大气）编码规则（试行）》中的排放口编码规则编号，如DW001，不可使用企业内部编号。

⑥ 排放口设置是否符合要求：填写地方生态环境主管部门现有排污口规范化整治技术要求等相关文件的规定。

⑦ 排放口类型：平板玻璃工业废水排放口类型均为"一般排放口"。

表 4-16　大气排放口基本情况表（部分内容）

序号	排放口编号	污染物种类	排放口地理坐标[①]		排气筒高度/m	排气筒出口内径[②]/m	其他信息
			经度	纬度			
1	DA001	颗粒物	××°××′××″	××°××′××″	24	0.4	—
2	DA002	颗粒物	××°××′××″	××°××′××″	24	0.4	—
3	DA003	颗粒物	××°××′××″	××°××′××″	24	0.4	—
4	DA004	颗粒物	××°××′××″	××°××′××″	24	0.4	—
5	DA005	颗粒物	××°××′××″	××°××′××″	24	0.4	—

① 排放口地理坐标：指排气筒所在地经纬度坐标，可通过点击"选择"按钮在 GIS 地图中点选后自动生成。

② 排气筒出口内径：对于形状不规则排气筒，填写等效内径。

表 4-17　大气污染物排放执行标准表（部分内容）

序号	排放口编号[①]	污染物种类[①]	国家或地方污染物排放标准[②]			环境影响评价批复要求[③]	承诺更加严格排放限值[④]	其他信息
			名称	浓度限值（标态）/（mg/m³）	速率限值/（kg/h）			
1	DA001	颗粒物	《平板玻璃工业大气污染物排放标准》（DB×××—20××）	20	—	—	—	—
2	DA002	颗粒物	《平板玻璃工业大气污染物排放标准》（DB×××—20××）	20	—	—	—	—
3	DA003	颗粒物	《平板玻璃工业大气污染物排放标准》（DB×××—20××）	20	—	—	—	—
4	DA004	颗粒物	《平板玻璃工业大气污染物排放标准》（DB×××—20××）	20	—	—	—	—
5	DA005	颗粒物	《平板玻璃工业大气污染物排放标准》（DB×××—20××）	20	—	—	—	—

① 排放口编号及污染物种类系统自动带入。

② 国家或地方污染物排放标准：填写企业执行标准及浓度限值、速率限值，该企业大气污染物排放执行地方平板玻璃工业大气污染物排放标准。

③ 环境影响评价批复要求：新增污染源必填，应在"环境影响评价批复要求"中以"数值+单位"的形式填写环评及批复中要求的排放口浓度限值。

④ 承诺更加严格排放限值：地方有更加严格排放限值的，填写此项，并将相关文件文号填写在"其他信息"栏中。

4.2.3.8　大气污染物有组织排放信息

大气污染物许可排放量确定如下所述。

（1）是否有排污许可证许可量

该玻璃企业所在地区生态环境主管部门未向该玻璃企业发放排污许可证，此次为首次申请排污许可证，因此无排污许可证许可量。

（2）是否有环评批复总量

该玻璃企业投产时间为 2015 年 1 月 1 日之前，因此在核算许可排放量时不考虑环评批复总量。无 2015 年后的环评批复文件，因此无环评批复总量。

（3）按照技术规范计算排放量

1）产能的确定

2002 年的环评批复中，1 号生产线的产能是 500t/d；2005 年的环评批复中，2 号生产线的产能是 500t/d；2008 年的环评批复中，3、4 号生产线的产能共是 900t/d；2009 年的环评批复中，8 号生产线的产能是 700t/d。其中，产能以玻璃液计算。

2）年运行时间确定

企业所有生产线年生产时间均为 365d。

3）废气排放量的确定

根据各座熔窑的设计规模，在技术规范中选择对应的基准排气量。

4）污染物许可排放浓度的确定

企业所在的省已经发布了平板玻璃行业大气污染物排放标准，根据执行标准确定颗粒物的许可排放浓度是 $30mg/m^3$，二氧化硫的许可排放浓度是 $250mg/m^3$，氮氧化物的许可排放浓度以天然气为燃料时是 $600mg/m^3$，以煤气为燃料时是 $500mg/m^3$。

5）许可排放量的确定

各座玻璃熔窑的许可排放量计算结果如表 4-18～表 4-20 所列。

表 4-18　颗粒物年许可排放量计算

生产线	排放口大气污染物年许可排放总量 E_i/（t/a）	排放口标准状态下的基准排气量 Q_i（标态）/（m³/t）产品	排放口污染物许可排放浓度限值 C_i/（mg/m³）	排放口对应装置的产能 P_i/（t/d）	环境影响评价文件批复或设计的年运行时间 T/d	玻璃熔窑与产品产量转换系数 K
1	23.849	4950	30	500	365	0.88
2	23.849	4950	30	500	365	0.88
3	36.858	4250	30	900	365	0.88
4	36.858	4250	30	900	365	0.88
5	27.520	4080	30	700	365	0.88
年许可排放量合计	148.934t/a					
计算公式	$E_i=Q_iC_iP_iTK÷1000000000$					

表 4-19　二氧化硫年许可排放量计算

生产线	排放口大气污染物年许可排放总量 E_i/（t/a）	排放口标准状态下的基准排气量 Q_i（标态）/（m³/t）	排放口污染物许可排放浓度限值 C_i/（mg/m³）	排放口对应装置的产能 P_i/（t/d）	环境影响评价文件批复或设计的年运行时间 T/d	玻璃熔窑与产品产量转换系数 K
1	198.743	4950	250	500	365	0.88
2	198.743	4950	250	500	365	0.88
3	307.148	4250	250	900	365	0.88

生产线	排放口大气污染物年许可排放总量 E_i/（t/a）	排放口标准状态下的基准排气量 Q_i（标态）/（m³/t）	排放口污染物许可排放浓度限值 C_i/（mg/m³）	排放口对应装置的产能 P_i/（t/d）	环境影响评价文件批复或设计的年运行时间 T/d	玻璃熔窑与产品产量转换系数 K
4	307.148	4250	250	900	365	0.88
5	229.337	4080	250	700	365	0.88
年许可排放量合计	1241.119t/a					
计算公式	$E_i=Q_iC_iP_iTK÷1000000000$					

表 4-20　氮氧化物年许可排放量计算

生产线	排放口大气污染物年许可排放总量 E_i/（t/a）	排放口标准状态下的基准排气量 Q_i（标态）/（m³/t）	排放口污染物许可排放浓度限值 C_i/（mg/m³）	排放口对应装置的产能 P_i/（t/d）	环境影响评价文件批复或设计的年运行时间 T/d	玻璃熔窑与产品产量转换系数 K
1	397.485	4950	500	500	365	0.88
2	397.485	4950	500	500	365	0.88
3	614.295	4250	500	900	365	0.88
4	614.295	4250	500	900	365	0.88
5	550.408	4080	600	700	365	0.88
年许可排放量合计	2573.968t/a					
计算公式	$E_i=Q_iC_iP_iTK÷1000000000$					

　　大气污染物有组织排放信息部分填报内容如表 4-21 所列。

4.2.3.9　大气污染物无组织排放信息

　　1）大气污染物无组织排放信息部分　填报内容如表 4-22 所列。

　　2）大气污染物无组织排放信息填报易错问题汇总：

　　① 未按照要求填报厂界、煤气发生炉周边、氨罐区周边无组织污染物。

　　② 煤气发生炉周边、氨罐区周边未填写执行标准，而填写浓度限值。应填写执行标准，不需要填写浓度限值。

4.2.3.10　大气排放总许可量

　　大气排放总许可量填报内容如表 4-23 所列。

4.2.3.11　废水直接排放口基本情况

　　废水直接排放口基本情况填报内容如表 4-24 所列。

4.2.3.12　废水间接排放口基本情况

　　废水间接排放口基本情况部分填报内容如表 4-25 所列。

4.2.3.13　废水污染物排放执行标准

（1）废水污染物排放执行标准部分

　　填报内容如表 4-26 所列。

表 4-21　大气污染物有组织排放表（部分内容）

排放口编号①	污染物种类①	申请许可排放浓度（标态）限值①/(mg/m³)	申请许可排放速率限值/(kg/h)	申请年许可排放量限值/(t/a)②					申请特殊排放浓度限值（标态）/(mg/m³)②	申请特殊时段许可排放量限值②
				第一年	第二年	第三年	第四年	第五年		
FQ-00301	氨（氨气）	—	61	—	—	—	—	—	—	—
FQ-00301	颗粒物	30	—	23.849	23.849	23.849	—	—	—	—
FQ-00301	氮氧化物	500	—	397.485	397.485	397.485	—	—	—	—
FQ-00301	氯化氢	30	—	—	—	—	—	—	—	—
FQ-00301	氟化物	5	—	—	—	—	—	—	—	—
FQ-00301	二氧化硫	250	—	198.743	198.743	198.743	—	—	—	—
FQ-00301	林格曼黑度	1	—	—	—	—	—	—	—	—
FQ-00302	氮氧化物	500	—	397.485	397.485	397.485	—	—	—	—
FQ-00302	氯化氢	30	—	—	—	—	—	—	—	—
FQ-00302	二氧化硫	250	—	198.743	198.743	198.743	—	—	—	—
FQ-00302	林格曼黑度	1	—	—	—	—	—	—	—	—
FQ-00302	氨（氨气）	—	61	—	—	—	—	—	—	—
FQ-00302	颗粒物	30	—	23.849	23.849	23.849	—	—	—	—
FQ-00302	氟化物	5	—	—	—	—	—	—	—	—
FQ-00303	氟化物	5	—	—	—	—	—	—	—	—
FQ-00303	氮氧化物	500	—	614.295	614.295	614.295	—	—	—	—
FQ-00303	氯化氢	30	—	—	—	—	—	—	—	—
FQ-00303	二氧化硫	250	—	307.148	307.148	307.148	—	—	—	—
FQ-00303	氨（氨气）	—	82.69	—	—	—	—	—	—	—
FQ-00303	林格曼黑度	1	—	—	—	—	—	—	—	—
FQ-00303	颗粒物	30	—	36.858	36.858	36.858	—	—	—	—

续表

排放口编号①	污染物种类①	申请许可排放浓度限值（标态）/（mg/m³）	申请许可排放速率限值/（kg/h）	申请年许可排放量限值（t/a）（2）					申请特殊排放浓度限值（标态）/（mg/m³）③	申请特殊时段许可排放量限值③
				第一年	第二年	第三年	第四年	第五年		
FQ-00304	二氧化硫	250	—	307.148	307.148	307.148	—	—	—	—
FQ-00304	林格曼黑度	1	—	—	—	—	—	—	—	—
FQ-00304	颗粒物	30	—	36.858	36.858	36.858	—	—	—	—
FQ-00304	氯化氢	30	—	—	—	—	—	—	—	—
FQ-00304	氨（氨气）	—	82.69	—	—	—	—	—	—	—
FQ-00304	氟化物	5	—	—	—	—	—	—	—	—
FQ-00304	氮氧化物	500	—	614.295	614.295	614.295	—	—	—	—
FQ-00308	氮氧化物	600	—	550.408	550.408	550.408	—	—	—	—
FQ-00308	氯化氢	30	—	—	—	—	—	—	—	—
FQ-00308	林格曼黑度	1	—	—	—	—	—	—	—	—
FQ-00308	氨（氨气）	—	82.69	27.520	27.520	27.520	—	—	—	—
FQ-00308	颗粒物	30	—	—	—	—	—	—	—	—
FQ-00308	氟化物	5	—	—	—	—	—	—	—	—
FQ-00308	二氧化硫	250	—	229.337	229.337	229.33	—	—	—	—
主要排放口合计	颗粒物			148.934000	148.934000	148.934000	—	—		
	二氧化硫			1241.119000	1241.119000	1241.119000	—	—		
	氮氧化物			2573.968000	2573.968000	2573.968000	—	—		

① 排放口编号、污染物种类、申请许可排放浓度限值系统自动带入。

② 申请年许可排放量限值：需根据规范计算方法的方法，将总量控制文件、环评中的总量数值［2015年1月1日（含）］取严后确定。首次申请仅申请三年。

③ 申请特殊排放浓度限值、申请特殊时段许可排放量限值根据地方生态环境主管部门要求填写。

表 4-22　大气污染物无组织排放表（部分内容）

序号	无组织排放编号①	产污环节	污染物种类②	主要污染防治措施	国家或地方污染物排放标准		其他信息	年许可排放量限值/（t/a）					申请特殊时段许可排放量限值
					名称	浓度限值（标态）/（mg/m³）		第一年	第二年	第三年	第四年	第五年	
1		厂界	颗粒物	在破碎、筛分、输送等阶段封闭操作，在各转载及下料口等产尘点设立局部净化处理装置，在筛分、输送等阶段封闭操作，采取封闭操作，在各转载及上料口等封闭操作，在产尘点设立局部或整体气体收集系统和净化处理装置，在易产生扬尘临时高度的堆场设置不低于堆物均化库在密闭围挡，硅质原料的均化库中进行	《平板玻璃工业大气污染物排放标准》（DB××—×××）	1.0	—	—	—	—	—	—	—
2	煤制气系统周边	煤制气系统周边	硫化氢	煤炭储存干煤库	—	—	—	—	—	—	—	—	—
3	MF0468	液氨—氨罐区	氨（氨气）	氨水用全封闭罐车运输，配氨气回收或吸收回用装置，氨罐区设氨气泄漏检测设施	—	—	—	—	—	—	—	—	—

① 无组织排放编号：填写厂界、煤制气系统周边。
② 厂界填写颗粒物，煤制气发生炉周边填写硫化氢，氨罐区周边填写氨（氨气）。

表 4-23　企业大气排放总许可量

序号	污染物种类	第一年/(t/a)	第二年/(t/a)	第三年/(t/a)	第四年/(t/a)	第五年/(t/a)
1	颗粒物	125.085000	125.085000	148.934000	—	—
2	SO$_2$	1241.119000	1241.119000	1241.119000	—	—
3	NO$_x$	2573.968000	2573.968000	2573.968000	—	—
4	VOCs	—	—	—	—	—

注：全厂合计："全厂有组织排放总计"与"全厂无组织排放总计"之和数据，全厂总量控制指标数据为系统自动计算，需根据全厂总量控制指标两者取严。此数据对"全厂合计"值进行核对与修改。

企业大气排放总许可量备注信息

表 4-24　废水直接排放口基本情况表

序号	排放口编号	排放口地理坐标①		受纳自然水体信息②		汇入受纳自然水体处地理坐标③		排放去向	排放规律	间歇排放时段	其他信息
		经度	纬度	名称	受纳水体功能目标	经度	纬度				

① 排放口地理坐标：对于直接排放至地表水体的排放口，指废水排出厂界处经度坐标。

② 受纳自然水体信息：包括名称及受纳水体功能目标，可咨询地方生态环境主管部门确定。

③ 汇入受纳自然水体处地理坐标：对于直接排放至地表水体的排放口，指废水汇入地表水体处经纬度坐标；废水向海洋排放的，应当填写岸边排放或深海排放。深海排放的，还应说明排污口的深度、与岸线直线距离。在"其他信息"列中填写。

海排放，或深海排放。深海排放的，应当填写岸边排放或深海排放。废水向海排放的，该企业无废水直接排放口，故此处不进行填写。

表 4-25　废水间接排放口基本情况表（部分内容）

序号	排放口编号	排放口地理坐标[1]		排放去向	排放规律	间歇排放时段	受纳污水处理厂信息			
		经度	纬度				名称[2]	污染物种类	国家或地方污染物排放标准浓度限值/（mg/L）[3]	
1	DW001	××°××′××″	××°××′××″	进入城市污水处理厂	间断排放，排放期间流量不稳定，但有周期性规律	—	××市污水处理厂	pH值	6～9（无量纲）
2	DW001	××°××′××″	××°××′××″	进入城市污水处理厂	间断排放，排放期间流量不稳定，但有周期性规律	—	××市污水处理厂	五日生化需氧量	10
3	DW001	××°××′××″	××°××′××″	进入城市污水处理厂	间断排放，排放期间流量不稳定，但有周期性规律	—	××市污水处理厂	动植物油	1
4	DW001	××°××′××″	××°××′××″	进入城市污水处理厂	间断排放，排放期间流量不稳定，但有周期性规律	—	××市污水处理厂	化学需氧量	50
5	DW001	××°××′××″	××°××′××″	进入城市污水处理厂	间断排放，排放期间流量不稳定，但有周期性规律	—	××市污水处理厂	氨氮（NH$_3$-N）	5
6	DW001	××°××′××″	××°××′××″	进入城市污水处理厂	间断排放，排放期间流量不稳定，但有周期性规律	—	××市污水处理厂	悬浮物	10
7	DW001	××°××′××″	××°××′××″	进入城市污水处理厂	间断排放，排放期间流量不稳定，但有周期性规律	—	××市污水处理厂	总磷（以P计）	0.5

① 排放口地理坐标：对于排放至厂外城市污水集中处理或工业污水集中处理设施的排放口，指废水排出厂界处经纬度坐标。
② 受纳污水处理厂名称：指厂外城镇或工业污水集中处理设施名称，如××生活污水处理厂、××园区污水处理厂等。
③ 受纳污水处理厂执行标准，可咨询地方生态环境主管部门。

表 4-26　废水污染物排放执行标准表（部分内容）

序号	排放口编号	污染物种类	国家或地方污染物排放标准[①]		其他信息
			名称	浓度限值/（mg/L）	
1	DW001	化学需氧量	《污水综合排放标准》（GB 8978—1996）	150	—
2	DW001	氨氮（NH₃-N）	《污水综合排放标准》（GB 8978—1996）	25	—
3	DW001	pH 值	《污水综合排放标准》（GB 8978—1996）	6～9（无量纲）	—
4	DW001	悬浮物	《污水综合排放标准》（GB 8978—1996）	150	—
5	DW001	五日生化需氧量	《污水综合排放标准》（GB 8978—1996）	30	—

① 国家或地方污染物排放标准：指对应排放口须执行的国家或地方污染物排放标准的名称及浓度限值。该企业执行《污水综合排放标准》（GB 8978—1996）二级标准。

（2）废水污染物排放执行标准填报易错问题汇总
① 未能正确选取应执行的标准。
② 未根据国家标准和地方标准从严确定许可限值。

4.2.3.14　废水污染物排放信息
废水污染物排放信息填报内容如表 4-27 所列。

表 4-27　废水污染物排放

序号	排放口编号	污染物种类	申请排放浓度限值/（mg/L）	申请年排放量限值/（t/a）					申请特殊时段排放量限值
				第一年	第二年	第三年	第四年	第五年	
主要排放口									
主要排放口合计		氨氮		—	—	—	—	—	—
		COD_Cr		—	—	—	—	—	—
一般排放口									
1	DW001	悬浮物	150	—	—	—	—	—	—
2	DW001	化学需氧量	150	—	—	—	—	—	—
3	DW001	氨氮（NH₃-N）	25	—	—	—	—	—	—
4	DW001	五日生化需氧量	30	—	—	—	—	—	—
5	DW001	pH 值	6～9（无量纲）	—	—	—	—	—	—

注：废水污染物的总量指标，根据环评文件（2015 年 1 月 1 日（含）之后）及地方总量控制文件取严确定，若地方环境主管部门有更加严格要求，根据地方环境管理部门确定。该企业无 2015 年 1 月 1 日（含）之后环评，无地方总量控制文件。

4.2.3.15　自行监测及记录信息
（1）自行监测及记录信息部分
填报内容如表 4-28 所列。

表 4-28　自行监测及记录信息表（部分内容）

污染源类别	排放口编号	监测内容①	污染物名称	监测设施	自动监测是否联网	自动监测仪器名称	自动监测设施安装位置	自动监测设施是否符合安装、运行、维护等管理要求	手工监测采样方法及个数②	手工监测频次③	手工测定方法④
废水	DW001	流量	氨氮	自动	是	氨氮在线检测仪	总排口	是	混合采样，至少3个混合样	1次/d	《水质 氨氮的测定 流动注射-水杨酸分光光度法》（HJ 666—2013）等
废气	DA001	烟气流速、烟气温度、烟道截面积、氧含量	颗粒物	手工					非连续采样，至少3个	1次/半年	《固定污染源排气中颗粒物测定与气态污染物采样方法》（GB/T 16157—1996）等
废气	DA002	烟气流速、烟气温度、烟气含湿量	颗粒物	手工					非连续采样，至少3个	1次/半年	《固定污染源排气中颗粒物测定与气态污染物采样方法》（GB/T 16157—1996）等
废气	煤气发生炉	风速、风向	硫化氢	手工					非连续采样，至少4个	1次/半年	《空气质量 硫化氢、甲硫醇、甲硫醚和二甲二硫的测定 气相色谱法》（GB/T 14678—1993）

① 监测内容：有组织燃烧类废气应为"含氧量、烟气流速、烟气温度、烟气含湿量、烟气量"；非燃烧类废气应为"烟气流速、烟气温度、烟气量"；废水应填写"流量"的污染物。无组织废气选择"风速、风向"。

② 监测设施选择"自动"，在"手工监测采样方法及个数""手工监测频次""手工测定方法"栏中，填写自动监测设备故障时的要求。

③ 手工监测频次：指一段时期内的监测次数要求，如1次/周、1次/月等。

④ 手工测定方法：指污染物浓度测定方法，如"测定氨氮的水杨酸分光光度法""测定化学需氧量的重铬酸钾法"等。应选联污染物执行标准中的检测方法。

（2）自行监测及记录信息填报易错问题汇总

① 监测内容填报成污染物或填写不完全。

② 监测频次填报低于技术规范要求。

③ 厂界无组织监测漏填。

④ 废水污染物填写不全。

4.2.3.16 环境管理台账

（1）环境管理台账部分填报内容

如表 4-29 所列。

表 4-29 环境管理台账信息表（部分内容）

序号	设施类别①	操作参数②	记录内容③	记录频次④	记录形式⑤	其他信息
1	生产设施	运行管理信息	生产设施运行管理信息应记录： 正常情况主要产品（玻璃）产量、原辅料（硅砂、长石、碎玻璃、白云石、石灰石、纯碱、澄清剂）及燃料使用情况等数据信息	次/批	电子台账+纸质台账	至少保存三年
2	生产设施	基本信息	生产设施基本信息应记录： 正常工况各生产单元主要生产设施的设施名称（玻璃熔窑、退火窑、锡槽、掰边机、横切机、投料机、破碎机、退火窑辊道转动设备、混合机、带式输送机、斗式提升机、筛分机、仓、库房）、生产负荷等	按天记录	电子台账+纸质台账	至少保存三年
3	污染防治设	监测记录信息	废水污染物手工监测记录信息： 应包括采样日期、样品数量、采样方法、采样人姓名等采样信息，并记录排放口编码、废水类型、水温、出口流量、污染因子（化学需氧量、五日生化需氧量、氨氮、悬浮物、pH值、总磷）、出口浓度、许可排放浓度限值、测定方法以及是否超标。若监测结果超标，应说明超标原因	按照自行监测要求	电子台账+纸质台账	至少保存三年

① 设施类别：包括生产设施和污染防治设施等。

② 操作参数：包括基本信息、污染治理措施运行管理信息、监测记录信息、其他环境管理信息等。

③ 记录内容：根据规范及地方生态环境主管部门要求填写。

④ 记录频次：指一段时间内环境管理台账记录的次数要求，如 1 次/h、1 次/d 等。

⑤ 记录形式：指环境管理台账记录的方式，包括电子台账、纸质台账等。

（2）环境管理台账信息填报易错问题汇总

① 未按照技术规范的要求填报记录内容及对应的记录频次。

② 记录形式填报错误，未按照技术规范要求采用"电子台账+纸质台账"形式。

4.3 常见填报问题说明

4.3.1 排污许可分类管理要求

《固定污染源排污许可分类管理名录（2019 年版）》（生态环境部 部令 第 11 号）

提出：国家根据排放污染物的企业事业单位和其他生产经营者污染物产生量、排放量、对环境的影响程度等因素，实行排污许可重点管理、简化管理和登记管理。玻璃和矿物棉行业排污许可分类管理要求如表 4-30 所列。

表 4-30　玻璃和矿物棉行业排污许可分类管理要求

项目	行业类别	重点管理	简化管理	登记管理
1	玻璃制造 304	平板玻璃制造 3041	特种玻璃制造 3042	其他玻璃制造 3049
2	玻璃制品制造 305	以煤、石油焦、油和发生炉煤气为燃料的	以天然气为燃料的	其他
3	玻璃纤维和玻璃纤维增强塑料制品制造 306	以煤、石油焦、油和发生炉煤气为燃料的	以天然气为燃料的	其他
4	隔热和隔声材料制造 3034	—	隔热和隔声材料制造	仅切割加工的

同时，有下列情形之一的，还应当对其生产设施和相应的排放口等申请取得重点管理排污许可证：

① 被列入重点排污单位名录的；

② 二氧化硫或者氮氧化物年排放量大于 250t 的；

③ 烟粉尘年排放量大于 500t 的；

④ 化学需氧量年排放量大于 30t，或者总氮年排放量大于 10t，或者总磷年排放量大于 0.5t 的；

⑤ 氨氮、石油类和挥发酚合计年排放量大于 30t 的；

⑥ 其他单项有毒有害大气、水污染物污染当量数大于 3000 的。

4.3.2　行业类别选取

"行业类别"中平板玻璃制造的排污单位应填写平板玻璃制造，而非填写玻璃制造；其他玻璃制造的排污单位应填写特种玻璃制造或其他玻璃制造；玻璃制品制造的排污单位应按照其生产的产品填写，如填写技术玻璃制品制造、光学玻璃制造、玻璃仪器制造、日用玻璃制品制造、玻璃包装容器制造或玻璃保温容器制造等；玻璃纤维制造的排污单位应填写玻璃纤维及制品制造；矿物棉制造的排污单位应填写隔热和隔声材料制造；玻璃制镜的排污单位应填写制镜及类似品加工。

通过全国排污许可证管理信息平台进行查询，发现部分企业填报排污许可证时行业类别选取有误，部分情况如表 4-31 所列。

表 4-31　部分企业填报排污许可证时行业类别选取有误的情况说明

企业编号	省份	填报行业类别	实际产品	应填报行业类别
1	江苏	3051，技术玻璃制品制造	钢化玻璃	3042，特种玻璃制造
2	河北	3051，技术玻璃制品制造	中空玻璃、钢化玻璃等	3042，特种玻璃制造
3	江西	3051，技术玻璃制品制造	钢化玻璃、中空玻璃等	3042，特种玻璃制造
4	辽宁	3051，技术玻璃制品制造	Low-E 玻璃、钢化玻璃等	3042，特种玻璃制造
5	福建	3051，技术玻璃制品制造	抛晶砖、仿古砖、釉面砖等	3071，建筑陶瓷制品制造

4.3.3 污染物排放口填报

排污许可技术规范将废气有组织排放口分为主要排放口和一般排放口；明确了主要排放口应规定许可排放浓度和排放量；一般排放口则简化管理要求，仅规定许可排放浓度。现行排污许可技术规范对排污口类型的规定如表 4-32 所列。

表 4-32　现行排污许可技术规范对排污口类型的规定

序号	标准名称	污染物排放口规定
1	《排污许可证申请与核发技术规范 玻璃工业—平板玻璃》（HJ 856—2017）	平板玻璃工业排污单位废气主要排放口为经玻璃熔窑烟气治理设施处理后的净烟气排放口。除主要排放口之外的其他废气排放口均为一般排放口。 废水排放口为一般排放口
2	《排污许可证申请与核发技术规范 工业炉窑》（HJ 1121—2020）	燃煤、石油焦、油、发生炉煤气的日用玻璃熔窑、玻璃纤维熔窑为主要排放口；燃天然气的日用玻璃熔窑、玻璃纤维熔窑以及原辅料预处理单元、成品后处理单元等均为一般排放口。 废水排放口为一般排放口
3	《排污许可证申请与核发技术规范 陶瓷砖瓦工业》（HJ 954—2018）	矿物棉各废气、废水排放口均为一般排放口

排污单位应根据《排污口规范化整治技术要求（试行）》（环监〔1996〕470 号），以及玻璃和矿物棉工业排污单位执行的排放标准中有关排放口规范化设置的规定，填报废气、废水排放口设置是否符合规范化要求。

4.3.4 排放因子和排放限值填报

应选用国家和地方排放标准中的污染因子和排放限值。排污单位的排放口排放单股废气时，有行业标准的污染物优先执行行业排放标准，其他污染源执行综合排放标准。排污单位的排放口存在多种类型废气混合排放的情况时，应按照"交叉从严"的原则确定排放标准。

部分企业在申报时未深入研究排污许可技术规范，照搬技术规范上给定的污染物或随意减少污染物的种类，导致排放种类与实际情况不符。事实上每个行业的排污许可证技术规范均对各类情况的污染物排放种类进行了详细的规定。如平板玻璃制造业中大气污染物控制指标"氨"仅针对以液氨等含氨物质作为还原剂去除烟气中氮氧化物的排污单位；汞、镉、铬等重金属仅针对以重油、煤焦油、石油焦为燃料的平板玻璃工业排污单位，其他类型排污单位主要污染物可不填写相关指标。

4.3.5 许可排放量填报

熔窑是玻璃和矿物棉行业大气污染物的主要来源之一。根据排污许可相关规定，主要排放口需要许可排放量，一般排放口不许可排放量。在许可排放量填报方面，主要问题在于许可量存在一定偏差。

以日用玻璃行业为例，《排污许可证申请与核发技术规范 工业炉窑》（HJ 1121—

2020）规定年许可排放量计算方法按照优先顺序依次为基准排气量法、绩效值法、气量法，其具体适用形式如表 4-33 所列。

表 4-33 日用玻璃排污单位许可排放污染物项目及许可排放量核算方法表

生产单元	排放口名称	排放口类型	许可排放浓度污染物	许可排放量污染物	许可排放量核算方法
热工单元	日用玻璃熔窑烟囱	主要排放口	颗粒物、烟气黑度、二氧化硫、氮氧化物、氟及其化合物、铅、汞等	颗粒物、二氧化硫、氮氧化物	基准排气量法、绩效值法

《排污许可证申请与核发技术规范 工业炉窑》（HJ 1121—2020）规定了日用玻璃排污单位主要污染物许可排放量的参考绩效值，详见本书 3.2.1.2 部分。该颗粒物、二氧化硫、氮氧化物排放量绩效值分别基于排放浓度 20mg/m³、200mg/m³、500mg/m³，基准排气量 3200m³/t 玻璃液确定的。当日用玻璃企业执行的排放标准严于上述限值时，不应采用该绩效值。

某日用玻璃企业以啤酒瓶、医用药品瓶为主导产品，年生产能力 20 万吨。该企业根据地方要求执行更严格的污染物排放标准。根据该企业许可排放浓度和该类产品基准排气量进行估算，本书建议的许可排放量远高于该企业现行的许可排放量。即使该企业玻璃熔窑能耗大幅削减（废气排放量会相应减少），排放量也难以降低至现行许可水平，可以初步判定许可排放量过于严格，不利于该企业后续环境工作的开展。许可排放限值和建议许可排放量如表 4-34 所列。

表 4-34 某日用玻璃企业许可排放限值和建议排放量

污染物种类	许可排放浓度/（mg/m³）	许可排放量/（t/a）	建议许可排放量/（t/a）
颗粒物	10	1.17	7.11
二氧化硫	50	10.16	35.56
氮氧化物	100	12.7	71.11

注：许可排放浓度、许可排放量数据来源于"全国排污许可证管理信息平台"。

在填报许可排放量时，如果不适用《排污许可证申请与核发技术规范 工业炉窑》（HJ 1121—2020）规定的绩效值，可考虑按许可排放浓度（执行的污染物排放标准）和单位玻璃液排气量进行核定。排气量与熔化能耗密切相关，建议日用玻璃企业按《玻璃瓶罐单位产品能源消耗限额》（QB/T 5361—2019）、《玻璃器皿单位产品能源消耗限额》（QB/T 5362—2019）、《玻璃保温瓶胆单位产品能源消耗限额》（QB/T 5360—2019）等能耗限额标准的准入值估算吨玻璃液废气排放量。相关能耗限额标准准入值如表 4-35 所列。

表 4-35 相关能耗限额标准准入值

产品种类		玻璃炉窑单位玻璃液熔化能耗（标准煤）限额/（kg/t）	
		重油、天然气、石油焦	发生炉煤气
玻璃瓶罐	高白料	≤193	≤245
	普白料	≤172	≤210
	颜色料	≤166	≤210

续表

产品种类	玻璃炉窑单位玻璃液熔化能耗（标准煤）限额/（kg/t）	
	重油、天然气、石油焦	发生炉煤气
普通玻璃器皿	≤193	≤245
高档玻璃器皿	≤210	≤260
硼硅玻璃器皿	≤500	—
玻璃保温瓶胆	≤250	

废气排放量核算的相关系数可以参照以下标准执行：

① 发生炉煤气平均低位发热量按 5227kJ/m³ 计，折标准煤系数 0.1786kg/m³。1m³ 煤气产生 2.23m³ 烟气。

② 气田天然气平均低位发热量按 35544kJ/m³ 计，折标准煤系数 1.2143kg/m³。1m³ 天然气产生 10.5m³ 烟气。

4.3.6 自行监测及记录信息表填报

玻璃和矿物棉排污单位在填写自行监测内容时应注意以下事项：

① 根据国家或地方排放标准、环境影响评价文件及其审批意见和其他环境管理要求，并严格按照技术规范标准申报中各项废气、废水、固体废物污染源和对应的污染物指标。

② 梳理企业现有固定污染源及大气污染源在线监测系统是否完备。确认自动监测设施是否符合在线监测系统安装、运行、维护等管理要求。若不符合，则需备注整改。对于已按规范建立平台并完成验收、实现数据上传的在线监测系统，还需统计在线监测数据的缺失率，判断自动监测数据能否作为核算实际排放量的依据，无法取用的需说明理由。在线监测部分注意不要遗漏故障时手工监测方法。

第5章
排污许可证后监管

5.1 证后监管总体要求

《环评与排污许可监管行动计划（2021—2023）》（环办环评函〔2020〕463号）对固定污染源排污许可证核发和执行情况抽查提出如下要求。

（1）固定污染源排污许可证核发情况抽查

1）检查对象

生态环境部对重点区域、重点流域内的重点行业排污许可证核发情况进行抽查。地方生态环境部门及其他核发部门按相关要求开展排污许可证核发，公开未依法申领排污许可证的排污单位信息；省级生态环境部门对本行政区域重点行业排污许可证核发情况进行抽查。

2）检查内容

按照《固定污染源排污许可分类管理名录（2019年版）》规定，检查全覆盖情况，即是否存在"应发未发""应登未登"排污单位；检查管理类别准确性，即是否存在发证类违规降为登记类、发证类重点管理违规降为简化管理等情况；检查发证登记质量，包括排污许可证中企业执行标准、污染物种类、许可排放量、许可排放限值、自行监测、台账记录、执行报告以及环境管理要求等内容规范性，排污登记表质量情况。

（2）固定污染源排污许可证执行情况抽查

1）检查对象

生态环境部对重点区域、重点流域内重点行业已发证排污单位的排污许可证执行情况进行抽查。地方生态环境部门对本行政区内已发证的排污单位排污许可证执行情况进行抽查，省级生态环境部门对本行政区域重点行业排污许可证执行情况进行抽查。

2）检查内容

重点检查排污许可证提出的自行监测、台账记录、环境管理等要求落实情况，执行报告提交频次及内容等要求落实情况；排污限期整改通知书中整改要求落实情况。

5.2　证后监管主要问题

我国根据《火电、造纸行业排污许可证执法检查工作方案》，开展了两个行业排污许可证执法检查。随后，又相继出台了《关于在京津冀及周边地区、汾渭平原强化监督工作中加强排污许可证执法监管的通知》等多个排污许可监管执法规范性文件，对证后监管作出部署，推动排污许可与行政执法相衔接，但能够实质开展的检查内容主要局限在打击无证排污、查处超标排污、督促企业落实自行监测要求等，现行法律法规已明确且有相应罚则的环境管理要求上。持证企业不按证排污，不落实排污许可管理要求的情况普遍存在，企业主体责任未得到全面有效落实。《排污许可管理条例》（以下简称《条例》）出台后，加强了依证监管法律依据，但要推动证后监管落实落地，还面临诸多问题。

（1）"全覆盖"有待拓展深化，证后监管基础薄弱

固定污染源排污许可管理"全覆盖"是证后监管的基础和依托。我国于 2020 年年底基本完成"全覆盖"工作，但其数量和质量有待进一步提升。一是排污许可内容暂不满足"一证式"管理目标要求。现阶段排污许可管理"全覆盖"主要针对《固定污染源排污许可分类管理名录（2019 年版）》（以下简称《名录》），但现行《名录》的制定有其历史局限性，固体废物、噪声等环境管理要素暂未全面纳入排污许可管理范围。二是排污许可证内容及其执行情况未达到全面规范要求。核发排污许可证不要求审批部门必须开展现场检查，仅需对申请材料进行审查，申报内容的真实性由企业负责，在大幅提高核发效率的同时也给证后监管埋下了隐患。容易出现填报内容与企业实际情况不符的问题，甚至可能存在许可事项与规定不符的情况，导致企业按证执行脱离实际，生态环境主管部门依证监管基础不牢。三是台账记录、执行报告等环境管理要求有待全面落实。核查台账记录、执行报告是依证监管的重要途径，但由于技术指导和制度约束，相关环境管理要求未得到有效落实。

（2）基层环境执法部门依证监管意识和能力不足

环境执法部门前期少有参与排污许可审批，加之基层技术力量不足、未接受系统培训和缺乏相关经验，依证监管意识和能力普遍欠缺：一是地方环境执法部门对排污许可制在固定污染源监管制度体系中的核心地位普遍认识不足，认为排污许可较为复杂，依证监管缺乏经验和操作性指导，环境执法思路和形式未发生根本转变；二是环境执法人员和技术能力不足，部分地方环境执法队伍专业化程度和技术能力难以支撑排污许可精细化管理需求；三是依证监管不到位，影响了排污许可证的权威性，导致部分企业持证按证排污意识欠缺，环境执法部门对证后监管重视程度不够，反过来又给依证监管增加了压力，形成了不良循环。

（3）证后监管缺乏系统的操作性指导和规制

排污许可依证监管工作技术要求高、管理界面宽、信息量庞杂，但目前缺乏系统配套的管理和技术支撑，依证监管工作难以落实。一是缺乏相关管理规制，依证监管执法的方式、流程、内容等亟待统一规范。二是缺乏重点行业依证监管技术指导。不同行业排污许可内容和监管技术要点差异较大，在依证监管基础薄弱、经验不足、行业众多、专业性强等现实条件下，如无操作性技术指导，依证监管难以深入开展。三是现有达标判定规定不一致，影响了监管效能。排污许可技术规范与排放标准之间，以及排放标准本身，都存在对于监测数据合规性判定不一致的情况，如两者均有直接或间接明确废水排放口污染物的排放浓度达标，是指任一有效日均值均满足排放浓度限值要求，但在有些排放标准中又有"可以将现场即时采样或监测的结果，作为判断排污行为是否符合排放标准以及实施相关环境保护管理措施的依据"的相关规定；部分行业技术规范还明确了豁免时段，但执行排放标准中并未规定，如此导致在实际监管中，地方环境执法人员在将监测数据用于监督执法时存在困惑和质疑。

（4）依证监管亟须清理诸多历史遗留问题和欠账

在排污许可证核发过程中，暴露出诸多环境管理的历史遗留问题和欠账，迟滞了依托排污许可制改革将排污单位全面纳入法制化、规范化管理的进程。如企业位于禁止建设区域、"未批先建""批建不符"、超总量控制指标排污等问题。为此，《排污许可管理办法（试行）》（以下简称《办法》）第六十一条专门进行了规定，明确可以核发带"改正方案"的排污许可证，将此类存在环境问题的企业纳入监管范围，但其法律效力较弱，地方落实情况不佳。生态环境部后又发布了《关于固定污染源排污限期整改有关事项的通知》，明确排污单位存在"不能达标排放""手续不全"、未按规定安装使用自动监测设备和设置排污口三类情形的，不予核发排污许可证，下达排污限期整改通知书。《条例》实施后，将环评手续作为核发排污许可证的前置和必要条件，并明确对《条例》实施前已实际排污，但暂不符合排污许可条件的单位，下达排污限期整改通知书。虽然清理历史遗留问题的管理要求逐步优化调整，效力层级也得到提升，但因牵扯法律红线、体制机制、民生保障、经济基础等，如何避免"一刀切"，分类妥善清算历史欠账，依然是将排污单位全面纳入管理范围，全面实施依证监管，亟待解决的关键和难点问题。

（5）各项生态环境管理制度未形成有效监管合力

排污许可制改革是固定污染源监管体系的整体变革，但目前各相关环境管理制度的衔接整合滞后，尚未形成监管合力。一是排污许可证核发部门不参与监管执法，环境执法部门对核发要求不熟悉，监管执法与排污许可审批脱节，增加了依证监管实施的难度。二是现阶段排污许可排放限值的确定主要依据污染物排放标准，但部分行业执行的污染物排放标准已难以满足现状条件下排污许可精细化监督管理要求。三是以排污许可统一污染物排放数据尚未完成，固定污染源信息平台未实现有效的整合梳理和数据交互，数出多门、重复申报的情况依然存在。四是污染源监督性监测难以支撑依证监管执法，虽然监测部门获取了大量监测数据，但由于缺乏问题和目标导向，监管执法部门需要的数据却又不足，两者协同管理机制尚不健全。五是公众参与不深入，排污许可证所载信息量大、专业性强，一般公众不具备识别企业是否持证按证排污的能力，环保组织虽有一定的技术力量且有参与和提起环境公益诉讼的权利，但缺乏具体机制、详细规制和宣传引导，公众参与排污许可监督的作用未能充分发挥。

5.3 自行监测监管技术要求

5.3.1 检查内容

主要包括是否开展自行监测，以及自行监测的点位、因子、频次是否符合排污许可证要求。重点检查以下内容：

① 排污许可证中载明的自行监测方案与相关自行监测技术指南的一致性；

② 排污单位自行监测开展情况与自行监测方案的一致性；

③ 自行监测行为与相关监测技术规范要求的符合性，包括自行开展手工监测的规范性、委托监测的合规性和自动监测系统安装和维护的规范性；

④ 自行监测结果信息公开的及时性和规范性。

根据《关于印发〈2020 年排污单位自行监测帮扶指导方案〉的通知》（环办监测函〔2020〕388 号）相关要求，排污单位自行监测现场评估部分内容如表 5-1 所列。

表 5-1 排污单位自行监测现场评估部分内容

序号	分项内容		单项内容
1	监测方案制定情况		（1）监测方案的内容是否完整：包括单位基本情况、监测点位及示意图、监测指标、执行标准及其限值、监测频次、采样和样品保存方法、监测分析方法和仪器、质量保证与质量控制
			（2）监测点位及示意图是否完整
			（3）监测点位数量是否满足自行监测要求
			（4）监测指标是否满足自行监测的要求
			（5）监测频次是否满足自行监测的要求
			（6）执行的排放标准是否正确
			（7）样品采样和保存方法选择是否合理
			（8）监测分析方法选择是否合理
			（9）监测仪器设备（含辅助设备）选择是否合理
			（10）是否有相应的质控措施（包括空白样、平行样、加标回收或质控样、仪器校准等）
2	自行监测开展情况	基础考核	（1）排污口是否进行规范化整治，是否设置规范化标识，监测断面及点位设置是否符合相应监测规范要求
			（2）是否对所有监测点位开展监测
			（3）是否对所有监测指标开展监测
			（4）监测频次是否满足要求
		委托手工监测	（1）检测机构的能力项能否满足自行监测指标的要求
			（2）排污单位是否能提供具有 CMA 资质印章的监测报告
			（3）报告质量是否符合要求
			（4）采用的监测分析方法是否符合要求

序号	分项内容		单项内容
2	自行监测开展情况	排污单位手工自测	（1）采用的监测分析方法是否符合要求
			（2）监测人员是否具有相应能力（如：技术培训考核等自认定支撑材料），是否具备开展自行监测相匹配的采样、分析及质控人员
			（3）实验室设施是否能满足分析基本要求，实验室环境是否满足方法标准要求；是否存在测试区域监测项目相互干扰的情况
			（4）仪器设备档案是否齐全，记录内容是否准确、完整；是否张贴唯一性编号和明确的状态标识；是否存在使用检定期已过期设备的情况
			（5）是否能提供仪器校验/校准记录；校验/校准是否规范，记录内容是否准确、完整
			（6）是否能提供原始采样记录；采样记录内容是否准确、完整，是否至少 2 人共同采样和签字；采样时间和频次是否符合规范要求
			（7）是否能提供样品分析原始记录；对原始记录的规范性、完整性、逻辑性进行审核
			（8）是否能提供质控措施记录；记录是否齐全，记录内容是否准确、完整
		废水自动监测	（1）自动监测设备的安装是否规范；是否符合《水污染源在线监测系统（COD$_{Cr}$、NH$_3$-N 等）安装技术规范》（HJ 353—2019）等的规定，采样管线长度应不超过 50m，流量计是否校准
			（2）水质自动采样单元是否符合《水污染源在线监测系统（COD$_{Cr}$、NH$_3$-N 等）安装技术规范》（HJ 353—2019）等规范要求，应具有采集瞬时水样、混合水样、混匀及暂存水样、自动润洗、排空混匀桶及留样功能等
			（3）监测站房不小于 15m^2，监测站房应做到专室专用，监测站房内应有合格的给、排水设施，监测站房应有空调和冬季采暖设备、温湿度计、灭火设备等
			（4）设备使用和维护保养记录是否齐全，记录内容是否完整
			（5）是否定期进行巡检并做好相关记录，记录内容是否完整
			（6）是否定期进行校准、校验并做好相关记录，记录内容是否完整，核对校验记录结果和现场端数据库中记录是否一致
			（7）标准物质和易耗品是否满足日常运维要求，是否定期更换、是否在有效期内，并做好相关记录，记录内容是否清晰、完整
			（8）设备故障状况及处理是否做好相关记录，记录内容是否清晰、完整
			（9）对缺失、异常数据是否及时记录，记录内容是否完整
			（10）核对标准曲线系数、消解温度和时间等仪器设置参数是否与验收调试报告一致
		废气自动监测	（1）自动监测设备的安装是否规范；是否符合《固定污染源烟气（SO$_2$、NO$_x$、颗粒物）排放连续监测技术规范》（HJ 75—2017）的规定，采样管线长度原则上不超过 70m，不得有 "U" 形管路存在
			（2）自动监测点位位置设置是否符合《固定污染源烟气（SO$_2$、NO$_x$、颗粒物）排放连续监测技术规范》（HJ 75—2017）等规范要求，手工监测采样点是否与自动监测设备采样探头的安装位置吻合
			（3）监测站房是否满足要求，是否有空调、温湿度计、灭火设备、稳压电源、UPS 电源等，监测站房应配备不同浓度的有证标准气体，且在有效期内，标准气体一般包含零气和自动监测设备测量的各种气体（SO$_2$、NO$_x$、O$_2$）的量程标气
			（4）设备使用和维护保养记录是否齐全，记录内容是否完整
			（5）是否定期进行巡检并做好相关记录，记录内容是否完整

序号	分项内容		单项内容
2	自行监测开展情况	废气自动监测	（6）是否定期进行校准、校验并做好相关记录，记录内容是否完整，核对校验记录结果和现场端数据库中记录是否一致
			（7）标准物质及易耗品是否满足日常运维要求，是否定期更换、是否在有效期内，并做好相关记录，记录内容是否清晰、完整
			（8）设备故障状况及处理是否做好相关记录，记录内容是否清晰、完整
			（9）对缺失、异常数据是否及时记录，记录内容是否完整
			（10）自动监测设备伴热管线设置温度、冷凝器设置温度、皮托管系数、速度场系数、颗粒物回归方程等仪器设置参数是否与验收调试报告一致，量程设置是否合理
3	监测信息公开情况		（1）自行监测信息是否按要求公开（自行监测方案、自行监测结果等）
			（2）公开的排污单位基本信息是否与实际情况一致
			（3）公开的监测结果是否与监测报告（原始记录）一致
			（4）监测结果公开是否及时
			（5）监测结果公开是否完整（包括全部监测点位、监测时间、污染物种类及浓度、标准限值、达标情况、超标倍数、污染物排放方式及排放去向、未开展自行监测的原因、污染源监测年度报告等）

5.3.2　检查方法

在线检查内容主要包括监测情况与监测方案的一致性、监测频次是否满足许可证要求、监测结果是否达标等。

现场检查主要为资料检查，包括：自动监测、手工监测记录，环境管理台账，自动监测设施的比对、验收等文件。对于自动监测设施，可现场查看运行情况、标准气体有效期限等。

5.3.3　问题及建议

目前，排污单位自行监测工作逐步规范，但仍存在以下几方面问题。

① 在自行监测方案制定方面：a. 存在采用的质控措施不规范；b. 监测方案内容不完整，如缺少监测点位示意图；c. 监测指标不满足自行监测指南的要求，如缺少噪声、废水和废气监测指标等；d. 监测分析方法选择不合理，未采用国家或行业标准分析方法。

② 在自行监测信息公开方面：a. 监测结果公开不完整，如缺少污染物排放方式和排放去向、未开展自行监测的原因，未公开污染源监测年度报告等；b. 公开的监测结果和监测报告不一致。

③ 在企业手工监测方面：a. 采样记录、交接记录、分析记录等不规范、不完整；b. 质控措施记录内容不准确、不完整；c. 仪器设备档案不齐全，未张贴唯一性编号和明确的状态标识，存在使用鉴定期已过期设备的情况。

④ 在企业自动监测方面：a. 异常数据未及时记录、记录内容不完整；b. 缺乏设备

故障状况及处理相关记录。

针对上述问题，提出建议如下。

（1）排污单位落实自行监测的主体责任

① 制定监测方案。自行监测工作的核心是监测点位、监测指标和监测频次的确定。玻璃和矿物棉企业应结合《排污单位自行监测技术指南 总则》（HJ 819—2017）、《排污单位自行监测技术指南 平板玻璃工业》（HJ 988—2018）相关规定，制定适合自身特点的监测方案。

② 开展监测并做好质量控制。排污单位应按照监测方案开展监测活动。企业应按照污染源废水、废气、土壤和地下水等国家现行监测技术规范，根据自身条件和能力，利用自有人员、场所和设备开展监测；也可委托其他有资质的检（监）测机构开展监测。开展自行监测时，排污单位应做好质量控制工作，保证监测数据质量。承担监测活动的监测机构、人员、仪器设备、监测辅助设施和实验室环境都应符合具体监测活动的要求。应开展监测方法技术能力验证，确保具体监测人员实际操作能力可以满足自行监测工作需求。

③ 记录和保存监测信息。排污单位应记录和保存完整的原始记录、监测报告，以备管理部门检查和社会公众监督。完整的原始记录，有助于还原监测活动开展情况，从而对监测数据真实性、可靠性进行评估。监测信息应与相关管理台账同步记录，从而可以实现监测数据与生产、污染治理相关信息的交叉验证，增强监测数据和相关台账的关联性。企业应按照平板玻璃、工业炉窑排放许可技术规范等相关国家环境保护标准中对监测信息记录、管理台账记录的要求，开展信息记录，以备检查核验。

④ 公开监测结果。公开监测数据，接受公众监督，既是排污单位应尽的法律责任，也是提升监测数据质量的重要手段。排污单位应按照信息公开要求，拓宽公开形式和渠道，除生态环境主管部门门户网站公开外，还要探索企业网站以及微信、微博等新兴媒体公开形式，及时全面公开监测结果。

（2）生态环境管理部门应进一步强化监管责任

① 做好监测方案审核备案工作。生态环境监测部门将关口前移，采用分级审核备案方式，省级负责综合评价排污单位开展自行监测情况，提出完善自行监测及质量控制的相关建议，市级负责审核备案自行监测方案，重点审核监测方案全面性和完整性。

② 加大自行监测监督检查。生态环境管理部门结合日常管理工作，可以采用网络抽查和现场检查相结合方式，定期对辖区内重点排污单位开展自行监测质量核查，核查内容包括监测过程规范性（监测指标、执行标准、监测频次、采样和样品保存方法等）、信息记录全面性和监测结果合理性等方面。

③ 探索建立自动监测设备性能综合评价机制。选取高质量自动监测设备，排污单位、自动监测运营人员、自动监测设备同行和生态环境监管人员建立定期反馈机制，综合评价设备性能质量，包括自动监测设备准确性、稳定性和可维护性等指标。加强自动监测设备现场端的运维管理，出台运维有关技术规范，明确排污单位、运营公司等各自职责，建立健全管理制度，督促运营公司做好监控设施的日常巡检、维护保养和校准校验。

④ 加强第三方检测机构监管。生态环境部门要与市场监管部门建立健全联勤联动机制，加大对社会化监测机构的检查力度，对监督检查发现的问题，按相关法律法规，

依法处理。对于体系建立不规范等能够自行整改的，应关注其整改的时效性与有效性；对于分包检测不规范等要求责令限期改正的，要立即督促其改正；对于超范围检验检测、非授权签字人签发报告等违法情节严重的，要责令整改并处罚款，整改期间不得出具检验检测数据、结果和报告。

⑤ 建立自动监测数据异常数据报警机制。利用大数据平台建设，统筹建立重点排污单位污染排放自动监测监视系统，提高在线监测设备运行异常等信息追踪、捕获与报警能力。改变传统仅采集自动监测数据模式，将监测设备工作状态、运行参数和自动监测数据以及现场视频等信息同时上传至生态环境监控平台。利用大数据监控平台，分析各个监控因子关联关系，建立智能寻踪报警。针对不同行业、不同规模、不同治污工艺的自动监测数据进行驯化，实现对监测设备工作状态、运行参数和监测数据的多维度分析，自动识别监测设备的异常情形，并根据异常情形对监测数据的影响程度推送不同级别的报警事件，实现平台端自动监管和远程控制，全方位监控监测设备工作和运行情况，提高自动监测设备数据质量。

⑥ 加大自行监测数据应用。监测数据应用是开展自行监测工作的最终目的。一方面自行监测数据应用于环境执法，监测部门发现自行监测超标数据、异常数据及时移送执法部门，执法部门采取现场检查、调查取证和问询等方式，核实自行监测数据真实性、有效性，建立自行监测超标、异常数据处罚机制。另一方面，生态环境部门与税务部门建立涉税信息共享机制。生态环境部门将排污单位的排污许可、污染物排放数据、环境违法和受行政处罚情况等环境保护相关信息共享给税务部门，税务部门按照环境保护税法等法律法规依法增加或减免排污单位环境保护税，且及时反馈排污单位税款入库、减免税额、欠缴税款、涉税违法和受行政处罚等信息。

5.4　执行报告监管技术要求

5.4.1　检查内容

执行报告上报频次、时限和主要内容是否满足排污许可证要求。执行报告的编制应符合《排污许可证申请与核发技术规范 玻璃工业—平板玻璃》（HJ 856—2017）等行业排污许可技术规范，或《排污单位环境管理台账及排污许可证执行报告技术规范 总则（试行）》（HJ 944—2018）。执行报告内容应包括：基本生产信息、遵守法律法规情况、污染防治设施运行情况、自行监测情况、台账管理情况、实际排放情况及合规判定分析、排污费（环境保护税）缴纳情况、信息公开情况、排污单位内部环境管理体系建设与运行情况、其他排污许可证规定的内容执行情况、其他需要说明的问题和结论等。

5.4.2　检查方法

在线或现场查阅排污单位执行报告文件及上报记录。核实执行报告污染物排放浓度、排放量是否真实，是否上传污染物排放量计算过程。

5.4.3　问题及建议

（1）企业重视程度不够

部分企业对排污许可执行报告的填报工作重视程度不够，企业申领完排污许可证后，就认为许可证相关工作已经完成。然而，申领到排污许可证只是第一步，后期证后监管的环节也至关重要。企业轻视了执行报告填报的重要性，填报过程中缺乏主动性和积极性，导致未能及时提交执行报告。

（2）监管脱节，处罚不到位

证后监管重视不够，处罚依据尚不健全。对于已核发排污许可证企业证后监管力度不足，缺乏持续有效的监管。对于企业未能及时提交执行报告及报告内容填写不规范等情况，基层监督部门督促其整改后，未能及时再次复核。同时，执行报告上载明的超标排放情况缺乏有效的处罚依据，降低了排污许可对企业的约束。

（3）宣传力度不够

排污许可证核发工作难度大、任务重，生态环境主管部门往往把重心放在前期的核发工作，而忽视证后监管，缺少证后监管填报的相关培训，以及向企业宣传执行报告等证后监管重要性方面尚有不足，间接导致部分企业误认为拿到许可证即可，缺乏依证排污的法律意识，出现执行报告未按要求填报等情况。

5.5　环境管理台账监管技术要求

5.5.1　检查内容

主要包括是否有环境管理台账、环境管理台账是否符合相关规范要求。主要检查生产设施的基本信息、污染防治设施的基本信息、监测记录信息、运行管理信息和其他环境管理信息等的记录内容、记录频次和记录形式。

企业环境管理台账档案部分清单如表 5-2 所列。

表 5-2　企业环境管理台账档案部分清单

档案类型	文件资料
静态管理档案	（1）企业营业执照复印件； （2）法人机构代码证、法人代表、环保负责人、污染防治设施运营主管等的身份证及工作证复印件； （3）环保审批文件； （4）排污许可证； （5）污染防治设施设计及验收文件； （6）环保验收监测报告； （7）在线监测（监控）设备验收意见； （8）工业固废及危险废物收运合同； （9）危险废物转移审批表；

档案类型	文件资料
静态管理档案	（10）清洁生产审核报告及专家评估验收意见； （11）排污口规范化登记表； （12）生产废水、生活污水、回用水、清下水管道平面图和生产废水、生活污水、清下水排放口平面图； （13）固定污染源排污登记表； （14）环境污染事故应急处理预案； （15）生态环境部门的其他相关批复文件等
动态管理档案	（1）污染防治设施运行台账； （2）原辅材料管理台账； （3）在线监测（监控）系统运行台账； （4）环境监测报告； （5）排污许可证管理制度要求建立的排污单位基本信息记录、生产设施运行管理信息记录、监测信息记录等各种台账记录及执行报告； （6）危险废物管理台账及转移联单； （7）环境执法现场检查记录、检查笔录及调查询问笔录； （8）行政命令、行政处罚、限期整改等相关文书及相关整改凭证等

5.5.2　检查方法

现场查阅环境管理台账，对比排污许可证要求，核查台账记录的及时性、完整性、真实性。

5.5.3　问题及建议

管理部门对企业的环境执法监管越来越日常化、精细化，监管手段也逐渐从末端监管走向过程监管。环境管理台账作为环境监管的主要手段之一，主要表现为对企业内部基础数据的有效管理、了解污染防治设施运行维护情况等。目前仍有部分企业存在重结果达标而轻过程管理的现象。因此，如何更好地监管企业环境管理台账是今后需要不断解决和完善的问题。

① 建章立制。在日常监管充分运用法律法规的基础上，不断完善地方性法规条例，完善环境管理台账技术规范，明确管理要求。在法律法规的保障下，企业高度重视并迅速建设完善环境管理台账，为污染源系统监管、排污许可证发放和证后监管等工作打下坚实基础。

② 明确主体。强化企业主体意识，通过前期宣传和执法监管，强调环境治理的过程化管控。企业应建立环境管理文件和档案管理制度，明确责任部门、人员、流程、形式、权限及各类环境管理档案保存要求等，确保企业环境管理规章制度和操作规程编制、使用、评审、修订符合有关要求，应保证环境管理资料齐全。

③ 政府参与。长期以来，政府一直在管理模式上不断创新，探索建设优质的服务型政府是根本初衷。针对企业自身专业能力不足、建立规范化环境管理台账难度大等问题，当地生态环境部门应给予大力指导。如通过政府竞标等手段购买社会第三方服务，向大、中型企业发放标准统一、内容规范的环境管理台账，上门开展服务。针对小型企

业，由当地政府部门牵头，生态环境部门介入指导，积极开展业务培训，确保工作做实、做细。

5.6　信息公开情况检查

5.6.1　检查内容

《企业环境信息依法披露管理办法》（生态环境部　部令　第 24 号）规定：企业是环境信息依法披露的责任主体。企业应当建立健全环境信息依法披露管理制度，规范工作规程，明确工作职责，建立准确的环境信息管理台账，妥善保存相关原始记录，科学统计归集相关环境信息。

主要核查信息公开的公开方式、时间节点、公开内容与排污许可证要求相符性。公开内容包括但不限于：

① 企业基本信息，包括企业生产和生态环境保护等方面的基础信息；

② 企业环境管理信息，包括生态环境行政许可、环境保护税、环境污染责任保险、环保信用评价等方面的信息；

③ 污染物产生、治理与排放信息，包括污染防治设施，污染物排放（玻璃和矿物棉行业主要关注颗粒物、二氧化硫、氮氧化物、氨、挥发性有机物等），有毒有害物质排放（玻璃和矿物棉行业主要关注苯系物、甲醛、苯酚等），工业固体废物和危险废物产生、贮存、流向、利用、处置，自行监测等方面的信息；

④ 碳排放信息，包括排放量、排放设施等方面的信息；

⑤ 态环境应急信息，包括突发环境事件应急预案、重污染天气应急响应等方面的信息；

⑥ 态环境违法信息；

⑦ 年度临时环境信息依法披露情况；

⑧ 律法规定的其他环境信息。

5.6.2　检查方法

在线检查主要通过企业公开网址进行信息公开内容检查；现场检查为现场查看信息亭、电子屏幕、公示栏等场所。

5.6.3　玻璃行业上市公司环境信息披露情况

5.6.3.1　环境信息披露依据

本书根据《公开发行证券的公司信息披露内容与格式准则　第 2 号——年度报告的内容与格式（2017 年修订）》（以下简称《准则》）和《公开发行证券的公司信息披露内容与格式准则　第 3 号——半年度报告的内容与格式（2017 年修订）》的相关要求，对 2019

年度玻璃行业上市公司环境信息披露合规性进行分析。

《准则》规定，属于环境保护部门公布的重点排污单位的公司或其重要子公司，应当根据法律、法规及部门规章的规定披露以下主要环境信息：

① 排污信息。包括但不限于主要污染物及特征污染物的名称、排放方式、排放口数量和分布情况、排放浓度和总量、超标排放情况、执行的污染物排放标准、核定的排放总量。

② 防治污染设施的建设和运行情况。

③ 建设项目环境影响评价及其他环境保护行政许可情况。

④ 突发环境事件应急预案。

⑤ 环境自行监测方案。

⑥ 其他应当公开的环境信息。

根据《准则》要求，上市公司须在定期报告中披露 12 项常规环境信息，每项赋 1 分，满分 12 分。

5.6.3.2 环境信息披露现状

（1）披露形式

本书对 27 家玻璃行业上市公司的环境信息披露情况进行了分析，涉及了与 C304、C305、C306 相关的企业。22 家重点排污单位在 2019 年年度报告中进行环境信息披露；5 家非重点排污单位均未进行环境信息披露。7 家公司发布了社会责任报告（CSR），3 家公司发布了环境、社会及管治报告（ESG）。对比某公司 ESG 和 CSR 可知，ESG 更为详尽地披露了公司 2019 年度环境信息。

（2）披露特征

本书对 22 家玻璃行业上市公司 2019 年年度报告的环境信息披露情况进行评估。主板上市公司 16 家，中小板上市公司 4 家，创业板上市公司 2 家。22 家企业最高分 12 分，最低分 6 分，平均分 10.41 分（总分 12 分）。2019 年玻璃行业上市公司环境信息披露得分情况如图 5-1 所示。

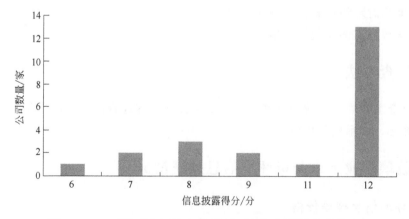

图 5-1 2019 年玻璃行业上市公司环境信息披露得分情况

2019 年各项应披露内容实际披露公司数量如图 5-2 所示。总体来看，各项指标披露的公司数量占比分布在 64%～100%。从各指标披露情况来看，12 项指标中"突发环境事件应急预案"和"超标排放情况"的披露情况最好，所有的公司均对两项指标进行了披露。其次是"主要污染物及特征污染物名称""防治污染设施的建设和运行情况""环评及其他环境保护行政许可情况"和"环境自行监测方案"，有 21 家公司披露。披露情况最差的指标是"排放口分布情况"，有 14 家公司披露。其次是"排放口数量"和"核定的排放总量"，有 15 家公司披露。

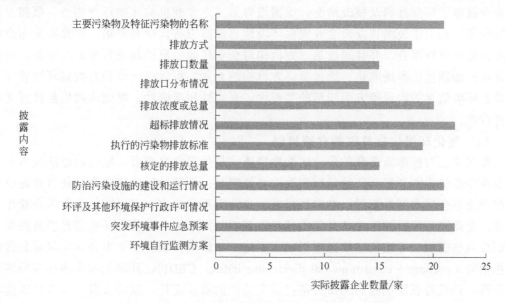

图 5-2　2019 年各项应披露内容实际披露公司数量

5.6.3.3　环境信息披露建议

（1）结合玻璃行业特点，规范披露内容

目前，玻璃企业环境信息披露质量不高、定量信息较少、内容不全面，未形成完整、统一的核算体系。应结合玻璃行业特点规范环境信息披露内容，坚持定量指标与定性指标相结合，正面信息与负面信息并存，并适当关注公司未来的环境信息。以主要污染物为例：既要包括玻璃熔窑排放的颗粒物、二氧化硫、氮氧化物、氨，还应包括施胶、喷涂等工序排放的 VOCs。以防治污染设施的建设和运行情况为例：应加强对颗粒物、VOCs 无组织排放管控措施等情况的说明；加强对脱硫渣、脱硝废催化剂处理处置情况的说明。以执行的污染物排放标准为例：玻璃熔窑烟气排放执行《平板玻璃工业大气污染物排放标准》（GB 26453—2011）、《电子玻璃工业大气污染物排放标准》（GB 29495—2013）、《工业炉窑大气污染物排放标准》（GB 9078—1996）或地方污染物排放标准（河北、河南、山东、重庆、广东、天津等地颁布实施了地方污染物排放标准）。企业应说明执行的排放标准及排放限值。

（2）玻璃行业上市公司全面披露环境信息

《落实〈关于构建绿色金融体系的指导意见〉的分工方案》（银办函〔2017〕294号）提出：到 2020 年底强制要求所有上市公司披露环境信息。如上文所述，2019

年有 5 家属于非重点排污单位的玻璃上市公司未进行环境信息披露。这些公司多属于玻璃深加工行业，虽然没有玻璃熔窑烟气排放，但仍会在施胶等工序排放大气污染物，或者清洗等工艺废水和生活污水。相关企业应根据要求积极开展环境信息披露工作。

（3）推动第三方机构参与环境信息披露工作，提升环境信息披露质量

目前，大多数玻璃企业对环境信息披露具有选择性，只披露对其有利的信息，仅个别企业披露了环保处罚及整改情况。亟需培育第三方专业机构（如行业协会、联盟、科研院所等）为上市公司和发债企业提供环境信息披露服务，参与采集、研究和发布企业环境信息与分析报告，并且通过第三方机构对企业环境信息披露进行鉴证与审核，使信息披露更加规范化和透明化。通过第三方机构的介入，可以进一步提升披露环境管理、绩效及环境信息的沟通等方面指标的完整性、真实性和准确性，增强环境信息披露文件的可读性。

（4）强化环境信息披露的奖惩机制

我国缺乏对披露质量高的企业的奖励措施。从处罚角度来看，较低的违法成本会造成企业存在侥幸心理以及环境问题整改的惰性明显；而奖励措施的缺失，使得披露质量差的企业不会受到额外惩罚，披露质量好的企业得不到肯定，没有同行业优秀企业作为参照，企业进行环境披露尤其是负面信息披露的动力不足。因此，环境信息披露的奖惩机制应当与强制性环境信息披露框架配套实施。如编制玻璃行业上市公司环境信息披露绿色指数（corporate environmental disclosure index，CEDI）、开展上市公司环保领跑者评价等，并且对表现优秀的上市公司提供实质性的政策支持，以此激发上市公司披露环境信息的内在动力。

（5）加强相关管理部门沟通和协作

完善环境信息披露相关部门的信息交流沟通机制和联合协作机制，进一步推动上市公司提升环境信息披露的及时性和有效性。这一机制的重点是重视污染上市公司环境违法信息、污染排放和环境绩效信息的沟通共享，减少信息采集时造成的资源浪费，也为社会公众在收集相关信息时提供更多的便利，使得环境监管动态与污染排放信息能够及时传递给相关管理机构与市场主体，从而为推动上市公司环境信息及时、有效地披露奠定信息基础。

（6）构建全方位监管监督体系

通过全方位监督体系的建立，外部监督和内部监督互相加强，法律监督作用充分发挥，促使上市公司能够依法积极履行环境信息披露义务。企业外部，主要包括政府监管和公众监督。政府应加强信息公开能力建设，积极履行监督义务。媒体舆论监督是公众监督的有效方式之一，能够在上市公司披露环境信息违规时，对环境信息进行二次披露，从而对上市公司施加舆论压力，迫使其改正违规行为，提高环境治理水平。企业内部，应加强自我监管，从源头上杜绝违规现象的发生。第一，践行绿色环保理念，提升员工环保意识，使整个企业融合在环境和经济协调发展的氛围中。第二，建立专职环保机构，对企业的环境行为进行监管，督促企业依法履行环保义务，纠正企业违法环境行为。

5.7　排污许可证现场执法检查案例

5.7.1　现场检查要点清单

以平板玻璃为例，排污许可证废气现场执法检查要点清单如表 5-3 所列。

表 5-3　平板玻璃企业排污许可证废气现场执法检查要点清单

检查环节		检查要点
废气排放合规性检查	排放口合规性检查	（1）废气主要排放口、一般排放口基本情况，包括有组织排放口地理坐标、数量、内径、高度与排放污染物种类等与许可要求的一致性。 （2）排放口设置的规范性等
	排放浓度与许可浓度一致性检查	（1）采用的废气治理设施与排污许可登记事项的一致性。 （2）废气治理设施运行及维护情况。 （3）各主要排放口和一般排放口颗粒物、二氧化硫、氮氧化物、氯化氢、氟化物等污染物排放浓度是否低于许可排放限值
	实际排放量与许可排放量一致性检查	颗粒物、二氧化硫、氮氧化物的实际排放量是否符合年许可排放量的要求
环境管理合规性检查	自行监测情况检查	废气自行监测的执行情况，以及废气自行监测的监测点位、监测因子、监测频次是否符合排污许可证要求
	环境管理台账执行情况检查	环境管理台账（内容、形式、频次等）是否符合排污许可证要求
	执行报告上报执行情况检查	执行报告内容和上报频次等是否符合排污许可证要求
	信息公开情况检查	排污许可证中涉及的信息公开事项等是否公开

5.7.2　废气排放合规性检查

5.7.2.1　排放口合规性检查

现场核实废气排放口（主要排放口和一般排放口）地理位置、数量、内径、高度与排放污染物种类等与许可要求的一致性。根据《排污口规范化整治技术要求（试行）》（环监〔1996〕470 号）等国家和地方相关文件要求，检查废气排放口、采样口、环境保护图形标志牌、排污口标志登记证是否符合规范要求。例如：排气筒应设置便于采样、监测的采样口，采样口的设置应符合相关监测技术规范的要求；排污单位应按照《环境保护图形标志　排放口（源）》（GB 15562.1—1995）的规定，设置与之相适应的环境保护图形标志牌等。

核实原料破碎系统、备料与贮存系统、配料系统、燃料供应单元（燃石油焦系统、煤气发生炉、贮油设施等）、液氨/氨水贮存系统无组织排放源的管控要求与排污许可证的一致性。

5.7.2.2　排放浓度与许可浓度一致性检查

（1）采用污染治理设施情况

以核发的排污许可证为基础，现场核实玻璃熔窑烟气治理设施是否与登记事项一致，名称、工艺、设施参数等必须符合排污许可证的登记内容。对废气治理设施是否属于污染防治可行技术进行检查，利用可行技术判断企业是否具备符合规定的污染防治设施或污染物处理能力。在检查过程中发现废气治理设施不属于可行技术的，需在后续的执法中关注排污情况，重点对达标情况进行检查。

（2）污染治理设施运行情况

各废气治理设施是否正常运行，以及运行和维护情况。主要从以下几个方面进行检查：

① 查看烟囱处的烟气温度判断旁路是否完全关闭。

② 查阅脱硫剂台账，核实使用量是否合理。查看脱硫剂系统风机电流是否大于空负荷电流，判断脱硫设施是否正常启用。

③ 查阅中控系统或台账等工作记录，检查静电除尘电流、电压是否正常，以及布袋除尘器压差、喷吹压力等数据是否有异常波动及其原因，判断设施是否正常运行。

④ 查看电场数量，判断运行电场数量的比例是否正常。

⑤ 查看烟温是否达到脱硝反应窗口温度，烟温低于催化剂要求温度时无法保证脱硝效率。

⑥ 检查正常工况下，实际喷氨量与设计喷氨量是否一致，判定脱硝设施是否正常运行。

⑦ 检查脱硝设施运行参数的逻辑关系是否合理，如入口氮氧化物变化不大的情况下，还原剂流量与出口氮氧化物浓度呈反向关系；负荷较低、烟温达不到脱硝反应窗口温度时间段，曲线中出口氮氧化物浓度是否与入口浓度基本一致（由于还原剂停止加入，出口氮氧化物浓度会逐步上升至与入口氮氧化物浓度一致）。通过 DCS 实时数据和历史曲线，判断还原剂流量、稀释风机或稀释水泵电流是否正常。

⑧ 现场检查无组织管控措施是否符合规定。原料破碎系统、备料与储存系统、配料系统、燃料供应单元（燃石油焦系统、煤气发生炉、贮油设施等）、液氨/氨水储存系统的密闭情况，以及切换备用设备时的运行情况。

（3）污染物排放浓度满足许可浓度要求情况

各主要排放口和一般排放口颗粒物、二氧化硫、氮氧化物、氯化氢、氟化物等污染物浓度是否低于许可浓度限值要求。

排放浓度以资料核查为主，通过登录在线检测系统查看废气排放口自动检测数据，结合执法监测数据、自行监测数据进一步判断排放口的达标情况。

5.7.2.3　实际排放量与许可排放量一致性检查

实际排放量为正常和非正常排放量之和。根据检查获取的废气排放口有效自动监测数据，计算废气有组织排放口颗粒物、二氧化硫、氮氧化物实际排放量，进一步判断是否满足年许可排放量要求。在检查过程中，对于应采用自动监测的排放口或污染物而未采用的企业，实际排放量采用物料衡算法或产排污系数法核算污染物的实际排放量，且均按直接排放进行核算。平板玻璃行业排污单位如含有适用其他行业排污许可技术规范的生产设施，大气污染物的实际排放量为涉及各行业生产设施实际排放量之和。

5.7.3 环境管理合规性检查

5.7.3.1 自行监测情况检查

主要核查排污单位是否按《排污单位自行监测技术指南 平板玻璃工业》（HJ 988—2018）等相关要求严格执行大气污染物监测制度，以及是否自行监测大气污染物的产生情况，是否按照排污许可证的要求确定污染物的监测点位、监测因子与监测频次。尤其是废气自动监控设施的检查，包括废气采样及预处理单元、分析单元、公用工程等单元，按照《固定污染源烟气（SO_2、NO_x、颗粒物）排放连续监测技术规范》（HJ 75—2017）、《固定污染源烟气（SO_2、NO_x、颗粒物）排放连续监测系统技术要求及检测方法》（HJ 76—2017）、《固定源废气监测技术规范》（HJ/T 397—2007）、《污染源自动监控设施现场监督检查技术指南》（环办〔2012〕57 号）等标准和相关文件的要求，结合在线监测设施的运维记录，核查废气污染源在线自动监控设施的安装、联网以及定期校核等运维情况，大气污染物在线监测数据的达标情况等。

5.7.3.2 环境管理台账执行情况检查

主要检查企业环境管理台账的执行情况，包括是否有专人记录环境管理台账，环境管理台账记录内容的及时性、完整性、真实性以及记录频次、形式的合规性。重点检查产生废气的生产设施的基本信息、废气治理设施的基本信息、废气监测记录信息、运行管理信息和其他环境管理信息等。

5.7.3.3 执行报告上报执行情况检查

查阅排污单位执行报告文件及上报记录。检查执行报告上报频次和主要内容是否满足排污许可证要求。企业应根据《排污许可证申请与核发技术规范 玻璃工业 平板玻璃》（HJ 856—2017）相关规定，编制执行报告。报告分年度执行报告、半年执行报告、月度/季度执行报告。

某平板玻璃企业年度执行报告中，对有组织废气污染物超标时段小时均值的记录如表 5-4 所列。

表 5-4 有组织废气污染物超标时段小时均值报表

超标时段（略）	生产设施编号（略）	排放口编号（略）	超标污染物种类	实际排放浓度（折算）/（mg/m³）	超标原因说明
2020-××-××～2020-××-××	××	××	二氧化硫	157.0	脱硫系统反吹脉冲阀故障
2020-××-××～2020-××-××	××	××	颗粒物	26.7	脱硫系统反吹脉冲阀故障
2020-××-××～2020-××-××	××	××	二氧化硫	200.0	设备故障
2020-××-××～2020-××-××	××	××	颗粒物	42.4	设备故障
2020-××-××～2020-××-××	××	××	氮氧化物	1732.0	设施升级改造

续表

超标时段（略）	生产设施编号（略）	排放口编号（略）	超标污染物种类	实际排放浓度（折算）/（mg/m³）	超标原因说明
2020-××-××～2020-××-××	××	××	氮氧化物	828.0	设备检修
2020-××-××～2020-××-××	××	××	二氧化硫	226.0	校表
2020-××-××～2020-××-××	××	××	氮氧化物	1332.0	校表

资料来源：数据来源于"全国排污许可证管理信息平台"。

某平板玻璃企业年度执行报告中，对废气污染治理设施异常情况的记录如表 5-5 所列。

表 5-5　废气污染治理设施异常情况表

超标时段 开始时段～结束时段（略）	故障设施（省略设施编号）	故障原因	排放因子浓度/（mg/m³）		应对措施
			污染因子	排放浓度	
2020-××-××～2020-××-××	SCR 脱硝	厂区供电电源倒闸切换，导致环保设施异常运行，污染物超标排放	氮氧化物	543.29	报当地生态环境局，待切换电完成后尽快恢复环保设施正常运行
2020-××-××～2020-××××	石灰石/石灰脱硫	厂区供电电源倒闸切换，导致环保设施异常运行，污染物超标排放	二氧化硫	103	报当地生态环境局，待切换电完成后尽快恢复环保设施正常运行
2020-××-××～2020-××-××	石灰石/石灰脱硫	脱硫脱硝除尘一体化设备更换换热器进口闸板	二氧化硫	102.53	报当地生态环境局，尽快完成闸板更换，恢复环保设施正常运行
2020-××-××～2020-××-××	二电场静电除尘器	更换一体化设备前换热器进口闸板	颗粒物	48.75	报当地生态环境局，尽快完成闸板更换，恢复环保设施正常运行

资料来源：数据来源于"全国排污许可证管理信息平台"。

5.7.3.4　信息公开情况检查

主要包括是否开展了信息公开，信息公开是否符合相关规范要求。主要核查信息公开的公开方式、时间节点、公开内容与排污许可证要求相符性。公开内容应包括但不限于颗粒物、二氧化硫、氮氧化物排放浓度、排放量、自行监测结果等。

5.8　排污许可证后监管相关问题的思考

5.8.1　关于玻璃炉窑非正常工况时达标判定的思考

5.8.1.1　现行排污许可技术规范对非正常工况达标判定的要求

《污染源源强核算技术指南　平板玻璃制造》（HJ 980—2018）规定，非正常排放指生产设施或污染防治（控制）设施非正常状况下的污染物排放，如余热锅炉检修（包括清灰、锅炉炉管更换等），除尘、脱硫、脱硝设施故障或备用污染防治（控制）设施切换等非正常状况，不包括点火启动烤窑阶段和放玻璃水停窑阶段。

现行排污许可技术规范对非正常工况达标判定的要求如表 5-6 所列。

表 5-6　现行排污许可技术规范对非正常工况达标判定的要求

标准名称	技术内容
《排污许可证申请与核发技术规范　玻璃工业—平板玻璃》（HJ 856—2017）	对于已建备用污染治理设施且已拆除旁路或实行旁路挡板铅封的平板玻璃工业排污单位，非正常情况切换脱硝设备时，脱硝设施启动 6h 内的氮氧化物排放数据可不作为合规判定依据
《排污许可证申请与核发技术规范　工业炉窑》（HJ 1121—2020）	对于工业炉窑排污单位非金属焙（煅）烧炉窑（耐火材料窑、石灰窑）等设施启停、设备故障、检维修等情况，应通过加强正常运营时污染物排放管理、减少污染物排放量的方式，确保全厂污染物实际年排放量（正常排放+非正常排放）满足年许可排放量要求

如表 5-6 所列，现行排污许可技术规范相关要求不够细致，本书结合玻璃炉窑实际特点，针对非正常工况下玻璃炉窑大气污染物排放浓度达标判定提出以下建议。同时，玻璃企业还应关注以下注意事项：

①　玻璃企业在出现非正常生产运行情况时，应提前或及时向生态环境管理部门备案或报告。

②　对于玻璃企业炉窑启停、热修、环保设施检修等情况，应通过加强正常运营时污染物排放管理、减少污染物排放量的方式，确保全厂污染物实际年排放量（正常排放+非正常排放）满足年许可排放量要求。

5.8.1.2　炉窑热修阶段大气污染物达标判定

随着炉龄的增加，因耐火材料质量和工艺操作的失误等诸多因素，造成炉窑局部透气、穿火等烧损现象，影响炉窑的正常运行，严重时必须停产冷修，给玻璃企业生产带来极坏后果。通过采取热修技术来延长炉窑的使用寿命，从而实现更大的经济效益。炉窑热修主要是拆开蓄热室，疏通格子体以及拆开烟道进行清灰等工作，每次需 1～3d 时间。在此期间，炉窑对外开口，大量冷风进入烟气，导致环保设施无法正常运行。

建议：玻璃炉窑热修 72h 内的大气污染物排放数据可不作为达标判定依据。

5.8.1.3　环保设施检修阶段大气污染物达标判定

根据实际工况，环保设施需定期检修，如清理管道烟尘、更换除尘布袋和脱硝系统催化剂等。基于调查结果，部分环保设施检修时间如下：电除尘+SCR 两个处理单元同时清灰需要 28h；电除尘器配件更换（如电除尘器的振打锤和绝缘子出现故障、电极板短路等需换件或校正）需要 36h；更换布袋除尘器的布袋需要 48h；清理陶瓷管积尘或更换陶瓷管需要 96h；更换脱硝催化剂并升温至脱硝正常工况需要 48h。

建议：玻璃炉窑环保设施检修期间相应的大气污染物排放数据可不作为达标判定依据。

同时，参照《排污许可证申请与核发技术规范　玻璃工业—平板玻璃》（HJ 856—2017），建议：对于已建备用污染治理设施的玻璃企业，非正常情况切换脱硝设施时，脱硝设施启动 6h 内的氮氧化物排放数据可不作为达标判定依据。

5.8.1.4 美国平板玻璃企业非正常生产期间排污许可要求借鉴

在美国联邦排污许可证制度体系下，平板玻璃企业排放许可管理的是大气污染物，主要包括颗粒物、二氧化硫和氮氧化物，有的地区还包括挥发性有机物和重金属。相应的污染源有玻璃窑或生产线、除尘器、应急发电机等；有的地区还把切割刀轮润滑油、加工玻璃磨边粉尘列入污染源。

在正常生产期间，玻璃厂排放源应满足日常排放限值要求，一般为 30d 值。此外，美国各州玻璃厂排污许可证还对烤窑和熔窑维护、污染控制设施维护以及低产率等非正常生产期间的排放作出细化规定。常见的控制有三种方式，且这三种方式可组合使用：一是采取总量控制，即非正常生产期间排放计入年度排放总量，排放浓度可取得豁免，待正常后重新开始按照 30d 均值进行控制；二是限定非正常生产总时长，在此期间，排放浓度可取得豁免；三是限定非正常生产期间的排放量。

（1）烤窑期间排污许可相关要求

熔窑、锡槽和退火窑是玻璃生产线的三大热工设备。浮法玻璃窑一般采用热风烤窑，我国熔窑烤窑时间一般在 25～30d，锡槽烤窑时间一般在 20d，退火窑烤窑时间约为 6d，国外的烤窑时间一般比我国的长。如遇到突发情况，烤窑时间会延长。美国地方环保局均将平板玻璃生产企业烤窑期间作为非正常生产工况，在排污许可证中予以明确规范。

1）烤窑期内的排放浓度豁免

多数州环保部门直接豁免烤窑期间污染排放浓度要求，豁免期各地不尽相同。密歇根州对浮法玻璃生产线烤窑期间污染排放浓度豁免期不超过 30d。烤窑期间的排放可不计入 30d 均值浓度限值。个别州规定企业可申请烤窑期间排放浓度豁免，例如，美国环保局规定企业业主或者运营方可申请烤窑期间排放浓度豁免，环保部门有权决定是否豁免，且规定平板玻璃窑从烤窑开始到主燃料系统投运的豁免期不超过 104d。宾夕法尼亚州对平板玻璃炉窑从烤窑开始计算的 NO_x 排放豁免期不超过 104d。环保部门批准豁免申请的依据是企业提交的信息是否充分，包括明确所采用的污染控制技术或工艺策略，描述阻碍控制设施有效运行的主要物理条件，提供合理而精确的预计何时可使污染控制设施有效运行。

2）限定烤窑期排放总量

美国密歇根州要求确定烤窑期时长、燃料用量和主要污染物排放量，对某 650t/d 浮法玻璃生产线烤窑期不超过 30d，NO_x 和 SO_2 24h 排放总量分别为 6996 磅（3173kg）和 3224 磅（1462kg），且对颗粒物排放浓度不作要求。

3）环保设施运行的规定

在烤窑期间，废气处理设施系统正常运行所需温度和流量条件达不到，烟气可以不引入污染控制设施中，采取旁路排放，但旁路排放期间燃料消耗不得超出规定要求。例如，美国密歇根州发给某 600t/d 浮法玻璃生产线的排污许可证中规定，烤窑期的最初 30d 内，烟气可旁路排放，但熔窑天然气日用量不得大于 500 万立方英尺（$1.42\times10^5m^3$），主要污染物不超出给定的排放限值。美国环保局和宾夕法尼亚环保局均规定，NO_x 治理设施从烤窑开始计算的豁免期最多为 208d。另外，各州都有一条原则性规定，即一旦污染控制技术可行和适用时企业应运行污染控制设施。

（2）影响系统正常运行的生产操作期间排污许可相关要求

常规和突发的窑炉热修、燃料品种调整、重大的生产工艺变化期间可能都会出现超标排放，相应地，美国允许玻璃厂每年有窑炉维护。时长由各地规定，有的允许企业每年 144h 各种维护检修时间；俄克拉荷马州允许企业每年 360h 窑炉维护时间；华盛顿州允许某浮法玻璃厂每年 200h 的测试和运行维护时间，并对该期间的排放浓度实施豁免，放宽蓄热室清堵作业的 NO_x 排放限值，要求清堵作业计划安排应减少对周边空气质量影响。

（3）污染治理设施检修期间排污许可相关要求

污染治理设施检修期间的排放要求，也有检修时长、浓度豁免和总量限制方面的规制要求。俄克拉荷马州准许玻璃厂每年有 36h 空气污染防控设施维护时间，在检修期间的排放计入年度总量，且不得突破年度 NO_x 排放总量 250t 的最高限额。宾夕法尼亚州规定，如果 NO_x 治理设施停运，玻璃炉窑每天排放的单位玻璃 NO_x 总量不超过 7.0 磅/t 乘以每天的玻璃拉引量。

（4）低产率期间排污许可相关要求

低产率主要出现在窑炉寿命后期窑况欠佳时期，窑炉玻璃熔化率降低，造成减产。此外，由于市场低迷，库存压力大，有的生产企业也会采取主动降产措施。低产率期间污染物排放总量会降低，但单位玻璃污染物排放量会增加。一般地，玻璃生产线单日生产效率低于额定规模 35%且至少持续 1h，被称为非正常低产率。密歇根州对某 650t/d 浮法玻璃生产线非正常低产率规定为不超过 228t/d。该期间排放量可不计入 30d 平均限值计算。

（5）停窑期间排污许可相关要求

宾夕法尼亚州规定，从熔窑产量或燃料使用低于正常生产 25%到停窑可得到排放浓度豁免，但不得超过 20d；同时，玻璃熔窑的所有者或经营者应按部门或经核准的当地空气污染控制机构的要求，使用可行的排放控制技术和设施，以尽量减少排放量。

美国平板玻璃企业生产许可证普遍要求对非正常生产进行报告。有的州要求企业在烤窑实施前提交烤窑计划。美国环保局规定，企业业主或者运营方应提前 30d 向环保部门提交书面材料，包括烤窑期间详细的活动清单，并解释每项活动所需的时间；描述物质消耗速率、系统操作参数，以及在工艺优化过程中业主或运营方计划评估的其他信息。有的州要求在不正常工况、烤窑、停窑或故障发生后 2 个工作日内向当地环保部门报告，报告的形式可以是口头、电子或书面。密歇根州规定，在烤窑和停窑之后 10d 出具书面报告，在非正常工况或故障被发现的 30 个工作日内或得到解决后 10d 内，选择二者中最早的时间点向环保部门提交书面报告。

5.8.2　关于启停窑阶段大气污染物达标判定的思考

《排污许可证申请与核发技术规范　水泥工业》（HJ 847—2017）规定：水泥窑冷点火时（从点火升温、投料到稳定运行）36h（大面积更换耐火砖及冬季时，时间可适当延长）、热点火时（从点火升温、投料到稳定运行，窑尾烟室温度高于 400℃）8h、停窑 8h 内窑尾二氧化硫和氮氧化物排放浓度均不视为违反许可排放浓度限值。

而《排污许可证申请与核发技术规范 玻璃工业—平板玻璃》（HJ 856—2017）、《排污许可证申请与核发技术规范 工业炉窑》（HJ 1121—2020）等标准未对启停窑阶段大气污染物达标判定作出规定。

玻璃炉窑建成后，需将炉窑从常温经 7～14d 逐步烤窑升温至 1100℃左右，换用正常燃烧设备升温至 1350℃左右；后经 3～5d 逐步投入易融的碎玻璃与小量粉料，待炉窑火焰空间温度达到 1580℃左右方可正常加入配合料；再经 3～5d 达到生产所需的玻璃液面线，然后进行放料和试生产；但整个窑炉的系统温度达到热力学平衡与稳定的状态还需要 10～14d，届时烟气温度达到 300℃左右。此时，炉窑耐材水分基本蒸发完毕，脱硫、脱硝设备具备运行条件，否则低温湿烟气将导致脱硫、脱硝、除尘设备内产生严重结露、析水现象，致使设备损坏或报废。因此整个烤窑过程需 23～38d，冬季受气温影响，窑尾烟气温度达到脱硝的温度条件还要延长 5d 左右。

建议：玻璃炉窑冷点火时（从点火烤窑升温、投料至稳定运行）30d（冬季时间可适当延长至 35d）内的大气污染物排放数据可不作为达标判定依据。

玻璃生产线运行到了一定的年限，就要进行相应的冷修改造，以确保安全生产、技术提高和产品升级的需要。冷修改造前期包括止火、放水等工作，时间约 48h，在此期间达不到烟气治理温度要求。

建议：停窑 48h 内的二氧化硫、氮氧化物排放数据可不作为达标判定依据。

5.8.3 关于玻璃炉窑换向阶段大气污染物达标判定的思考

由于工艺和节能的需要，蓄热式马蹄焰（横火焰）玻璃炉窑每 20～30min 要进行一次火焰换向，废气和被预热的煤气交替地流经蓄热室，换向时原燃烧侧蓄热室和煤气道内（根据炉窑大小不同）有 30～100m³ 煤气要通过烟囱排放至大气。虽然有煤气回收装置，但换火时仍有部分煤气蓄热室中的煤气被反向回至烟道排出。发生炉煤气成分含量如表 5-7 所列。

表 5-7 发生炉煤气成分含量　　　　　　　单位：%

项目	H_2	CO	CO_2	N_2	CH_4	O_2	H_2S
单段炉	7～10	23～27	6～8	48～54	1.5～3	0.1～0.5	0.04
两段炉	11～15	27～31	3～5	46～52	1.5～3	0.1～0.5	0.04

检测结果显示，炉窑换向时烟气在线监测数据波动相对较大，二氧化硫数值瞬间升高，峰值达到 1500mg/m³（正常情况下二氧化硫产生浓度为 800～1200mg/m³）。部分企业认为一氧化碳对二氧化硫的检测结果产生了干扰。

二氧化硫的测定可分为短期测定和连续测定。在短期测定时如采用定电位电解法，应注意一氧化碳的干扰。《固定污染源废气 二氧化硫的测定 便携式紫外吸收法》（HJ 1131—2020）、《固定污染源废气 二氧化硫的测定 非分散红外吸收法》（HJ 629—2011）等标准未提及一氧化碳对二氧化硫的干扰。我国烟气自动监控系统（CEMS）测量二氧化硫应用最广泛的是完全抽提+红外吸收法和完全抽提+紫外吸收法。采用完全抽提+红外吸收法时，水和二氧化碳在红外区 7.5～5.0μm 几乎完全吸收，与二氧化硫的吸收特征峰完全重叠，应采用伴热抽取去除水和二氧化碳干扰。

换向属于玻璃炉窑正常工况，需确保各类污染物稳定达标排放。对换向时的废气治理提出建议如下所述。

① 优化煤气回收系统，进一步提高煤气回收率。

② 对脱硫设施进行改造。主要改造方法包括：a. 增加脱硫塔高度和直径，提升循环泵流量；b. 采用双托盘技术，增加接触面积，提高脱硫效率；c. 采用单塔双循环、双塔双循环、半干法等技术。

建议：换向属于玻璃炉窑正常工况，应确保各类污染物稳定达标排放。同时，应尽量消除一氧化碳、水分等对二氧化硫检测结果的影响。

5.8.4　关于基准含氧量的思考

目前，山东省地方标准《建材工业大气污染物排放标准》（DB37/ 2373—2018）规定的含氧量为 12%；其他国家和地方标准规定的含氧量为 7.8%～9%。

玻璃炉窑实际运行情况的调研结果显示，平板玻璃企业含氧量平均值为 11.84%；日用玻璃企业含氧量平均值为 11.76%；玻璃纤维企业以纯氧燃烧为主，含氧量平均值为 18.83%。平板玻璃企业含氧量分布情况如图 5-3 所示，日用玻璃企业含氧量分布情况如图 5-4 所示。

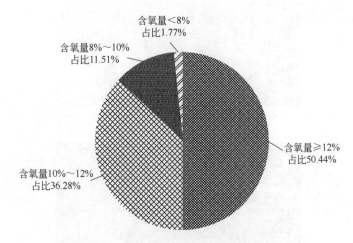

图 5-3　平板玻璃企业含氧量分布情况

对于非纯氧燃烧玻璃熔窑烟气，应同时对排气中含氧量进行监测，实测的排气筒中大气污染物排放浓度，应按相关公式换算为基准含氧量为 8%的大气污染物基准排放浓度，并以此作为达标判定依据。

而对于全电熔窑、坩埚窑、因特殊工艺要求不能采用全封闭形式的玻璃熔窑，其排气筒排气以实测浓度作为达标判定依据，不得稀释排放。

以琉璃为例，我国市场上的琉璃主要是以南方为代表的脱蜡琉璃和以博山（淄博市）

为代表的手工琉璃。热成型琉璃（传统琉璃烧制技艺）的制作工艺主要包括化料、挑料、吹制、塑型、退火等工序。化料采用坩埚窑，如图 5-5 所示，目前无法实现全封闭，其排气筒排气以实测浓度作为达标判定依据。

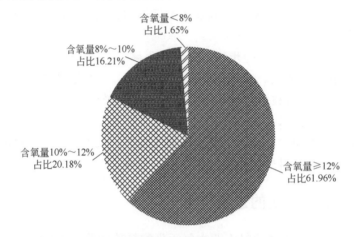

图 5-4　日用玻璃企业含氧量分布情况

(a)

(b)

图 5-5　琉璃坩埚窑

以光学玻璃为例，光学玻璃是一种关键基础材料，广泛应用于航天航空、国防军工、核工业等领域，也大量应用于相机、摄像机、投影仪、安防监控、车载成像、无人机、手机、AR/VR/MR、半导体、医疗健康等民用领域。据统计，2017 年全国光学玻璃产销量 24500t，我国光学玻璃年产量 1.4 万吨。

不同于平板玻璃、瓶罐玻璃、玻璃纤维等产品的大需求、大生产量，光学玻璃的特点是品种多、需求量小，光学玻璃熔炼炉的日出料量多在 0.01～2t 之间，仅极个别产品日出料量在 2t 以上。由于熔炉小，火焰燃烧电助熔炉主要用于硅酸盐、硼酸盐及高铝类光学玻璃生产，此外，由于此类光学玻璃富含 SiO_2、Al_2O_3、ZrO_2 等难熔物质，玻璃气泡结石不易消除，需要天然气充分燃烧；且光学玻璃主要用于成像类光电产品，品质要求非常高，几乎不允许有气泡、结石等缺陷，因此光学玻璃的熔制、澄清时间长，需要温度较高。

为了满足光学玻璃高品质要求，除熔化池外，熔炉其余部分需要使用铂金作为容器皿。为使铂金不被还原损坏以及玻璃组分中的金属氧化物不被还原在高温下损坏铂金器皿，需要氧化气氛。同时为满足光学玻璃光谱透过率指标好的要求，需要在熔炼过程中调控原料中 Fe、Ti 等变价元素的着色离子的价态，这些都要求熔炼炉燃烧气氛为氧化气氛或强氧化气氛，因此，光学玻璃电助熔窑炉需要燃烧气中含氧量过剩幅度明显高于一般民用玻璃行业。

光学玻璃电助熔窑炉烟气处理装置如图 5-6 所示。根据光学玻璃熔炼的特点，需要维持熔炉炉膛的正压力，同时为了将所有开放口的排放物抽入处理装置，需利用风机较大的负压抽取排放口附近的空气，导致排放废气中的含氧量远远超过实际炉内燃烧后的含氧量。

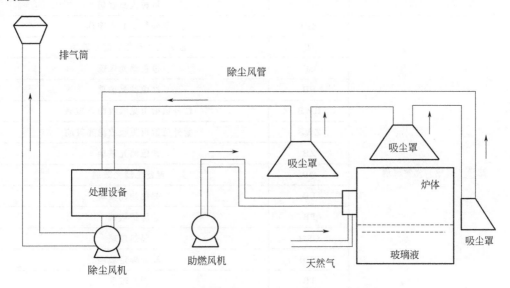

图 5-6　光学玻璃电助熔窑炉烟气处理装置

参考《无色光学玻璃》（GB/T 903—2019）、《滤光玻璃》（GB/T 15488—2010）等标准，涉及因特殊工艺要求不能采用全封闭形式玻璃熔窑的光学玻璃产品类型包括但不限于表 5-8 所列产品。

表 5-8　玻璃产品类型

类别	代号	名称
无色光学玻璃	FK	氟冕玻璃
	QK	轻冕玻璃
	K	冕玻璃
	PK	磷冕玻璃
	ZPK	重磷冕玻璃
	BAK	钡冕玻璃
	ZK	重冕玻璃
	LAK	镧冕玻璃
	KF	冕火石玻璃
	QF	轻火石玻璃
	F	火石玻璃
	BAF	钡火石玻璃
	ZBAF	重钡火石玻璃
	ZF	重火石玻璃
	LAF	镧火石玻璃
	ZLAF	重镧火石玻璃
	TIF	钛火石玻璃
	TF	特种火石玻璃
滤光（有色）光学玻璃	ZJB	紫外截止滤光玻璃
	JB	金黄色（黄色）滤光玻璃
	CB	橙色滤光玻璃
	HB	红色滤光玻璃
	HWB	红外透射可见吸收滤光玻璃
	ZWB	紫外透射可见吸收滤光玻璃
	ZB	紫色滤光玻璃
	QB	青蓝色滤光玻璃
	LB	绿色滤光玻璃
	FB	防护玻璃
	GRB	隔热玻璃
	PNB	波长标定玻璃
	TB	天光玻璃
	SSB/SJB	色温变换玻璃
	ZAB	中性暗色滤光玻璃
其他光学玻璃	—	防耐辐射玻璃

类别	代号	名称
其他光学玻璃	—	结晶化玻璃
	—	红外玻璃
	—	激光玻璃
	—	高铝玻璃
	—	紫外及深紫外玻璃
	—	封接玻璃
	—	封装玻璃
	—	透气玻璃
	—	半导体晶圆玻璃

5.8.5　关于基准排气量的思考

目前，国内部分玻璃企业（平板玻璃、玻璃纤维）采用纯氧燃烧技术，实测废气含氧量 15%～20%，波动较大。采用纯氧燃烧技术的企业，按基准排气量折算基准排放浓度，并以此作为判定排放是否达标的依据。

《平板玻璃工业大气污染物排放标准》（GB 26453—2011）、《排污许可证申请与核发技术规范 玻璃工业—平板玻璃》（HJ 856—2017）、《平板玻璃工业大气污染物超低排放标准》（DB13/ 2168—2020）、《建材工业大气污染物排放标准》（DB37/ 2373—2018）、《玻璃工业大气污染物排放标准》（DB44/ 2159—2019）规定：平板玻璃单位玻璃液基准排气量（纯氧燃烧）为 3000m³/t。

日用玻璃制品基准排气量略为复杂，不同产品能耗和废气排放量有所差异。硼硅玻璃器皿能耗较高，根据《玻璃器皿单位产品能源消耗限额》（QB/T 5362—2019）的规定，硼硅玻璃器皿（天然气）单位玻璃液熔化能耗（标准煤）限额（准入值）≤500kg/t；微晶玻璃能耗较高，根据浙江省地方标准《玻璃单位产品能耗限额及计算方法》（DB33/ 682-2013）的规定，微晶玻璃单位产品综合能耗（标准煤）限额（准入值）≤850kg/t（包括配料、熔制、压延、退火、晶化工序）。两类产品的单位玻璃液基准废气排放量为 4500m³/t。

因此，建议不同玻璃和矿物棉产品的基准排气量按表 5-9 规定执行，未规定基准排气量的以实测排放浓度作为达标判定依据，不得稀释排放。

表 5-9　基准排气量

序号	产品类型	单位玻璃液基准排气量/（m³/t）
1	硼硅玻璃[①]/微晶玻璃[②]	4500
2	浮法钠钙硅平板玻璃、光伏压延玻璃、玻璃纤维、玻璃瓶罐、玻璃器皿、玻璃保温容器、玻璃棉	3000

① 硼硅玻璃是指硼含量≥12%的玻璃。

② 微晶玻璃是指将特定组成的基础玻璃，在加热过程中通过控制晶化而制得的一类含有微晶相及玻璃相的多晶固体材料。

第6章
污染防治可行技术

6.1 一般要求

玻璃和矿物棉行业污染防治可行技术依据《排污许可证申请与核发技术规范 玻璃工业 平板玻璃》(HJ 856—2017)、《排污许可证申请与核发技术规范 工业炉窑》(HJ 1121—2020)、《排污许可证申请与核发技术规范 陶瓷砖瓦工业》(HJ 954—2018)等技术规范，技术总结如表 6-1～表 6-6 所列。

表 6-1 平板玻璃工业排污单位废气污染防治可行技术

环境要素	排放口	主要污染物	燃料名称	可行技术
废气有组织排放	原料破碎、筛分、储存、称量、混合、输送、投料等通风生产设备对应排气筒	颗粒物	所有燃料	袋式除尘器、电除尘器、电袋复合除尘器
	玻璃熔窑对应排气筒	颗粒物	所有燃料	高温电除尘器+袋式除尘器、高温电除尘器+湿式电除尘器
		二氧化硫	所有燃料	湿法脱硫技术（石灰石/石灰-石膏法）、半干法脱硫技术（烟气循环流化床法）
		氮氧化物	天然气	纯氧燃烧技术、选择性催化还原法（SCR）、低氮燃烧+选择性催化还原法（SCR）组合降氮技术
			发生炉煤气、焦炉煤气、重油、煤焦油、石油焦	选择性催化还原法（SCR）、低氮燃烧+选择性催化还原法（SCR）组合降氮技术
废气无组织排放	—	颗粒物	所有燃料	在原料破碎、筛分、储存、称量、混合、输送、投料等阶段封闭操作，在各转载及下料口等产尘点设立局部或整体气体收集系统和净化处理装置，硅质原料的均化在密闭的均化库中进行，煤炭储存于储库、堆棚中

注：摘自《排污许可证申请与核发技术规范 玻璃工业 平板玻璃》(HJ 856—2017)。

表 6-2　平板玻璃工业排污单位废水污染防治可行技术

排放方式	类型	主要污染物	可行技术
循环回用	原料车间冲洗废水	pH 值、悬浮物、化学需氧量、石油类	混凝+沉淀、混凝+沉淀+过滤等组合处理技术
	余热锅炉循环冷却排污水	pH 值、悬浮物、化学需氧量、氨氮	反渗透等深度处理技术
	生产设备循环冷却排污水	pH 值、悬浮物、化学需氧量、氨氮	反渗透等深度处理技术
	软化水制备系统排污水	pH 值、悬浮物、化学需氧量	混凝+沉淀、混凝+沉淀+过滤等组合处理技术
	脱硫废水	悬浮物、化学需氧量、氟化物、硫化物、总汞、总镉、总铬、总砷、总铅、总镍、总锌	中和+絮凝+沉淀组合处理技术
	含酚废水	化学需氧量、挥发酚、总氰化物、硫化物	破乳+萃取+生化组合处理技术
	含油废水	悬浮物、化学需氧量、石油类	隔油+混凝+气浮组合处理技术
	生活污水	pH 值、悬浮物、化学需氧量、五日生化需氧量、氨氮、总磷、动植物油	生物处理技术（普通活性污泥法、A/O 法、接触氧化法、MBR 法等）
	初期雨水	悬浮物、化学需氧量、氨氮、石油类、挥发酚、总氰化物、硫化物	隔油+混凝+气浮组合处理技术、破乳+萃取+生化组合处理技术
排入城镇污水集中处理厂	原料车间冲洗废水	pH 值、悬浮物、化学需氧量、石油类	混凝+沉淀、混凝+沉淀+过滤等组合处理技术
	余热锅炉循环冷却排污水	pH 值、悬浮物、化学需氧量、氨氮	反渗透等深度处理技术
	生产设备循环冷却排污水	pH 值、悬浮物、化学需氧量、氨氮	反渗透等深度处理技术
	软化水制备系统排污水	pH 值、悬浮物、化学需氧量	混凝+沉淀、混凝+沉淀+过滤等组合处理技术
	脱硫废水	悬浮物、化学需氧量、氟化物、硫化物、总汞、总镉、总铬、总砷、总铅、总镍、总锌	中和+絮凝+沉淀组合处理技术
	含酚废水	化学需氧量、挥发酚、总氰化物、硫化物	破乳+萃取+生化组合处理技术
	含油废水	悬浮物、化学需氧量、石油类	隔油+混凝+气浮组合处理技术
	生活污水	pH值、悬浮物、化学需氧量、五日生化需氧量、氨氮、总磷、动植物油	生物处理技术（普通活性污泥法、A/O 法、接触氧化法、MBR 法等）
	初期雨水	悬浮物、化学需氧量、氨氮、石油类、挥发酚、总氰化物、硫化物	隔油+混凝+气浮组合处理技术、破乳+萃取+生化组合处理技术
直接排放地表水体	原料车间冲洗废水	pH 值、悬浮物、化学需氧量、石油类	一级处理（混凝、沉淀、过滤等）或二级处理（普通活性污泥法、A/O 法、接触氧化法、MBR 法等）
	余热锅炉循环冷却排污水	pH 值、悬浮物、化学需氧量、氨氮	反渗透等深度处理技术

续表

排放方式	类型	主要污染物	可行技术
直接排放地表水体	生产设备循环冷却排污水	pH 值、悬浮物、化学需氧量、氨氮	反渗透等深度处理技术
	软化水制备系统排污水	pH 值、悬浮物、化学需氧量	反渗透等深度处理技术
	脱硫废水	悬浮物、化学需氧量、氟化物、硫化物、总汞、总镉、总铬、总砷、总铅、总镍、总锌	一级处理（中和、絮凝、沉淀等）+二级处理（普通活性污泥法、A/O 法、接触氧化法、MBR 法等）+深度处理技术（超滤/纳滤、反渗透等）
	含酚废水	化学需氧量、挥发酚、总氰化物、硫化物	破乳+萃取+生化+深度处理技术（超滤/纳滤、反渗透等）
	含油废水	悬浮物、化学需氧量、石油类	隔油+混凝+气浮+深度处理技术（超滤/纳滤、反渗透等）
	生活污水	pH 值、悬浮物、化学需氧量、五日生化需氧量、氨氮、总磷、动植物油	生物处理技术（普通活性污泥法、A/O 法、接触氧化法、MBR 法等）
	初期雨水	悬浮物、化学需氧量、氨氮、石油类、挥发酚、总氰化物、硫化物	隔油+混凝+气浮+深度处理技术（超滤/纳滤、反渗透等）、破乳+萃取+生化+深度处理技术（超滤/纳滤、反渗透等）

注：摘自《排污许可证申请与核发技术规范 玻璃工业 平板玻璃》（HJ 856—2017）。

表 6-3 工业炉窑（日用玻璃、玻璃纤维）工业排污单位废气污染防治可行技术

主要工艺	污染物种类	可行技术
熔化	颗粒物	袋式除尘、静电除尘、电袋复合除尘
	二氧化硫	采用低硫原料和燃料、干法/半干法脱硫、湿法脱硫

注：摘自《排污许可证申请与核发技术规范 工业炉窑》（HJ 1121—2020）。

表 6-4 工业炉窑（日用玻璃、玻璃纤维）工业排污单位废水污染防治可行技术

主要工艺	污染物种类	可行技术
脱硫废水	pH值、总砷、总铅、总汞、总镉	中和、絮凝、沉淀、过滤、超滤、反渗透
冷却水排污水	pH 值、化学需氧量	中和、絮凝、沉淀、过滤
生活污水	pH值、悬浮物、化学需氧量、五日生化需氧量、氨氮、总磷、动植物油	生物处理技术（普通活性污泥法、A/O 法、接触氧化法、MBR 法等）
全厂综合生产废水	pH 值、悬浮物、化学需氧量、氨氮、氟化物、石油类、硫化物、挥发酚	一级处理（中和、隔油、氧化、沉淀等）+二级处理（絮凝/混凝、澄清、气浮、浓缩、过滤等）+深度处理（蒸发干燥或蒸发结晶、超滤/纳滤、反渗透等）

注：摘自《排污许可证申请与核发技术规范 工业炉窑》（HJ 1121—2020）。

表 6-5　矿物棉工业排污单位废气污染防治可行技术

排放口	主要污染物	燃料名称	可行技术
冲天炉、熔化炉、池窑等	颗粒物	所有燃料	袋式除尘、电除尘、湿式电除尘等技术，可根据需要采用多级除尘
	二氧化硫	除天然气外所有燃料	湿法脱硫技术、干法/半干法脱硫技术等
	氮氧化物	所有燃料	SNCR、清洁生产技术、其他组合降氮技术
集棉机、固化炉	颗粒物、甲醛、非甲烷总烃	所有燃料	收尘（岩棉板过滤）、光催化、焚烧炉、活性炭吸附
混料机、成型机等	颗粒物	—	袋式除尘、电除尘等技术，可根据需要采用多级除尘
生产过程中配料、输送等对应排放口	颗粒物	—	袋式除尘

注：摘自《排污许可证申请与核发技术规范 陶瓷砖瓦工业》（HJ 954—2018）。

表 6-6　涉挥发性有机物 VOCs 工序污染防治可行技术

技术类型	技术内容
源头和过程控制	（1）鼓励使用通过环境标志产品认证的环保型涂料、油墨、胶黏剂和清洗剂 （2）根据涂装工艺的不同，鼓励使用水性涂料、高固分涂料、粉末涂料、紫外光固化（UV）涂料等环保型涂料；推广采用静电喷涂、淋涂、辊涂、浸涂等效率较高的涂装工艺；应尽量避免无 VOCs 净化、回收措施的露天喷涂作业 （3）含 VOCs 产品的使用过程中，应采取废气收集措施，提高废气收集效率，减少废气的无组织排放与逸散，并对收集后的废气进行回收或处理后达标排放
末端治理与综合利用	（1）在工业生产过程中鼓励 VOCs 的回收利用，并优先鼓励在生产系统内回用 （2）对于含高浓度 VOCs 的废气，宜优先采用冷凝回收、吸附回收技术进行回收利用，并辅助以其他治理技术实现达标排放 （3）对于含中等浓度 VOCs 的废气，可采用吸附技术回收有机溶剂，或采用催化燃烧和热力焚烧技术净化后达标排放。当采用催化燃烧和热力焚烧技术进行净化时，应进行余热回收利用 （4）对于含低浓度 VOCs 的废气，有回收价值时可采用吸附技术、吸收技术对有机溶剂回收后达标排放；不宜回收时，可采用吸附浓缩燃烧技术、生物技术、吸收技术等净化后达标排放

注：摘自《挥发性有机物（VOCs）污染防治技术政策》（环境保护部 公告 2013 年 第 31 号）。

6.2　清洁生产技术

6.2.1　清洁燃料技术

6.2.1.1　电熔窑技术

　　玻璃电熔窑技术是指通过电极把电能直接输送到火焰加热的熔炉内，加强熔化。其原理如图 6-1 所示。电极由池底（或池壁）插入，通电后，电极附近的玻璃液在焦耳热效应的作用下温度逐渐升高，密度变小，玻璃液向上运动，上升到液面后向两边形成热障。电能产生的焦耳热效应使得热点和投料端温度差加大，强化了热点的作用，所产生的有益对流有助于配合料的合理分布，便于稳定熔炉操作。

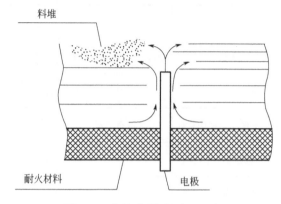

图 6-1　电熔窑技术原理示意

电熔窑具有以下优点：

① 热效率高。在火焰加热的池窑中，大型池窑热效率仅为 25%～30%，小型池窑 10%左右。电熔窑中，由于电能在玻璃液内部变为热能，而且玻璃液被配合料覆盖，向周围介质散失的热量可以降低至最低限度，且没有废气带出的热损失，因此大型电熔窑热效率为 75%～80%，小型电熔窑也可达到 60%。

② 适合熔制高质量玻璃。在火焰加热的池窑中，为了获得无条纹、无气泡、无结石的高质量玻璃，必须具备按玻璃组成所需要的稳定高温和产生改善玻璃均化的对流。而在电熔窑中则依靠窑的结构、电极的位置、调节和改变通入的电流，就可以很容易获得。熔制钠钙硅酸盐玻璃时，可提高合格率 2%～4%；熔制乳白硼硅酸盐玻璃和铅玻璃时，可提高合格率约 20%。

③ 最适宜熔制含高挥发物组分的玻璃和极深色玻璃。火焰加热的池窑中熔制含氟、氧化铅、磷酸盐、硼硅酸盐玻璃及相类似的玻璃时，火焰掠过玻璃液面，大量挥发物飞逸进入烟囱，造成环境污染，而且玻璃液表面层会形成不同于下层的玻璃组成，导致不均一性。在电熔窑中熔制时，由于在池深处加热，玻璃液面上有冷的配合料覆盖层，在玻璃熔融和澄清过程中的挥发物，遇冷的配合料层即冷凝而被捕集。采用电熔的方法可节约含挥发性的原料，如熔制乳浊玻璃时，在火焰加热的池窑中氟化物的损失 35%～40%，而在电熔窑中只损失 2%～4.5%。熔制硼硅酸盐玻璃时，在一般池窑中 B_2O_3 的损失 6%～10%，而在电熔窑中只损失 1%。在电熔窑中熔制铅玻璃时可节约 PbO 10%～20%。

④ 避免环境污染。电熔窑作业环境良好，没有喷嘴和燃烧时的噪声，没有燃烧废气带出的二氧化硫、氮氧化物等。

电熔窑的缺点是：

① 绝大部分地区，电费较贵，经济上不合算；

② 电熔窑所用耐火材料，不能经受如同火焰加热池窑那样长的使用时间，但如果操作较好，使用周期可达 3～4 年。

6.2.1.2　冲天炉清洁燃料技术

岩（矿）棉生产过程中，冲天炉（立式熔制炉）二氧化硫的产生量与燃料和原料有关，主要来源于生产时使用的含硫原料矿渣以及燃料焦炭，焦炭质量标准如表 6-7 所列，其中焦炭燃烧产生的二氧化硫通常占到二氧化硫排放总量的 30%～70%。电熔炉产生的二氧化硫仅来源于含硫矿渣原料在熔化过程中的分解，产生量远小于冲天炉。在冲天炉燃料控制方面，应使用低硫焦炭或电熔炉。

表 6-7　焦炭质量标准

项目	冶金焦炭（GB/T 1996）		铸造焦炭（GB/T 8729）	
	等级	指标	等级	指标
硫分的质量分数/%	一级	≤0.70	优级	≤0.60
	二级	≤0.90	一级	≤0.80
	三级	≤1.10	二级	≤0.80

6.2.2　原料替代技术

6.2.2.1　玻璃原料和配合料优化控制

《日用玻璃行业规范条件》（工业和信息化部　公告 2017 年　第 54 号）规定：控制硫酸盐和硝酸盐原料的使用，禁止使用白石比（三氧化二砷）、三氧化二锑、含铅、含镉、含氟（全电熔窑除外）、铬矿渣及其他有害原辅材料。

通过减少芒硝、硝酸盐的加入量，可降低熔化工序烟气中 SO_2 和 NO_x 的初始排放浓度。采用粉状原料，可减少原料破碎过程产生的颗粒物。平板玻璃在线镀膜工艺可选用低氯化物和氟化物含量的在线镀膜原材料，通过优化氯化物和氟化物的配比，可减少在线镀膜尾气中氯化氢和氟化物的产生。

在原料及配合料控制方面玻璃企业可采用以下措施。

（1）原料选配及粒度控制

玻璃配合料的熔化时间取决于 SiO_2 原料的熔化时间，而 0.4mm 硅砂颗粒的熔化时间仅为 0.8mm 硅砂颗粒的 1/4。因此，一般厂家控制的粒度为 0.5～0.6mm 的在 1% 以内，0.125～0.5mm 的占 85% 以上。

在硅质料中，硅砂料由于碱金属氧化物（R_2O）含量相对较高，颗粒均匀、比表面积大，比加工后的砂岩料易熔，所以有条件的厂家尽量选择硅砂。因为长石料 Al_2O_3 难熔，所以北方的工厂尽量选用硅砂+砂岩配料，满足玻璃中 SiO_2 和 Al_2O_3 的需要。一方面可以提高熔化效果，另一方面可以降低玻璃成本。

（2）配合料水分的控制

为了提高配合料的混合效果，提高初熔能力，需要加入一定量的水分。一般厂家配合料的水分控制在 3.0%～5.0%。天然硅砂的水分较低，易控制配合料的水分，但是对于北方地区采用湿法棒磨或石碾水洗加工的砂岩来说，水分的控制相对要困难些，特别是到了冬季就更难控制（一般冬季不生产，除非特殊情况）。可以采用冬储砂岩来解决冬季水分大的问题，否则不但会造成料仓下料困难、中子仪无法进行水分的跟踪检测，更重要的是会对油耗也造成很大影响。

以 500t/d 熔窑为例，燃料为 37000kJ/kg 的煤焦油，配合料水分为 3.5%～5.5%，水分随 300～1300℃烟气排走，通过热焓计算，油耗每天要上升约 1.5t。因此，有条件的玻璃厂配合料水分一般控制在 3.0%左右，这为熔窑的节能奠定了一定的基础。

（3）高熟料比例，降低燃料消耗

碎玻璃一方面本身易熔，另一方面它的加入能提高配合料的传热效果，缩短熔化时间。据研究：配合料每增加 1%的熟料，熔化每千克玻璃可节约热量 9.51kJ。碎玻璃优先与碳酸钠反应，因而使得配合料的初熔过程中缺乏 Na_2CO_3，碎玻璃的用量越多，则活性澄清剂越少，对澄清造成一定影响。碎玻璃质量控制尤为重要：首先要选用玻璃加工厂的下脚料；其次要控制好碎玻璃的下限，要大于 10mm 以上；然后就是碎玻璃的外观质量和杂质控制等。

（4）NaOH 代替 Na_2CO_3 可加速配合料的熔化

以 NaOH 的形式引入碱可使配合料容易粒化。NaOH 容易将石英颗粒润湿而将所有硅酸盐的形成温度向低温方向偏移，从而达到加速熔化的目的。但是由于缺少了 CO_2 而延长了澄清时间。目前，国内外已有玻璃企业开始替代技术的研究。

6.2.2.2　无甲醛黏结剂

矿物棉生产环节采用的黏结剂主要是水溶性的酚醛树脂，原料为苯酚、甲醛。酚醛树脂中甲醛单体结构含量的平均值约为 53%，其中酚醛树脂（未添加尿素前）的游离甲醛含量平均值可达 10%左右，即使加入尿素与氨水（危险品）吸收甲醛，甲醛的平均含量仍达到 2%，在集棉及固化的过程中会挥发释放。甲醛可造成嗅觉异常、刺激、过敏、肺功能异常、肝功能异常和免疫功能异常等。长期接触低剂量甲醛可引起慢性呼吸道疾病，引起癌症、细胞核的基因突变等，甲醛具有强烈的致癌和促癌作用。

2004 年左右，丙烯酸聚合物黏结剂进入中国市场，用于生产无甲醛玻璃棉毡。由于产品本身不含游离甲醛，受到市场广泛关注。但采用丙烯酸酯黏结剂制备的玻璃棉毡存在生产成本高、耐水性差、稳定性差、遇水黏结力衰减等问题，因此，该技术并未得到大面积推广。近年来，相关机构通过对丙烯酸黏结剂进行改性和应用研究，攻克了环保棉毡耐水性差、黏结力衰减的问题。

采用无甲醛黏结剂制成的矿物棉制品具有以下特点：

① 产品不含甲醛等潜在致癌物、无异味，不仅降低了污染物的排放、改善了生产车间工作环境，也保护了最终使用者的安全。

② 高温分解只释放出水及二氧化碳，不产生有毒物质。保温、隔热材料在回收环节或者火灾失效时，不产生二次污染。

③ 对金属结构的腐蚀性极低。

④ 安全性高，防火等级达到 A1 级。

6.2.2.3　玻璃涂料

近年来玻璃制品的涂装保护越来越受到人们的重视，尤其在包装用玻璃制品、特殊玻璃制品、精细玻璃制品、玻璃纤维制品等方面，对玻璃涂料的使用更普遍，要求也越来越高。

玻璃制品涂装工序含 VOCs 原辅材料的 VOCs 含量及特征污染物如表 6-8 所列。

表 6-8　玻璃制品涂装工序含 VOCs 原辅材料的 VOCs 含量及特征污染物

生产工序	含 VOCs 原辅材料类型	VOCs 含量/%	特征污染物
喷涂	溶剂型涂料	50～70	烷烃类、芳烃类、醇类、酮类、醚、酯类
	水性涂料	＜40（不扣水）	烷烃类、芳烃类、酯类、醚类、醇类
	水性 UV 固化涂料	＜10	酯类、酮类、醚类
丝网印刷	溶剂型油墨	40～60	高沸点石油类、酯类、酮类
	UV 固化油墨	≤5	少量酯类、酮类
清洗	清洗剂	90～100	芳烃类、醇类、醚类、酮类、酯类
烤花	贴花纸中油墨	≤3	醇类、酯类、芳烃类

油性玻璃涂料是玻璃涂料的一种，它是以苯、酯类有机物作为溶剂，稳定黏附在玻璃表面对其进行美化和装饰。由于玻璃表面很光滑，故普通的涂料难以附着于玻璃表面，通常好的玻璃涂料在玻璃表面能够形成稳定而且坚硬的漆膜，具有高透明、高光泽的特点，施工工艺简单、黏度较低，而且又不会产生流挂等问题。由于国家对环保问题日益重视，故油性玻璃涂料发展得比较缓慢，玻璃涂料的发展更趋向于水性化和功能化。我国相关标准对包装涂料挥发性有机物含量提出的要求如表 6-9 所列。

表 6-9　我国相关标准对包装涂料 VOCs 含量的要求　　　　　　　　单位：g/L

产品类型		《低挥发性有机化合物含量涂料产品技术要求》（GB/T 38597—2020）	《工业防护涂料中有害物质限量》（GB 30981—2020）
包装涂料（不粘涂料）	底漆	≤420	≤480
	中涂	≤300	≤350
	面漆	≤270	≤300

水性玻璃涂料主要分为单组分自干型、单组分烘烤型及双组分自干型。水性聚氨酯乳液和附着力促进剂按照一定比例调配可制得单组分自干型；单组分烘烤型一般由含羟基或羧基的乳液和水稀释性氨基树脂按一定比例调配制得；双组分自干型由水性环氧树脂和二元胺类物质制得。目前聚丙烯酸酯型、聚氨酯型、氨酯油型、改性聚氨酯型单组分水性涂料在玻璃上的涂膜性能效果不好，其中附着力差、耐水性差、耐化学品性差、耐溶剂性差、抗污渍能力差是其主要问题所在。异氰酸酯固化剂固化的双组分水性涂料能够改善水性玻璃涂层的性能，但其也有缺陷，如使用期短、混合难度大、透光率不是很理想等。

目前，市面上常用的装饰玻璃涂料主要是以溶剂型为主的自干漆和烤漆，存在着溶剂挥发度高、固化时间较长以及对环境有害等问题。紫外光固化涂料具有固化时间短、能耗低、污染小等好处，近些年来在很多领域得到了广泛的应用。某紫外光固化玻璃涂料研究成果表明，在 100μm 的漆膜厚度下用 2kW 的高压汞灯进行辐射，固定距离为 7cm，预聚物与单体的用量配比为 7：3，添加 0.5% 的硅烷偶联剂，固化时间短，仅为 30s，其综合性能最好。该研究认为：合适的硅烷偶联剂和添加量是影响涂料在玻璃表面附着力的主要因素。另外，红外分析后的结果表明紫外光固化聚氨酯丙烯酸酯玻璃涂料的固化机理为自由基聚合反应。

6.2.3 过程控制技术

6.2.3.1 玻璃熔窑纯氧燃烧技术

纯氧燃烧技术最早主要被应用于增产、延长窑炉使用寿命以及减少 NO_x 排放。随着制氧技术的发展以及电力成本的相对稳定，纯氧燃烧技术正在成为取代常规空气助燃的更好选择，这得益于纯氧燃烧技术在节能、环保、质量、投资、生产成本等方面的优势。

氧气燃烧的应用分为整个熔化部使用纯氧燃烧的全氧燃烧技术、纯氧辅助燃烧技术以及局部增氧富氧燃烧技术等几种方式。

（1）全氧燃烧技术

全氧燃烧技术是指燃料燃烧时直接使用氧气助燃，一般含氧量大于 90%。与空气助燃玻璃熔窑相比，全氧燃烧技术可减少系统中氮气的输入，从而减少 NO_x 的生成和降低烟气 NO_x 排放量，同时提高燃烧效率。全氧燃烧技术通常适用于采用天然气等高热值燃料的熔窑。

全氧燃烧技术与空气助燃技术差异如表 6-10 所列。

表 6-10 全氧燃烧技术与空气助燃技术差异

空气助燃	全氧燃烧
辐射气体（H_2O、CO_2）浓度较低，气体热辐射系数较低	辐射气体浓度高，气体热辐射系数高
气体停留时间短，火焰轴向（横火焰）约为 1s，平均窑炉容积约 8s	气体停留时间长，平均窑炉容积约 30s
废热烟道口位置受到限制，传热好的关键在于大量明亮火焰及玻璃熔体表面的良好覆盖	燃烧器的位置不受限制，无论何种烧嘴类型都可达到优良的总体传热，但局部热源仍取决于烧嘴类型与配置
需换火，间断燃烧，空气蓄热	不需要换火，连续燃烧，燃烧稳定

全氧燃烧技术主要优点如下。

① 节能。由于燃料燃烧更为充分，火焰强度大，热辐射能力强；废气及其带走的能量减少，热效率提高。据估算，全氧燃烧工艺的节能效果可达到 20% 以上。

② 减少废气和粉尘排放。减少 NO_x 排放量，所携带的粉尘量也相应减少。据估算，采用全氧燃烧工艺时，生产每吨玻璃的 NO_x 排放量可减少 70% 左右，最高可减少 95%，粉尘排放量可减少 60%～70%。

③ 提高玻璃产量和熔化质量。采用全氧燃烧工艺改造后的窑炉，其熔化率和产量可提高 25% 左右，玻璃气泡可减少 75% 左右。

④ 降低运行成本。由于减少了其他的环保措施费用，减少了配合料损失，减少了窑炉耐火材料侵蚀，以及不需要庞大的换热器或蓄热室，因此具有降低成本、节约投资

效果等优点。

（2）纯氧辅助燃烧技术

由传热学理论可知，配合料在玻璃熔窑内熔化获得能量的主要途径是窑内燃烧火焰的辐射热。由于配合料的黑度比玻璃液的黑度大得多，即配合料的吸热能力比玻璃液的吸热能力大，这样有效地增加配合料上方的热负荷，并不会导致熔窑内衬温度的显著升高。

以浮法玻璃为例，在浮法玻璃熔窑上增设一对全氧喷枪后，不仅能达到增产增效、节能降耗、改善玻璃质量的目的，而且一定程度上还能延长玻璃窑炉的寿命。具体来说，有以下优点：

① 提高玻璃窑炉的拉引量 5%～15%；

② 改善窑炉的热效率，节省燃料 5%～8%；

③ 改善玻璃质量，减少气泡和结石，提高成品率 0.5%～3%；

④ 增设一对全氧喷枪后，高压热气流对窑体的整体冲刷侵蚀相对减缓，而用于熔化配合料的有效热量显著增加，可能加剧窑体侵蚀的热量也就相应降低，同时配合料的快速熔化减少了配合料的飞料，从而为延长熔窑使用寿命提供了保证；

⑤ 减少粉尘、烟尘排放量约 20%，减少蓄热室格子体堵塞的可能性；

⑥ 纯氧辅助燃烧系统与原有空气燃烧系统相互独立，操作灵活。

（3）局部增氧富氧燃烧技术

局部增氧是富氧空气不足时的一种主要应用方式。玻璃熔窑理想燃烧状态是：火焰上部为缺氧区，可保护碹顶；火焰中部为普通燃烧区；火焰下部为高温区，能有效将热量传给玻璃液。本技术关键是在火焰下部通入富氧气体，火焰的下部（靠近配合料和玻璃液面）温度提高，从而改变了传统的火焰燃烧特性，使其形成梯度燃烧。火焰下部温度的提高，可强化火焰对玻璃液的传热，有利于玻璃熔化，减少过剩的二次空气量，确保空气过剩系数达到理想数值从而节约油耗。

局部增氧时火焰上部温度没有下部温度高，这不仅对大碹和胸墙的寿命有利，而且由于小炉、蓄热室格子体的热负荷降低，可减轻其烧蚀。采用局部增氧富氧燃烧技术，可以提高燃料效率、降低燃料消耗、增加生产能力、改善玻璃质量、减少污染物（SO_2、CO_2 和粉尘）的排放、减少燃烧废气的总量、提高受损熔窑运行的维护能力以及在整个窑龄期运行的可能性。

6.2.3.2　低氮燃烧技术

低氮燃烧技术是通过控制燃烧过程中空气-燃料的化学计量比和温度的变化限制 NO_x 的生成。这种控制是通过预先将空气和燃料按一定的比例强制分配和混合而实现的。因此，要抑制 NO_x 的生成量就必须从燃烧入手。控制好空气过剩系数对控制氮氧化物的产生至关重要，现在大多数窑炉的空气过剩系数控制在 1.1～1.2，以烟道内没有 CO 为宜，然而其结果是 NO_x 浓度较高，能耗也不低。烟气中适当保留一定量的 CO 对减少 NO_x 有一定作用，残留的 CO 还可以将一定量的 NO 还原成 N_2。可依靠减少过剩空气降低 NO_x 排放值，空气过剩系数与 NO_x 排放值关系如表 6-11 所列。

表 6-11　过剩系数与 NO_x 排放值关系表（空气预热温度为 600℃）

过剩系数 n	NO_x 排放值（标态）/（mg/m³）	与通常窑炉运行相比改变率/%
1.165	1035	+14.2
1.125	908	0
1.035	381	−58.0
1.026	281	−69.0
1.009	234	−74.2
1.0	197	−78.2

注：计算 NO_x 浓度按 NO_2 计。

根据降低 NO_x 的燃烧技术，低氮氧化物燃烧器大致分为以下几类。

（1）阶段燃烧器

根据分级燃烧原理设计的阶段燃烧器，使燃料与空气分段混合燃烧，由于燃烧偏离理论当量比，故可降低 NO_x 的生成。

（2）自身再循环燃烧器

一种是利用助燃空气的压头，把部分燃烧烟气吸回，进入燃烧器，与空气混合燃烧。由于烟气再循环，燃烧烟气的热容量大，燃烧温度降低，NO_x 减少。另一种自身再循环燃烧器是把部分烟气直接在燃烧器内进入再循环，并加入燃烧过程，此种燃烧器有抑制氧化氮和节能双重效果。

（3）浓淡型燃烧器

其原理是使一部分燃料作过浓燃烧，另一部分燃料作过淡燃烧，但整体上空气量保持不变。由于两部分都在偏离化学当量比下燃烧，因而 NO_x 都很低，这种燃烧又称为偏离燃烧或非化学当量燃烧。

（4）分割火焰型燃烧器

其原理是把一个火焰分成数个小火焰，由于小火焰散热面积大，火焰温度较低，使"热反应 NO_x"有所下降。此外，小火焰缩短了氧、氮等气体在火焰中的停留时间，对"热反应 NO_x"和"燃料 NO_x"都有明显的抑制作用。

（5）混合促进型燃烧器

烟气在高温区停留时间是影响 NO_x 生成量的主要因素之一，改善燃料与空气的混合，能够使火焰面的厚度减薄，在燃烧负荷不变的情况下，烟气在火焰面即高温区内停留时间缩短，因而使 NO_x 的生成量降低。混合促进型燃烧器就是按照这种原理设计的。

（6）低 NO_x 预燃室燃烧器

预燃室是近 10 年来我国开发研究的一种高效率、低 NO_x 分级燃烧技术，预燃室一般由一次风（或二次风）和燃料喷射系统等组成，燃料和一次风快速混合，在预燃室内一次燃烧区形成富燃料混合物，由于缺氧，只是部分燃料进行燃烧，燃料在贫氧和火焰温度较低的一次火焰区内析出挥发分，因此减少了 NO_x 的生成。

6.2.3.3　玻璃熔窑换向煤气回收技术

蓄热式马蹄焰玻璃炉窑由于工艺和节能的需要，每 20～30min 要进行一次火焰换向，废气和被预热的煤气交替地通过蓄热室，换向时原燃烧侧蓄热室和煤气通道内（根据窑炉大小不同）有 $30 \sim 100 m^3$ 滞留的煤气会通过烟囱排放，浪费能源并造成污染环境。

煤气回收系统由煤气换向部分、回收转换部分、单向控制阀部分、煤气抽取部分、计算机控制部分五大部分组成。燃烧换向时，计算机或人工发出换向指令，煤气换向器动作，到位后延时 1s 转换阀打开，单向控制阀打开，煤气抽取风机工作变频控制，空气换向器动作。根据窑炉大小不同煤气抽取风机工作时间不同，煤气抽取完毕，煤气抽取风机停止工作，转换阀关闭而后单向控制阀关闭，换向结束，窑炉进入另一向的正常燃烧。整个换向过程由计算机进行精确控制，保证煤气不少抽、废气不多抽。换向平稳、精确、可靠、安全，窑炉运行稳定、扰动小。

6.2.3.4　冲天炉余热利用技术

冲天炉是应用焦炭燃烧产生的热量将原料进行熔化的，虽然通过采用冲天炉富氧燃烧和热风助燃技术，能够一定程度上提高焦炭的充分燃烧效率，但仍然还有小部分的焦炭因存在不充分燃烧的现象而产生一氧化碳。一氧化碳不仅蕴含着很高的化学能而且有毒，不经过处理还可能产生爆炸等危险。同时，焦炭燃烧会产生一定的二氧化硫和粉尘，因此，必须对冲天炉的烟气进行收集处理，并同时回收烟气中的热能进行再利用。焚烧炉燃烧冲天炉烟气产生一氧化碳及 800℃ 左右的高温，将化学能转化成热能进行回收使用；而经过焚烧产生的高温烟气可以经过两级换热器，用来预热冲天炉焦炭燃烧和焚烧炉一氧化碳燃烧所需要的空气，可以将冲天炉和焚烧炉助燃空气温度分别稳定在 600℃ 以上和 300℃ 以上，不仅实现了一部分热能的回收利用，而且也提高了焦炭和一氧化碳的燃烧效率；经焚烧的热烟气通过换热器的同时还能将从冲天炉出来的烟气进行加热，加热到 300℃ 左右再进入焚烧炉焚烧，这样能降低焚烧炉对天然气的消耗；而经过两段换热，烟气温度还有 300℃ 左右，其中一部分热可将冲天炉出口烟气温度从 $100 \sim 120℃$ 加热到脱硫的最佳温度 150℃ 左右，提高脱硫效率，同时降低了能源消耗。

6.2.3.5　玻璃喷涂技术

日用玻璃企业采用静电喷涂、高压无气喷涂或高流量低压力（HVLP）喷涂等技术，减少空气喷涂的应用，减少喷涂过程 VOCs 的排放量。鼓励企业采用废气热能回收-烘干一体化的清洁生产设备，推广使用自动连续化全程密闭的喷涂线；鼓励企业采用自动供漆系统，减少涂料转运过程中的 VOCs 无组织挥发量。

（1）高压无气喷涂技术

高压无气喷涂技术适用于替代传统空气喷涂。使用高压柱塞泵直接将涂料加压，形成高压力的涂料，喷出枪口形成雾化气流作用于玻璃制品。与传统的空气喷涂相比，高压无气喷涂提高了涂料利用率，可降低涂料使用量，从源头减少 VOCs 排放。

（2）静电喷涂技术

静电喷涂技术适用于各类玻璃瓶和化妆品瓶的涂装，且要求涂料电阻率较低。静电喷涂是指利用电晕放电原理使雾化涂料在高压直流电场作用下荷负电，并吸附于荷正电基底表面而放电的涂装方法。静电喷涂设备由喷枪、喷杯以及静电喷涂高压电源等组成。静电喷涂技术可有效提高涂料利用率，涂料使用量显著减少。

6.2.3.6 无铜镀银制镜技术

普通银镜在生产过程中，在镀完反射层银之后会在银层之上再镀一层铜层来保护银层，然后淋漆来保护镜子免受破坏。铜层既是银层保护层又是反射层的补充层，同时也是银层和漆层的桥梁层。根据我国银镜标准要求，玻璃基片银表面上铜的附着量应在200mg/m^{2}左右，且均匀分布。

镀铜工艺存在一定环境污染，主要表现在以下 2 个方面。

① 化学镀铜时通常是将铜液（硫酸铜溶液）和还原剂（铜还原液或还原铁粉水溶液）同时均匀喷涂于银层上，产生均匀的铜层，该过程会产生含铜废水和固体废物。

② 为了让保护漆更好地与铜层牢固结合，保护底漆通常含有铅等重金属。

随着市场对环保型产品的需求量不断增加，无铜镀银制镜技术得到广泛推广和应用。某研究机构设计了两级钝化处理来保护银层。第一层以无机化合物如氯化锡、氯化钯等为主对镀银层钝化；第二层以有机硅烷类化合物为主对银层再次钝化处理，同时作为银层与保护层的桥联剂。

无铜镀银制镜工艺如图 6-2 所示。

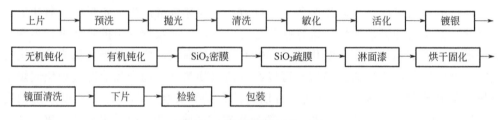

图 6-2　无铜镀银制镜工艺

6.2.3.7 矿物棉生产用黏结剂系统优化控制

在矿物棉生产过程中，黏结剂系统主要由酚醛树脂、氨水、憎水剂、防尘油及少许偶联剂加水按照生产工艺流程配制而成。如图 6-3 所示，采用黏结剂自动生产系统具有称量精度准确、配制精准度高、与生产线同步性好等优点。此外，还可以根据生产线的实时在线产量反馈调整黏结剂的施加量，保证矿物棉中黏结剂含量均匀，从而提高施加效率，减少污染物排放量，降低生产成本，提高产品的质量和性能指标。

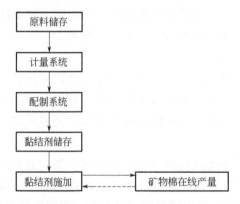

图 6-3　矿物棉生产用黏结剂自动生产系统工艺流程

该系统主要特点如下：

① 集棉系统提高黏结剂利用率，降低生产消耗及挥发性有机物排放量。集棉系统排放的废气主要为部分未被吸收的黏结剂、透过底部棉层吸收的黏结剂、游离酚、游离醛及穿过网孔的短纤维等。若提高黏结剂的施加效率，根据生产要求及时调整施加量，保证集棉系统的平衡，可减少黏结剂使用量及未反应完的游离酚、游离醛等的浪费。通过减小集棉负压风机的抽风速度，保证负压风与集棉机的进风相平衡，此时抽风速度慢，负压风中被带走的有机废气浓度会降低，从而减少废气排放量。

② 根据产品规格要求调整黏结剂配制过程中水含量，降低烘干能耗和排湿风排放。固化系统主要包括排水除湿和烘干两个过程，其主要作用是将水分去除和将树脂固化，使松散纤维能够黏结在一起，形成最终产品；同时，固化后提高产品的抗拉强度、抗压强度等性能指标。固化系统排放废气的主要成分为水分、黏结剂中的挥发性有机物和短纤维。固化除湿过程漫长，主要取决于面密度和其中的水含量。因此，固化的能耗取决于产品的面密度及黏结剂系统配制过程中的加水量。同时，矿物棉生产过程中在线面密度越大或厚度越大，固化越困难，固化时间会越长，生产线速度也会慢，因此必须提高的黏结剂固含量。

③ 根据产品要求调整黏结剂浓度和施加量，提高施加效率，提高产品合格率。矿物棉生产过程中，黏结剂的浓度与施加量相反。黏结剂的浓度和产品面密度及厚度呈同向变化，当产品的面密度或厚度较大时，要适当提高黏结剂浓度，降低水含量，提高固化性能和速度，减少排湿风量、降低固化工序能耗。黏结剂浓度低，在施加的时候更利于扩散与杂乱无章的纤维充分接触，施加更均匀。浓度大时，黏性强，会引起纤维黏结在设备上和部分棉没有涂覆到黏结剂，吸收不均匀，会产生花棉或面包棉等不良产品，同时产品不易烘干，造成能源消耗高，废气产生量大。因此黏结剂浓度不宜太大，一般控制在 15%以下。

6.3　废气治理技术

6.3.1　窑炉烟气治理技术

6.3.1.1　颗粒物治理技术

玻璃工业应用较多的是静电除尘器和袋式除尘器。随着环保要求的日趋严格和除尘技术的发展，金属纤维滤袋和陶瓷滤管等新型过滤材料得到了快速发展，与此相应的金属纤维滤袋除尘器和陶瓷滤管除尘器在日用玻璃行业中也逐渐得到推广使用。

从安全角度考虑，一般情况下以发生炉煤气为燃料的企业不采用静电除尘器，而使用袋式除尘器。

玻璃行业炉窑烟气常用的颗粒物治理技术如下所述。

（1）袋式除尘技术

熔化工序的袋式除尘器通常位于半干法脱硫系统或余热利用系统的下游。因熔窑烟气黏度大、温度高，熔化工序袋式除尘器滤料的材质通常为聚四氟乙烯覆膜材料或其他复合滤料。玻璃制造企业使用的袋式除尘器过滤风速通常小于 0.9m/min，系统阻力通常为 1000～1500Pa，除尘效率通常可达到 99.80%～99.99%。采用该技术，颗粒物排放浓度可达到 10～30mg/m³。影响袋式除尘器除尘效率的因素主要有粉尘特性、滤料特性、滤料表面堆积粉尘负荷、过滤风速及清灰情况等。

① 粉尘特性的影响。袋式除尘器的除尘效率与粉尘粒径的大小及分布、密度、静电效应等特性直接相关。当尘粒的粒径大于 1μm 时，一般可达到 99.9%的除尘效率；粒径小于 1μm 时，除尘效率最低的粒径范围为 0.2～0.4μm。

除尘效率随着尘粒静电效应的增强而增高。为提高对微细粉尘的捕集效率，可利用这一特性预先使粉尘荷电。

② 滤料特性的影响。袋式除尘器的除尘效率与滤料的结构类型和表面处理的状况有关。未建立滤料表面粉尘层或滤料表面粉尘层遭到破坏的情况下，除尘效率一般较低；覆膜滤料的除尘效率较高，日用玻璃行业采用的滤料材质通常为聚四氟乙烯（PTFE）基材+聚四氟乙烯覆膜材料，除尘效率高；此外，滤袋缝制质量对除尘效率的影响远大于滤料本身的影响。

③ 滤料表面堆积粉尘负荷的影响。滤料表面堆积粉尘负荷最为显著的影响是在机织布滤料的条件下，此时，滤料更为关键的作用是支撑结构，而滤料表面的粉尘层则起主要滤尘的作用。由于滤料表面堆积粉尘负荷在更换新滤袋和清灰之后的某段时间内较低，因此除尘效率下降。

④ 过滤风速的影响。过滤风速太高会加剧过滤层的"穿透"效应，从而降低过滤效率，较低的过滤风速有助于建立孔径小而孔隙率高的粉尘层，从而提高除尘效率。工程实践表明，过滤风速降低，除尘效率提高，阻力减小。日用玻璃行业使用的袋式除尘器过滤风速通常小于 0.9m/min。

⑤ 清灰的影响。滤袋清灰对除尘效率有一定的影响。清灰可能破坏滤袋表面的一次粉尘层，从而导致粉尘穿透、排放浓度增加。滤袋清灰并非越彻底越好，应在实现除尘器高效的前提下，控制清灰强度于合理的限度内，减少对除尘效率和寿命的影响。

（2）静电除尘技术

适用于熔化工序烟气脱硝前颗粒物的预处理，可使脱硝催化剂在较洁净的烟气中运行，确保脱硝系统长期、稳定运行。对于采用天然气、焦炉煤气或发生炉煤气作为燃料的玻璃熔窑，若烟气中颗粒物浓度超过 150mg/m³，应采用静电除尘技术。静电除尘系统具有阻力较低、耐温性能好、能够适应熔化工序高温烟气等特点。玻璃制造企业使用的静电除尘器入口烟气温度通常小于 400℃，电场数量通常为 2～3 个，电场风速通常为 0.4～0.9m/s，漏风率应小于 3%，系统阻力通常小于 300Pa。除尘效率随电场数量增加而提高，最高可达到 90%左右。

（3）湿式电除尘技术

适用于熔化工序烟气湿法脱硫后进一步除尘、除雾，可解决湿法脱硫烟气中携带石膏雨、次生颗粒的问题。玻璃制造企业使用的湿式电除尘器入口烟气温度通常为 50～60℃，电场风速通常为 0.5～2.5m/s，系统阻力通常小于 400Pa，除尘效率通常可达到 70%～90%。

采用该技术，可将颗粒物的排放浓度控制在 20mg/m³ 以下。

（4）金属纤维滤袋除尘技术

近年来，耐高温、耐腐蚀、高过滤精度、低阻力的金属纤维滤袋除尘器，在使用天然气和煤制气作为燃料的玻璃炉窑烟气治理中得到了推广使用。金属纤维滤袋除尘器是在传统布袋除尘器的基础上，将核心部件传统布袋更换为金属纤维滤袋。金属纤维滤袋是以金属纤维烧结毡为滤料，通过焊接加工而成。金属纤维烧结毡采用直径为微米级的金属纤维经无纺成网、叠配、高温烧结而成。根据使用工况不同，可以选用不同过滤精度和材质的金属纤维毡，常用的材质有不锈钢、铁铬铝等。

金属纤维袋除尘器运行时，含尘烟气进入除尘器，由于烟气扩散作用，部分质量大的粉尘颗粒在重力作用下直接落入灰斗内，之后烟气通过袋区，烟气中余下的粉尘颗粒被金属纤维滤袋过滤，从而实现烟气净化。脉冲喷吹清灰系统定时或定阻力对滤袋进行清灰，以保证设备在较低阻力运行下运行。入口烟气温度通常小于 400℃，烟气过滤速度为 0.5～1m/min，设备阻力通常为 1000～1500Pa。采用该技术，玻璃炉窑烟气颗粒物排放浓度可达到 10mg/m³ 以下。

某日用玻璃企业采用金属纤维滤袋除尘器的设计参数如表 6-12 所列。

表 6-12　金属纤维滤袋除尘器设计参数

系统名称	除尘系统
处理风量（标态）/（m³/h）	60000
入口含尘浓度（标态）/（mg/m³）	700
出口含尘浓度（标态）/（mg/m³）	<10
入口烟气温度/℃	300～500
过滤风速/（m/min）	0.99
过滤面积/m²	2294
总滤袋数/条	864
清灰方式	定时/定阻力清灰
本体总阻力/Pa	≤1500
滤袋材质	金属纤维毡，不锈钢 316L

除尘器投运后，金属纤维滤袋除尘器出口颗粒物排放<10mg/m³，除尘器阻力<400Pa。CEMS 在线监测结果显示，除尘器出口颗粒物排放长期稳定<10mg/m³。从数据来看，金属纤维滤袋除尘器设备运行良好，实现了玻璃炉窑烟气粉尘的超低排放，可作为烟气粉尘颗粒物终端处理设备。

（5）陶瓷滤管除尘技术

陶瓷滤管除尘技术既可作为除尘器单独使用，也可在陶瓷滤管表面负载脱硝催化剂同步进行烟气的脱硝除尘，使玻璃炉窑排放的污染物可以在单一设备中进行处理。陶瓷滤管表面膜具有密集的微米多孔结构，以陶瓷内层为支撑，可在陶瓷颗粒或纤维之间上形成孔道，孔径范围为 40～100μm，开孔率一般＞30%。采用陶瓷原料作为过滤元件，陶瓷滤管具有耐高压、耐高温（高达 900℃）、耐磨损、机械强度大等特点。不同材料的特点如表 6-13 所列。目前已开发的可用于脱硝除尘功能的陶瓷膜材料载体主要有碳化硅质、堇青石质、陶瓷纤维质等，催化剂活性组分主要为 V_2O_5-WO_3/TiO_2 系或稀土-金属氧化物系。

表 6-13 陶瓷过滤材料对比

分类	材料	性能优点	缺点
碳化硅质	碳化硅	机械强度高、热稳定性好、透气性好、低压降	高温氧化及高温腐蚀
堇青石质	堇青石	体积密度小、孔隙率高、热稳定性好、吸附能力强	制品尺寸有限、烧制周期长、生产成本高
陶瓷纤维质	氧化铝纤维、硅酸铝纤维	低阻力、耐高温、孔隙率高、热稳定性好、催化剂负载均匀、更高的脱硝效率	无

在烟气除尘方面，陶瓷滤管除尘具有比传统布袋除尘更明显的优势，如表 6-14 所列。

表 6-14 除尘技术对比

名称	材料	安全性	使用寿命	耐酸碱程度	变形性
陶瓷滤管除尘	刚性材料	不存在烧毁情况	5 年以上	适应高温且含酸碱气体的条件	不变形
布袋除尘	柔性材料	高温烟气易烧毁	一般为 1~2 年	在酸碱条件下，易造成布袋水解	喷吹会膨胀及收缩变形

玻璃企业在使用陶瓷滤管除尘器时，烟气湿度不宜过高，当烟气湿度大于 15% 时过滤烟气应首先进行除湿。陶瓷纤维滤管除尘器入口烟气温度通常低于 400℃，烟气过滤速度在 0.5~0.8m/min 之间，设备阻力 1000~2500Pa，处理后废气中颗粒物浓度可降低至 10mg/m³ 以下。

在玻璃炉窑烟气治理中，陶瓷滤管一体化脱硫脱硝除尘技术表现出了良好的脱硝及除尘效率。应用情况如表 6-15 所列。

表 6-15 陶瓷滤管在玻璃行业中的应用（标态）

项目	烟气量/（m³/h）	烟温/℃	滤管/根	入口条件/（mg/m³）	出口条件/（mg/m³）	效率/%
企业A	25700	370	672	SO_2≤281	SO_2≤16	脱硫率≤94 脱硝率≤98 除尘率≤99
				NO_x≤1450	NO_x≤18	
				HCl≤10	HCl≤0.5	
				HF≤5	HF≤0.25	
				粉尘≤500	粉尘≤5	
企业B	15000	300	480	SO_2≤50	SO_2≤3	脱硫率≤94 脱硝率≤96 除尘率≤97
				NO_x≤5500	NO_x≤200	

续表

项目	烟气量/(m³/h)	烟温/℃	滤管/根	入口条件/(mg/m³)	出口条件/(mg/m³)	效率/%
企业B	15000	300	480	HF≤90	HF≤1	脱硫率≤94 脱硝率≤96 除尘率≤97
				粉尘≤200	粉尘≤5	
企业C	180000	350	4800	NOₓ≤3000	NOₓ≤100	脱硝率≤96 除尘率≤99
				粉尘≤1000	粉尘≤5	

6.3.1.2 二氧化硫治理技术

烟气脱硫的方法很多,主要分为干法和湿法两大类。

(1) 干法 (半干法) 脱硫技术

干法采用粉状或粒状吸收剂、吸附剂或催化剂来脱除烟气中的 SO_2,特点是处理后的烟气温度降低很少,烟气湿度没有增加,有利于烟囱的排气扩散,同时在烟囱附近不会出现雨雾现象。但是干法脱硫时 SO_2 的吸附或吸收速度较慢,因而脱硫效率低,且设备庞大、投资费用高。

干法脱硫常用的方法有活性炭法、氧化铜法、接触氧化法等。活性炭法应用较广泛,这种方法稳定性好,还能回收硫酸。氧化铜法是以氧化铝为载体、氧化铜为吸附剂吸收 SO_2,生产硫酸铜,然后用氢还原硫酸铜,回收氧化铜和 SO_2,但这种方法费用较高。接触氧化法是用五氧化二钒作催化剂,将 SO_2 转化为 SO_3。

干法中最新的方法是喷雾干燥器同布袋除尘器或静电除尘器组合成的开式两段流程。这种方法也叫半干法,是利用喷雾干燥的原理向热烟气中喷入石灰浆液并形成雾滴,烟气中的 SO_2 与雾滴中的 $Ca(OH)_2$ 发生化学反应,生成性质稳定、溶解度低的 $CaSO_3 \cdot 1/2H_2O$ 及少量的 $CaSO_4 \cdot 2H_2O$,从而达到脱除 SO_2 的目的。细小雾滴可以提供较大的反应表面积,提高脱硫效率。而雾滴在吸收 SO_2 的同时被烟气干燥,生成固体粉末,大部分随烟气排出进入除尘器,除尘器将各种粉尘同时除去,而净化后的烟气因降温不多,可直接排入大气。这种方法具有运行稳定、脱硫除尘效率高的优点,但能耗大、一次性投资大,其工艺如图 6-4 所示。

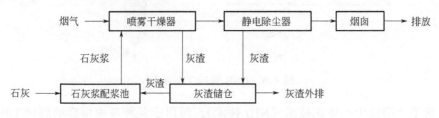

图 6-4 半干法脱硫除尘工艺示意

玻璃行业常用脱硫技术如下所述。

① 旋转喷雾干燥脱硫技术 (SDA 技术)。适用于 SO_2 初始排放浓度小于 2000mg/m³ 的玻璃熔化工序烟气脱硫。该技术具有成熟度高、工艺流程较为简单等特点,但对石灰的质量要求较高,易发生脱硫装置堵塞,运行维护成本较高。塔内流速通常为 1~3m/s,

钙硫比（摩尔比）通常为 1.2～1.9，系统阻力通常为 1000～1500Pa，脱硫效率通常可达到 60%～85%。采用该技术，入口烟气 SO_2 浓度小于 2000 mg/m^3 时，出口烟气 SO_2 浓度可达到 300～400mg/m^3。旋转喷雾干燥脱硫技术工艺流程如图 6-5 所示。

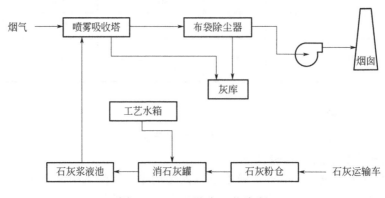

图 6-5　SDA 脱硫工艺流程

② 烟气循环流化床脱硫技术（CFB 技术）。适用于各种玻璃熔窑的熔化工序烟气脱硫。该技术具有操作简单、脱硫剂的利用率高等特点，且对熔化工序烟气成分波动变化具有较好的适应性，但清理塌床和堵塞较困难。塔内流速通常为 3～10m/s，钙硫比（摩尔比）通常为 1.1～1.8，系统阻力通常为 800～1600Pa，脱硫效率通常可达到 80%～95%。采用该技术，当入口烟气 SO_2 浓度小于 3000mg/m^3 时，出口烟气 SO_2 浓度可达到 150～400mg/m^3。烟气循环流化床脱硫技术工艺流程如图 6-6 所示。

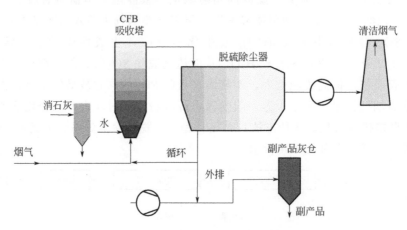

图 6-6　CFB 脱硫工艺流程

③ 新型脱硫除尘一体化技术（NID 技术）。适用于各种玻璃熔窑的熔化工序烟气脱硫。该技术具有对脱硫剂品质要求不高、操作简单、脱硫装置结构紧凑、占用空间小、装置运行可靠等特点，且对熔化工序烟气成分波动变化具有较好的适应性，清理塌床较 CFB 技术容易且时间短。塔内流速通常为 15～30m/s，钙硫比（摩尔比）通常为 1.1～1.45，系统阻力通常为 1200～1600Pa，脱硫效率通常可达到 80%～95%。采用该技术，当入口烟气 SO_2 浓度小于 3500mg/m^3 时，出口烟气 SO_2 浓度可达到 100～400mg/m^3。新型脱硫

除尘一体化技术工艺流程如图 6-7 所示。

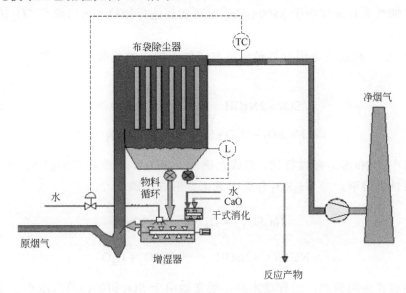

图 6-7　NID 脱硫工艺流程

（2）湿法脱硫技术

湿法烟气脱硫（湿式吸收法）是采用液体吸收剂洗涤烟气去除 SO_2，脱硫反应速度快，所以湿法脱硫效率高，且设备不大，投资也相对较少。但处理后的烟气温度降低，含水量增加。为了提高扩散，防止烟囱附近形成雨雾，还需对烟气进行再加热，但由于近年节能意识不断提高，且水蒸气并不污染空气，所以也有不再加热烟气的例子。湿法脱硫以石灰石/石灰-石膏法应用最为普遍，其次是氢氧化镁、苛性（活性）碱、氨法等。就设备而言，玻璃熔炉大多使用苛性碱或氢氧化镁作吸收剂。湿法脱硫除尘系统复杂，运行中易因处理不当出现腐蚀、结垢、除尘效率低、水污染物排放二次污染等问题，现在国外应用较少。

湿法脱硫工艺如图 6-8 所示。

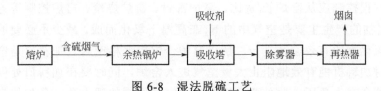

图 6-8　湿法脱硫工艺

① 石灰石/石灰-石膏法。此法是用石灰石浆或石灰浆洗涤含 SO_2 的烟气，在高效脱硫除尘装置内烟气中的 SO_2 与碱性脱硫剂作用，生成亚硫酸钙，部分被氧化成硫酸钙，并随洗涤液排出。这种方法的优点是脱硫效率高、工艺设备简单、投资和运行费用低，但易结垢且会产生二次污染物。

该工艺适用于各种玻璃熔窑的熔化工序烟气脱硫。该技术对熔化工序烟气的负荷变化具有较强的适应性，但是存在系统腐蚀问题。塔内流速通常为 2～4m/s，浆液 pH 值通常为 5～7，喷淋层数通常为 3～5 层，钙硫比（摩尔比）通常为 1.03～1.05，液气比通常为 5～12，系统阻力通常为 800～1200Pa，脱硫效率通常可达到 85%～97%。采用该技术，当入口烟气 SO_2 浓度小于 $3500mg/m^3$ 时可实现达标排放，出口烟气 SO_2 浓度可达到 $100～150mg/m^3$。

② 钠碱法。此法就是用苛性碱溶液与废气中的二氧化硫反应，生成亚硫酸钠和亚硫酸氢钠。

$$SO_2 + 2NaOH \longrightarrow Na_2SO_3 + H_2O$$

$$Na_2SO_3 + H_2O + SO_2 \longrightarrow 2NaHSO_3$$

吸收液中的 Na_2SO_3 经过氧化，形成芒硝（Na_2SO_4），而吸收液中的 $NaHSO_3$ 过多时，就要加入苛性碱溶液，与 Na_2SO_3 分离、氧化，形成芒硝。

$$Na_2SO_3 + \frac{1}{2}O_2 \longrightarrow Na_2SO_4$$

$$NaHSO_3 + NaOH \longrightarrow Na_2SO_3 + H_2O$$

采用钠碱作为脱硫剂，运行成本高，通常适用于 SO_2 初始排放浓度小于 $2000mg/m^3$ 的熔化工序烟气脱硫。该技术具有脱硫剂碱性强、溶解度大、反应活性高、反应速度快等特点，但是存在系统腐蚀问题且维护成本较高。塔内流速通常为 2.5～3.5m/s，浆液 pH 值通常为 5～9，喷淋层数通常为 1～3 层，反应摩尔比通常小于 1.05，液气比通常为 1～4，系统阻力通常为 600～1000Pa，脱硫效率通常可达到 85%～97%。采用该技术，当入口烟气 SO_2 浓度小于 $2000mg/m^3$ 时，出口烟气 SO_2 浓度可达到 $100～150mg/m^3$。

6.3.1.3 氮氧化物治理技术

玻璃熔窑废气中氮氧化物的产生主要来源是：a. 原料中硝酸盐分解；b. 燃料中含氮物质的燃烧；c. 燃烧空气中的 N_2 与 O_2 在高温下剧烈反应生成的热 NO_x。玻璃熔炉一般都是在高温下运行，所以热 NO_x 占大部分。NO_x 主要是指 NO 和 NO_2。玻璃熔炉废气中的 NO_x，初始 90%～95%为 NO，但在排放过程中，随着温度的下降而逐渐转化为 NO_2。玻璃行业氮氧化物的治理措施应从源头、过程和排放环节进行控制。

源头和过程控制应从窑炉长/宽比、窑炉密封、窑炉烧枪、窑炉控制等方面进行综合考虑。氮氧化物的产生主要是空气中的 N_2 在高温下氧化而成，减少不必要的空气进入窑炉是减少氮氧化物的有效途径之一，所以窑炉一定要严格密封。加料口是窑炉最大的进风口，全密封加料机能有效地阻止大量空气进入窑炉，同时要在加料口处保持窑炉微正压。喷嘴砖处会产生负压，此处要严格密封。窑炉周围的观火孔、各处的膨胀缝都要严格密封，换向器、烟道等处的泄漏会直接影响后期检测值的折算。

末端治理技术是指对已经产生的 NO_x 进行处理，从而降低 NO_x 的排放浓度和排放量，主要的方法有"3R"技术、SCR 脱硝技术和 SNCR 脱硝技术。

皮尔金顿再燃烧工艺（"3R"技术）的含义是在蓄热室里进行反应和还原，其特点是向蓄热室添加天然气等碳氢燃料，使其与蓄热室废气中的 NO_x 发生反应，生成对环境无害的氮气和水蒸气，并对这种废气有控制地进行燃烧。该技术应用范围广、操作使用方便、不使用化学药品、运行成本低。"3R"技术严格要求控制烟气含氧量，至少在 3%

以内。若采用"3R"技术，需要对窑炉的燃烧氛围进行重新设计和改造，并不适用于我国绝大多数窑炉。

选择性非催化还原技术（SNCR），是将含氮的还原剂（尿素、氨水或液氨）喷入温度为 850～1100℃的烟气中，使其发生还原反应，脱除 NO_x，生成氮气和水。由于在一定温度范围及有氧气的情况下，含氮还原剂对 NO_x 的还原具有选择性，同时在反应中不需要催化剂，因此称为选择性非催化还原。该技术在玻璃工业中很少被采用。

选择性催化还原法（SCR）是目前最成熟的烟气脱硝技术，是在废气处理过程中使用氨水（NH_3）作还原剂，在特殊合金催化剂的催化作用下，使 NH_3 与废气中的 NO 在催化剂表面进行还原反应，生成对环境无害的氮气和水蒸气。

SCR 脱硝原理如图 6-9 所示。

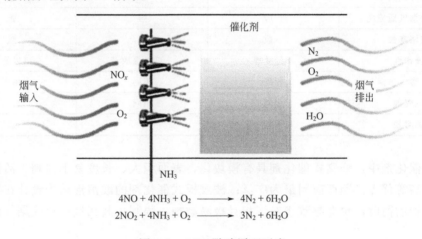

$$4NO + 4NH_3 + O_2 \longrightarrow 4N_2 + 6H_2O$$
$$2NO_2 + 4NH_3 + O_2 \longrightarrow 3N_2 + 6H_2O$$

图 6-9　SCR 脱硝原理示意

目前，在 SCR 中使用的催化剂主要有钒基催化剂、贵金属催化剂和金属氧化物催化剂三种类型。

（1）钒基催化剂

钒基催化剂一般为负载型催化剂，即活性物质负载于载体表面，载体常为 TiO_2、Al_2O_3、ZrO_2 等氧化物，目前商用中较为普遍的是钒钛催化剂，载体通常为锐钛矿 TiO_2，主要包括有 V_2O_5/TiO_2 或 $V_2O_5\text{-}WO_3/TiO_2$ 或 $V_2O_5\text{-}MoO_3/TiO_2$ 等。

（2）贵金属催化剂

主要材质有铂（Pt）、钯（Pd）、铑（Rh）等，但贵金属催化剂存在着操作窗口较窄（175～290℃）、制作成本较高以及抗硫性能较差等缺点。由于金属氧化物催化剂的不断发展，贵金属催化剂逐渐被淘汰，目前主要研究用于低温催化。

（3）金属氧化物催化剂

相较于贵金属催化剂，金属氧化物催化剂的制备成本更低、抗氧化性更强、应用更为广泛，是当前研究的热点。常用材质为 Fe_2O_3、MnO_x、CrO_x 和 NiO 等，铁基氧化物和锰基氧化物的脱硝性能研究更为广泛，脱硝效率可达 95%。

催化剂按结构划分有平板式、蜂窝式和波纹板式 3 种。3 种催化剂类型比较如

表 6-16 所列。

表 6-16　3 种催化剂类型比较

项目	催化剂类型		
	蜂窝式	平板式	波纹板式
结构类型	蜂窝网眼型	折板型	波纹板
加工工艺	陶制挤压成型，整体内外材料均匀，均有活性	网状金属为载体，表面涂活性成分	用纤维作载体，表面涂活性成分
比表面积	大	小	中
同等烟气条件下需要体积	小	大	大
压力损失	一般	小	小
高灰分烟气适应性	一般	强	强
抗堵塞性	一般	强	强
操作性	不能叠放	可以叠放	可以叠放
抗中毒、失活	相同	相同	相同
抗腐蚀	相同	相同	相同
抗磨损	中	中	低

3 种催化剂中，蜂窝式催化剂具有模块化、表面积大、长度易于控制、活性高、回收利用率高等优点，因而应用最为广泛；波纹板式催化剂的波浪形结构设计在增大与烟气接触面积的同时，也会导致飞灰沉积且极易磨损，限制了其在玻璃行业烟气治理中的应用。

应用于烟气脱硝中的 SCR 催化剂可分为高温催化剂、中温催化剂和低温催化剂，不同的催化剂适宜的反应温度不同。如果反应温度偏低，催化剂的活性会降低，导致脱硝效率下降，且如果催化剂持续在低温下运行会使催化剂发生永久性损坏；如果反应温度过高，NH_3 容易被氧化，NO_x 生成量增加，还会引起催化剂材料的相变，使催化剂的活性退化。

目前，国内外 SCR 系统大多采用高温催化剂，反应温度区间为 315～400℃。该方法在实际应用中的优缺点如下：优点是该法脱硝效率高、价格相对低廉，目前广泛应用在国内外工程中；缺点是燃料中含有硫分，燃烧过程中可生成一定量的 SO_3。添加催化剂后，在有氧条件下，SO_3 的生成量大幅增加，并与过量的 NH_3 生成 NH_4HSO_4。NH_4HSO_4 具有腐蚀性和黏性，会导致尾部烟道设备损坏。虽然 SO_3 的生成量有限，但其造成的影响不可低估。另外，催化剂中毒现象也不容忽视。

玻璃属钠钙玻璃，钠钙玻璃熔窑的烟气中含有高活性 Na^+、Ca^{2+} 及具有黏附性的碱性烟尘。高活性 Na^+、Ca^{2+} 与具有极大表面积和比孔体积的催化剂表面接触时，能直接与活性位发生反应使催化剂钝化，特别是 Na^+ 会强烈地与分散的矾结合并抵消酸性位，减弱矾的还原性能，显著地降低 SCR 活性。而具有黏附性的碱性烟尘黏附在催化剂表面，并覆盖催化剂的活性位使催化剂失活。因此，2010 年欧盟玻璃工业采用最佳适用技术结论中，未建议在钠钙玻璃熔窑中采用末端治理技术，仅对含碱很少及不含碱的特种玻璃建议采用末端治理技术，并对采用 SCR 脱硝技术的使用条件进行了详细说明：脱硝前烟气应进行脱硫除尘，烟尘浓度控制在 $10\sim15mg/m^3$，以便最大限度地减少含有高活性 Na^+、Ca^{2+} 和具有黏附性的碱性烟尘及催化反应生成的硫酸铵。

玻璃制造企业 SCR 脱硝催化剂规格通常为 $18\sim25$ 孔，空速通常为 $2000\sim4500h^{-1}$，催化剂孔道烟气流速为 $5\sim6m/s$。SCR 脱硝技术的脱硝效率与催化剂的布置层数有关，当催化剂层数分别为 1 层、2 层和 3 层时，脱硝效率通常分别可达到 $50\%\sim60\%$、$75\%\sim85\%$ 和 $85\%\sim95\%$。

脱硝效率的影响因素主要包括以下几方面。

（1）反应温度

在 SCR 系统中，由于使用了催化剂，故 NO_x 还原反应所需的温度较 SNCR 系统低。当温度低于 SCR 系统所需温度时，NO_x 的反应速率降低，氨逃逸增大；当温度高于 SCR 系统所需温度时，生产的 N_2O 增多，同时造成催化剂的烧结和失活。因此，应当根据所选用的催化剂组成和烟气条件控制 SCR 系统处于最佳的操作温度。

（2）停留时间

反应物在反应器中停留时间越长，脱硝效率越高。反应温度对所需停留时间有影响，当操作温度与最佳反应温度接近时，所需的停留时间缩短。当停留时间较短时，反应气体与催化剂的接触时间延长，有利于反应气在催化剂微孔内的扩散、吸附、反应和产物气的解吸、扩散，脱硝效率提高。但当接触时间过长时，由于 NH_3 氧化反应开始发生而使脱硝效率下降。

（3）NH_3/NO（摩尔比）

按照反应式，脱除 1mol 的 NO 需要消耗 1mol 的 NH_3。动力学研究表明，当 $NH_3/NO<1$ 时，NO_x 的脱除速率与 NH_3 的浓度成线性关系；当 $NH_3/NO\geqslant1$ 时，NO_x 的脱除速率与 NH_3 的浓度基本没有关系。用于 SCR 脱硝的 NH_3/NO 比由脱硝效率及氨逃逸率决定，通常情况下不超过 1.05。

（4）混合程度

还原剂与烟气的混合程度决定了脱硝反应效率。混合程度取决于 SCR 反应器的形状和气流通过反应器的方式。通常，还原剂的混合是由喷入系统完成的，为了使 NH_3 或尿素溶液能均匀分散，还原剂被特殊设计的喷嘴雾化为小液滴。混合不均匀会导致脱硝效率下降，增加喷入液滴的动量及喷嘴的数量，增加喷入区的数量和对喷嘴进行优化设计可提高还原剂与烟气的混合程度。

6.3.1.4　氟化物和氯化氢治理技术

在大多数情况下，氟化物和氯化氢的排放是由原料中的杂质引起的，所以减少氟化物和氯化氢的排放首先可以从原料来考虑，一是使用含 NaCl 少的纯碱，二是减少含氟原料的使用，三是增加碎玻璃的用量。在平板玻璃镀膜工序，可选用低氯化物和氟化物含量的在线镀膜原材料，并通过优化氯化物和氟化物的配比，减少在线镀膜尾气中氯化氢和氟化物的产生。

其次，可通过末端治理来减少氟化物和氯化物的排放，一般是随着烟气脱硫协同控制的。不论是干法、半干法还是湿法均可去除氯化物和氟化物。

（1）湿法

湿法处理是对废气中的二氧化硫用碱液进行吸收，利用有害物质的特性使其溶于水溶液中，与吸收剂以离子态反应生成无毒无害的物质，净化效率高，同时去除烟尘。

湿法脱硫除氟处理工艺流程如图 6-10 所示。

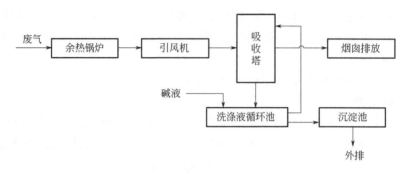

图 6-10　湿法脱硫除氟处理工艺流程

（2）干法

干法脱硫除氟设备目前国内使用较少。干法处理是采用碱性材料和废气充分混合吸收，发生化学反应，然后通过过滤式除尘装置将吸收剂和废气中的粉尘除去。该工艺脱硫效果很好，除氟率大于 99%，虽然设备简单，但运行费用高、占地面积大、工艺参数要求严格。干法处理废气的优点在于无洗涤废水，不需要对废水进行处理，缺点是要对吸收剂进行处理。

干法脱硫除氟处理工艺流程如图 6-11 所示。

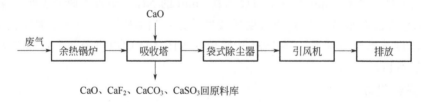

图 6-11　干法脱硫除氟处理工艺流程

（3）半干法

半干法工艺系统与干法基本相同，只是将干法喷石灰粉吸收改成喷石灰乳液，该工艺设备系统简单、运行操作简便、脱硫除氟效果也不错。其主要的问题在于控制上还存在不足，废气温度控制要求高，反应吸收塔湿度大，接近露点，石灰乳液用量较大，利用率较低，后端设备一方面过滤袋易堵塞，另一方面设备易腐蚀。

6.3.1.5　氨逃逸控制措施

氨逃逸影响因素主要包括注入氨流量分布不均、烟气温度低、催化剂老化、脱硝反应区堵塞、尿素溶液量不足、燃烧波动、喷氨格栅喷嘴堵塞、流场分布不均以及人为因素。

废气治理系统中，过量逃逸氨和烟气中的 SO_3 发生反应生成硫酸氢铵，会导致空气预热器堵塞、除尘效率下降、催化剂受损等一系列问题，严重时还会影响废气治理系统的运行，降低系统经济性和安全性。严格控制脱硝系统氨逃逸率已是 SCR 脱硝工艺不容忽视的问题。

典型企业熔窑烟气排气筒中氨的排放浓度如表 6-17 所列。

表 6-17　典型企业熔窑烟气排气筒中氨逃逸监测数据

企业编号	检测日期	检测项目	检测结果/（mg/m³）					
			第一次	第二次	第三次	平均值	最小值	最大值
A	1	氨	5.29	6.40	3.98	5.22	3.98	6.40
		氮氧化物	—			126.45	106.05	146.29
	2	氨	38.5	37.4	38.3	38.06	37.4	38.5
		氮氧化物	—			120.50	108.19	139.81
B	1	氨	1.04	0.99	1.13	1.05	0.99	1.13
		氮氧化物	—			111.66	104.45	119.15
	2	氨	9.23	10.5	11.3	10.34	9.23	11.3
		氮氧化物	—			116.06	107.01	122.68
C	1	氨	9.75	9.97	13.3	11.01	9.75	13.3
		氮氧化物	—			170.73	150.35	183.74
	2	氨	11.3	19.8	26.4	19.17	11.3	26.4
		氮氧化物	—			172.44	160.58	186.99

根据表中数据分析，典型企业在氨监测期间，氮氧化物的排放浓度均能达标，但是氨的排放浓度却不能稳定达标，忽高忽低；且氨的排放浓度与氮氧化物的排放浓度没有呈现出相关关系。以典型企业 A 为例，氮氧化物的排放浓度范围分别为 $106.05\sim146.29\text{mg/m}^3$ 和 $108.19\sim139.91\text{mg/m}^3$，平均值分别为 126.45mg/m^3 和 120.50mg/m^3，基本维持在同一水平；但氨的排放浓度均值却分别为 5.22mg/m^3 和 38.06mg/m^3。

影响 SCR 系统氨逃逸的因素包括脱硝催化剂活性、流场均匀性、喷氨系统的控制等。分析具体原因如下。

（1）脱硝催化剂活性

烟气中含有碱金属、砷元素等容易引起催化剂中毒，在催化剂长期运行中发生烧结堵塞、腐蚀、生成硫酸铵盐和飞灰沉积等，会使其活性降低，导致未反应的氨量增加；随着运行时间的增加，催化剂活性下降，脱硝效率降低，要维持较高的脱硝效率和较低的 NO_x 排放质量浓度，运行中需要提高氨氮摩尔比，这样势必会导致氨逃逸率急剧增加。

（2）流场均匀性

运行过程中，导流板磨损和积灰、喷嘴堵塞、烟气流量超过设计值等因素会导致流场不均，影响氨氮摩尔比分布。流场和氨氮摩尔比分布不均匀会导致脱硝效率下降，且氨氮摩尔比分布偏差越大，对脱硝效率影响越大。当氨氮摩尔比分布不均匀时，在氨氮摩尔比减小的区域，脱硝效率下降；而在氨氮摩尔比增大超过 1 的区域，脱硝效率并不能因此增大，从而使总的脱硝效率下降。尤其是在超低排放要求下，要求的脱硝效率越高，氨氮摩尔比不均匀性的影响越明显，氨逃逸率增长趋势也越明显。

（3）喷氨系统的控制

脱硝系统的喷氨控制系统一般采用固定氨氮摩尔比或固定 SCR 出口 NO_x 质量浓度的控制方式。固定氨氮摩尔比控制原理是脱硝效率，按照固定的氨氮摩尔比脱除烟气中 NO_x；固定 SCR 出口 NO_x 质量浓度控制方法的主控制思路与固定氨氮摩尔比的控制方式基本相同，不同之处在于引入了反应器出口 NO_x 质量浓度，脱硝效率根据反应器入口 NO_x 质量浓度和反应器出口 NO_x 质量浓度设定值计算获得，氨氮摩尔比是脱硝效率的函数。SCR 反应器中催化剂反应反馈滞后和 NO_x 分析仪响应滞后等原因，使得 SCR 脱硝控制系统存在大滞后性和大延时性，难以精确控制喷氨量。尤其是熔窑换火时，SCR 入口烟气量或 NO_x 质量浓度急剧变化，调节的惯性和延时性容易导致烟囱入口 NO_x 质量浓度瞬时值超标。为了使各工况下满足超低排放要求，出口 NO_x 质量浓度设置值往往偏低，导致 SCR 系统喷氨过量，氨逃逸率增加。

综上所述，在氮氧化物排放强度基本一致的情况下，氨逃逸水平不均主要是由脱硝催化剂活性、流场均匀性和喷氨系统的控制水平不均引起的。在保证氮氧化物稳定达标的前提下，企业应通过加强管理，保证脱硝催化剂的活性、流场的均匀性和喷氨系统的稳定控制。

6.3.2 挥发性有机物治理技术

6.3.2.1 玻璃喷涂工序挥发性有机物治理技术路线

玻璃制品在装饰环节的喷漆、烘干、烤花等工序会产生挥发性有机废气。废气主要成分为油漆粉尘（漆雾）及挥发性有机物（VOCs，包括苯及苯系物等）。

挥发性有机物污染防治技术主要包括预防技术和治理技术两类。预防技术主要为水性涂料替代技术；治理技术主要包括活性炭吸附/脱附技术、转轮吸附/脱附技术、燃烧技术等。玻璃喷漆工序废气处理技术如表 6-18 所列。

表 6-18　玻璃喷漆工序废气处理技术

涂料类型	废气类型	处理工艺	典型处理技术路线	技术适用条件
水性涂料	喷涂废气	湿式除尘或干式过滤+吸附技术	湿式除尘或干式过滤+活性炭吸附	适用于小规模日用玻璃企业涂装工序的漆雾、低浓度 VOCs 处理。后期需定期清理、更换过滤材料，定期更换或再生活性炭
		湿式除尘或干式过滤+吸附/脱附+燃烧技术	湿式除尘或干式过滤+活性炭吸附/脱附+催化燃烧（CO）或蓄热催化燃烧（RCO）	适用于大、中规模日用玻璃企业涂装工序的漆雾、VOCs 处理
			湿式除尘或干式过滤+沸石转轮吸附/脱附+蓄热燃烧（RTO）	
	烘干废气	吸附/脱附+燃烧技术	活性炭吸附/脱附+CO 或 RCO	适用于中、小规模日用玻璃企业涂装工序烘干废气的 VOCs 处理

涂料类型	废气类型	处理工艺	典型处理技术路线	技术适用条件
水性涂料	烘干废气	吸附/脱附+燃烧技术	沸石转轮吸附/脱附+RTO	适用于大、中规模日用玻璃企业涂装工序烘干废气的VOCs处理
	涂装废气	其他等效技术		—
UV固化涂料	涂装废气	湿式除尘或干式过滤+吸附技术	湿式除尘或干式过滤+活性炭吸附	适用于使用UV固化涂料的日用玻璃企业涂装工序的漆雾、VOCs处理
溶剂涂料	喷涂废气	湿式除尘或干式过滤+吸附/脱附+燃烧技术	湿式除尘或干式过滤+活性炭吸附/脱附+CO或RCO	适用于中、小规模日用玻璃企业涂装工序的漆雾、VOCs处理
			湿式除尘或干式过滤+沸石转轮吸附/脱附+RTO	适用于大、中规模日用玻璃企业涂装工序的漆雾、VOCs处理
	烘干废气	燃烧技术	CO或RCO	适用于中、小规模日用玻璃企业涂装工序烘干废气的VOCs处理
			RTO	适用于大、中规模日用玻璃企业涂装工序烘干废气的VOCs处理
	涂装废气	其他等效技术		—
UV固化油墨	丝网印刷废气、烘干废气	吸附技术	活性炭吸附	适用于使用UV固化油墨的日用玻璃企业丝网印刷、烘干工序废气的VOCs处理
溶剂型油墨	丝网印刷废气、烘干废气	吸附/脱附+燃烧技术	活性炭吸附/脱附+CO或RCO	适用于使用溶剂型油墨的日用玻璃企业丝网印刷、烘干工序废气的VOCs处理
—	烤花废气	吸附技术	活性炭吸附	适用于日用玻璃企业烤花废气单独处理时的VOCs处理

某企业转轮吸附/脱附技术+燃烧（CO）工艺如图 6-12 所示。

图 6-12　某企业转轮吸附/脱附技术+燃烧（CO）工艺

6.3.2.2　玻璃制镜行业挥发性有机物治理技术路线

玻璃制镜行业挥发性有机物主要来源于调漆、淋漆、烘干工序，主要污染物为苯系物、乙醇、乙二醇等。淋漆、烘干主要在密闭空间内完成，废气经收集和处理后达标排放。根据企业废气浓度、投资成本、执行标准等因素，选择不同处理技术组合工艺。目前，玻璃制镜企业主要采用活性炭吸附法、UV 光解法等组合工艺处理挥发性有机废气。部分地区已有企业采用燃烧法处理有机废气。

某玻璃制镜企业活性炭吸附+UV 光解工艺如图 6-13 所示。

图 6-13　某玻璃制镜企业活性炭吸附+UV 光解工艺

6.3.2.3　玻璃纤维行业挥发性有机物治理技术路线

在玻璃纤维的生产过程中，拉丝等工序和浸润剂的配置及使用过程中会产生少量挥发性有机物，浓度较低，一般可采用活性炭、活性炭纤维、硅藻土、沸石等作为吸附材料，吸收有机废气，使挥发性有机物的浓度大大降低，实现废气达标排放。其中，活性炭吸附应用最多，而且吸附后可通过解吸回收有机溶剂。某企业拉丝工序吸附法处理挥发性有机物工艺如图 6-14 所示。

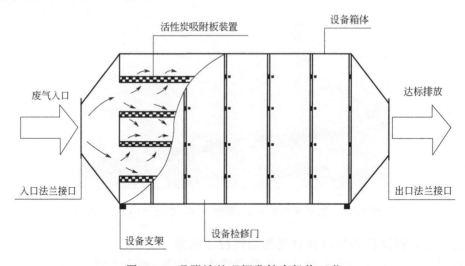

图 6-14　吸附法处理挥发性有机物工艺

6.3.2.4　矿物棉行业集棉、固化工序废气治理技术路线

矿物棉企业集棉室、固化室的废气中含有颗粒物、苯酚、甲醛、氨。目前废气处理方法主要包括以下几种。

（1）岩（矿）棉板过滤

主要适用于集棉室的废气处理。岩（矿）棉板过滤对颗粒物及有机胶粒去除效果明显。在使用过程中，过滤板中的岩（矿）棉板需要定期更换以保证颗粒的去除效果及减小废气流的阻力；使用过的岩（矿）棉板还可以重新熔制以达到重复利用的目的。在欧盟有 90%的岩（矿）棉生产使用岩（矿）棉板过滤的方法处理成型区的废气，有不到 10%的岩（矿）棉生产使用该技术处理固化区的废气，主要是因为固化区废气温度较高。由于岩（矿）棉过滤板投资成本及处理成本相对较低，因此国内很多岩（矿）棉生产企业使用岩（矿）棉过滤来处理集棉室和固化室废气中的颗粒物、苯酚和甲醛等。有些企业采用岩（矿）棉板过滤后再经过水幕处理，可以达到更好的效果。

（2）吸附浓缩-催化燃烧法

适用于固化室的废气处理。低浓度 VOCs 废气经吸附器吸附-脱附后变为高浓度 VOCs 废气，再经催化燃烧装置处理后达标排放，产生的热能可回收利用。该技术可用于处理大风量、低浓度的 VOCs 废气。设备初次投入成本高，但运行费用稍低，且治理效率稳定，无需经常更换吸附剂、催化剂。较好的废气焚烧炉可将废气中的总有机物降至 $10mg/m^3$。

（3）吸附法

吸附法是利用吸附剂（如活性炭、活性炭纤维、分子筛等）对废气中各组分选择性吸附的特点，将气态污染物富集到吸附剂上后再进行后续处理的方法，适用于低浓度有机废气的净化。

（4）低温等离子体技术

利用高能电子、自由基等活性粒子和废气中的污染物作用，使污染物分子在极短的时间内发生分解，并发生氧化、分解等各种反应以达到降解污染物的目的。该技术特点为对部分有机物去除效率较高、系统运行维护少、运行费用较低、操作简便、但初期投资较高；其他类似技术如辉光放电、电晕放电、脉冲放电等技术原理相类似，但去除效率较低。

（5）光催化降解技术

原理是光催化剂如 TiO_2 在紫外线的照射下被激活，使 H_2O 生成 ·OH 自由基，然后 ·OH 自由基将有机污染物氧化成 CO_2 和 H_2O。该技术通常作为其他处理工艺后续保障措施。

6.3.2.5　常用挥发性有机物废气治理技术要求

如上文所述，玻璃和矿物棉行业挥发性有机物治理技术主要包括固定床吸附/脱附技术、转轮移动床吸附/脱附技术、燃烧技术、UV 光解技术等。常用挥发性有机物废气治理技术要求如下所述。

（1）固定床吸附/脱附技术

利用吸附材料在固定床吸附装置中选择性吸附废气中的 VOCs 以达到净化废气的目的。该技术常用的吸附材料为活性炭，当吸附饱和或废气出口浓度不能满足排放要求时，

需要对活性炭吸附材料进行更换或再生。被更换的吸附材料需送有资质的危废处置单位处置。饱和的吸附材料可通过解吸而再生利用。再生工艺包括变压再生或变温再生（又称热气流再生）。脱附废气一般采用蓄热燃烧、催化燃烧或蓄热催化燃烧技术进行处理。当入口废气颗粒物浓度超过 1mg/m³ 时，需先采用过滤或洗涤等方式进行预处理并除湿。该技术 VOCs 去除效率可达 90% 以上。固定床吸附/脱附技术的技术参数应满足《吸附法工业有机废气治理工程技术规范》（HJ 2026—2013）的相关要求。

（2）转轮移动床吸附/脱附技术

利用装有分子筛等吸附材料的转轮吸附装置，对有机废气中的 VOCs 进行连续吸附和脱附，从而达到净化废气的目的。一般用于较大风量、中低浓度 VOCs 废气的预浓缩。该技术适用于入口废气颗粒物浓度小于 1mg/m³，相对湿度不高于 80%，温度不高于 40℃ 的日用玻璃企业 VOCs 废气的治理，VOCs 净化效率可达 90% 以上。转轮移动床吸附/脱附技术适用于大规模、能够连续稳定生产的日用玻璃制造企业，投资成本高，运行成本不高。脱附废气一般用蓄热燃烧、催化燃烧或蓄热催化燃烧技术进行处理。转轮移动床吸附/脱附技术的技术参数也应满足《吸附法工业有机废气治理工程技术规范》（HJ 2026—2013）的相关要求。常用的分子筛转轮浓缩技术装置如图 6-15 所示。

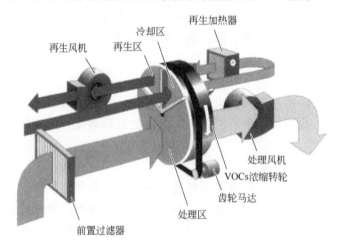

图 6-15　分子筛转轮浓缩技术装置

废气中含有的某些物质，可能会对分子筛造成一定影响，有的甚至会造成永久性损坏或磨损，影响分子筛吸附性能。以下物质成分，如表 6-19 所列，均不能使用分子筛进行吸附/脱附处理，玻璃企业在选用分子筛处理 VOCs 废气时，应确保废气中不存在下列物质，或通过预处理手段首先进行去除后再将废气通入分子筛中。

表 6-19　分子筛转轮无法处理的物质成分

状态	物质成分	现象
不易吸附物质	甲醇	极性强不吸附
	环己烷	构造上不易吸附
	甲醛类、其他低沸点物质	低沸点不吸附

续表

状态	物质成分	现象
不易脱附物质	油雾、焦油雾	不易脱附
	可塑剂［邻苯二甲酸二乙酯（DEP）、邻苯二甲酸二辛酯（DOP）等］	高沸点不易脱附
	松油醇	在细孔内反应并积蓄
	单体氯化乙烯基、丙烯腈、异氰酸酯、苯乙烯和其他聚合性物质	聚合性物质不易脱附
	单乙醇胺（MEA）	蒸气压低不易脱附
	其他胺类	改变性状不易脱附
	超过 200℃ 的高沸点物质	不易脱附
	蒸气压在 20Pa 以下（20℃）的物质	不易脱附
致沸石退化物质	酸性物质、碱性物质	沸石退化
	涂料	覆盖沸石产生退化

（3）燃烧技术

该技术通过燃烧或催化燃烧发生化学反应，将废气中的 VOCs 氧化为二氧化碳和水等化合物，具有效率高、处理彻底、污染小等特点，可高效处理绝大多数有机废气。常见的燃烧技术包括热力燃烧技术和催化燃烧技术。

1）热力燃烧技术

热力燃烧技术是以辅助燃料为助燃气体，在辅助燃料燃烧的过程中，将废气中的可燃组分销毁。热力燃烧的温度一般为 700～900℃。该技术投资、运行成本均较高，主要适用于使用溶剂型物料的大、中规模日用玻璃企业的漆雾、VOCs 治理。

2）催化燃烧技术

催化燃烧技术是利用固体催化剂，将废气中的 VOCs 通过氧化作用转化为二氧化碳和水等化合物，包括催化燃烧（CO）技术和蓄热催化燃烧（RCO）技术，VOCs 净化效率可达 90% 以上。该技术反应温度低、产生氮氧化物较少。当废气中含有硫化物、卤化物、有机硅、有机磷等易导致催化剂中毒的物质时，应先进行预处理去除中毒物质后使用。该技术的技术参数应满足《催化燃烧法工业有机废气治理工程技术》（HJ 2027—2013）的相关要求。该技术投资、运行成本均较高，主要适用于大、中规模的日用玻璃制造企业的漆雾、VOCs 治理。

（4）UV 光催化氧化技术

UV 光催化氧化技术，以紫外线为能源，配合纳米 TiO_2 为催化剂，将有机物降解为二氧化碳和水等其他无害成分，使处理后的废气达标排放。

原理是当紫外线照射在纳米 TiO_2 催化剂上时，TiO_2 催化剂吸收光能产生电子-空穴对，与废气表面吸附的水分和氧气反应，产生氧化性很活泼的烃基自由基·OH 和超氧离子自由基（O_2^-·），把各种有机废气还原成 CO_2 和 H_2O。

① 优点：无需添加剂；不会产生二次污染、节能环保；成本低、占地面积小。

② 缺点：产生不彻底氧化的副产物，这种副产物将会比初始 VOCs 拥有更大的毒副作用。例如，三氯乙烯在光解全过程中转化成碳酰氯，碳酰氯被称作光气，是强烈窒息性有毒气体，浓度较高的吸入能致急性肺水肿，其毒副作用比氢气约大 10 倍。此外，不彻底氧化还会产生臭氧。

6.3.3 VOCs 无组织排放控制措施

6.3.3.1 VOCs 物料的储存、转移和输送

① 涂料、胶黏剂、树脂、固化剂、稀释剂、清洗剂、浸润剂、黏结剂等 VOCs 物料应储存于密闭的容器、包装袋、储库中。

② 盛装 VOCs 物料的容器或包装袋应存放于室内，或存放于设置有雨棚、遮阳和防渗设施的专用场地，在非取用状态时应加盖、封口，保持密闭。VOCs 物料转移和输送时应采用密闭管道或密闭容器。

③ VOCs 物料储库应满足密闭（封闭）空间的要求。密闭（封闭）空间指：利用完整的围护结构将污染物质、作业场所等与周围空间阻隔，所形成的封闭区域或封闭式建筑物。该封闭区域或封闭式建筑物除人员、车辆、设备、物料进出时，以及依法设立的排气筒、通风口外，门窗及其他开口（孔）部位应随时保持关闭状态。

6.3.3.2 工艺过程 VOCs 无组织排放控制

涉 VOCs 物料加工工序（玻璃制造调胶、施胶工序，玻璃制品制造调漆、喷漆、烘干、烤花工序，制镜淋漆、烘干工序，玻璃纤维浸润剂配制、拉丝工序，矿物棉集棉、固化工序等）应采用密闭设备或在密闭空间内操作，废气应排至废气收集处理系统；无法密闭的，应采取局部气体收集措施，废气应排至废气收集处理系统。

某企业在密闭空间内喷漆如图 6-16 所示。

图 6-16 某企业在密闭空间内喷漆

工艺过程产生的含 VOCs 废料（渣、液）应按照"VOCs 物料的贮存、转移和输送"相关要求进行贮存、转移和输送，盛装过 VOCs 物料的废包装容器应加盖密闭。

建有煤气发生炉的企业，酚水系统应密闭，废气收集至处理设施；采用直接水洗冷却方式的企业，造气循环水池应密闭，废气收集至处理设施。在废水处理方面，煤气发生炉生产中产生的酚水含有硫化物、焦油以及氰化物等，组成情况较为复杂，属于生化降解存在较大难度的工业废水类型。酚水处理常见工艺包括以下几种。

（1）煤气发生炉气化技术

将酚水蒸发器安装在煤气发生炉附近位置，在将酚水杂质以及焦油进行分离之后，将其运送到蒸发器当中，通过煤气炉高温高压蒸汽对酚水进行加热处理。当酚水温度达到一定程度之后，通过泵进行空气混合以及加压雾化处理，之后将其运输到煤气炉底部作为气化剂进行应用。而在发生炉中 1100℃以上的高温环境下，则能够将酚等物质分解为 H_2 以及 CO。

（2）焚烧法

在焚烧炉中进行苯酚废水的注入，对于酚水而言，其在 1100℃时会发生氧化反应，排放出二氧化碳以及水。该过程具有操作简便的特点，但能源消耗量大。一般利用企业已有的燃煤热风炉或其他燃煤窑炉。

（3）水煤浆配置法

部分企业使用水煤浆作为燃料，在此情况下，则可以通过酚水的应用对部分水进行替代，将其掺入水煤浆当中。对于水煤浆来说，其燃烧温度在 1200℃左右，在该温度下污水中的有害物质以及酚则会分解为二氧化碳以及水，随着烟气排放到大气中。

某企业酚水处理系统如图 6-17 所示。

图 6-17　某企业酚水处理系统

各类酚水处理工艺对比情况如表 6-20 所列。

表 6-20　各类酚水处理工艺对比情况

工艺名称	优势	劣势
煤气发生炉气化技术	处理效果好	对装置要求高
焚烧法	操作简便	能源消耗较大
水煤浆配置法	可以使用酚水进行替代	对温度要求高

6.3.3.3 其他 VOCs 无组织排放控制

设备与管线组件 VOCs 泄漏控制要求、敞开液面 VOCs 无组织排放控制要求，应符合《挥发性有机物无组织排放控制标准》（GB 37822—2019）相关规定。

6.3.3.4 运行与记录要求

① VOCs 无组织排放废气收集系统排风罩（集气罩）的设置应符合《排风罩的分类及技术条件》（GB/T 16758—2008）的规定。采用外部排风罩的，应按《排风罩的分类及技术条件》（GB/T 16758—2008）、《局部排风设施控制风速检测与评估技术规范》（WS/T 757—2016）规定的方法测量控制风速，测量点应选取在距排风罩开口面最远处的 VOCs 无组织排放位置，控制风速不应低于 0.3m/s。

② 废气收集系统的输送管道应密闭。废气收集系统应在负压状态下运行，处于正压状态的，不应有感官可察觉的泄漏；对于 VOCs 废气收集系统，应按照《挥发性有机物无组织排放控制标准》（GB 37822—2019）的规定，对废气输送管线组件的密封点进行泄漏检测与修复，VOCs 泄漏检测值不应超过 500μmol/mol。

③ 无组织排放废气收集处理系统应与生产工艺设备同步运行。废气收集处理系统发生故障或检修时，对应的生产工艺设备应停止运行，待排除故障或检修完毕后同步投入使用；生产工艺设备不能停止运行或不能及时停止运行的，应设置废气应急处理设施或采取其他替代措施。

④ 企业应按照《排污单位环境管理台账及排污许可证执行报告技术规范 总则（试行）》（HJ 944—2018）要求建立台账，记录无组织排放废气收集系统、污染治理设施及其他无组织排放控制措施的主要运行信息，如运行时间、废气收集量和处理量、VOCs 处理设施关键运行参数（操作温度、停留时间、吸附剂再生/更换周期和更换量、吸收液用量等）、喷淋/喷雾（水或其他化学稳定剂）作业周期和用量等。台账保存期限不少于 3 年。

6.3.4 颗粒物无组织排放控制措施

《中华人民共和国大气污染防治法》第四十八条：工业生产企业应当采取密闭、围挡、遮盖、清扫、洒水等措施，减少内部物料的堆存、传输、装卸等环节产生的粉尘和气态污染物的排放。

目前，部分玻璃和矿物棉企业物料储存、输送、加工等环节颗粒物无组织排放管控措施不到位，易造成环境污染。部分企业不规范的颗粒物无组织排放管控措施如图 6-18 所示。

企业应采取以下措施减少颗粒物无组织排放。

① 粉状物料储存于封闭料场仓、储库中。煤炭、碎玻璃等其他物料储存于封闭、半封闭料场（堆棚）中。半封闭料场（堆棚）应至少三面有围墙（围挡）及屋顶，并对物料采取覆盖、喷淋（雾）等抑尘措施。硅质原料的均化应在封闭的均化库中进行。

某平板玻璃企业原料储存系统如图 6-19 所示。

图 6-18　部分企业不规范的颗粒物无组织排放管控措施

图 6-19　某平板玻璃企业原料储存系统

② 粉状物料卸料口应密闭或设置集气罩，并配备除尘设施。其他物料装卸点应设置集气罩并配备除尘设施，或采取喷淋（雾）等抑尘措施。

③ 物料输送采用封闭通廊、密闭皮带输送机、密闭斗式提升机、螺旋输送机等密闭输送方式。

④ 配料工序应在封闭空间操作，并收集废气至除尘设施；不能封闭的，产生粉尘

的设备和产尘点应设置集气罩，并配备除尘设施。配料车间外不应有可见粉尘外逸。

⑤ 矿物棉企业可以采用无尘切割技术。采用非无尘切割的切割工序应在封闭空间操作或设置局部密闭罩，并收集废气至除尘设施。某矿物棉企业切割工序封闭作业区如图 6-20 所示。

图 6-20　某矿物棉企业切割工序封闭作业区

⑥ 玻璃和矿物棉企业厂区道路应硬化，并采取清扫、洒水等措施保持清洁。未硬化的厂区应采取绿化等措施。某玻璃企业厂区洒水防尘现场如图 6-21 所示。

图 6-21　某玻璃企业厂区洒水防尘现场

⑦ 加强颗粒物无组织排放控制监测监控。部分地区，如河南省《关于全省开展重点企业无组织排放控制监测监控试点工作的通知》（豫环攻坚办〔2019〕33 号），要求在玻璃等行业企业开展无组织排放控制监测监控试点工作，对 TSP、PM_{10}、$PM_{2.5}$ 提出监测要求。该文件提出：PM_{10}、$PM_{2.5}$ 监测点位依据厂区面积布设，厂区面积大于 100 亩（1亩=666.67m²），需在厂区开展 PM_{10}、$PM_{2.5}$ 监测；放置高度应距离地面 3～15m，若放置在屋顶平台上，采样口应据平台 1.5m，避免平台扬尘的影响。

6.4　废水治理技术

6.4.1　平板玻璃行业废水治理技术

（1）主要废水种类、来源和水质

① 原料车间废水。主要来源为冲洗车间设备表面、地面降尘的冲洗水，主要水污染物为悬浮物。

② 循环冷却水排污水。通常仅水温升高，水质变化不大。平板玻璃工厂的生产用水主要为联合车间、氮氢站等设备冷却水，大部分循环利用。

③ 油站和机修废水。主要水污染物为油。

④ 生活污水。主要水污染物为化学需氧量、五日生化需氧量和悬浮物。

（2）含油废水处理工艺

目前，含油废水常用处理工艺为隔油池+油水分离器处理工艺，部分浮油难以去除。增加气浮处理单元，向水中通入空气，使水体中产生微粒气泡，并促使其黏附于杂质颗粒上，形成密度小于水的浮体，并上浮到水面上，从而获得分离杂质的效果。含油废水处理工艺如图 6-22 所示。

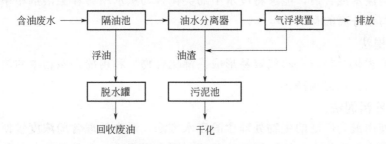

图 6-22　含油废水处理工艺

6.4.2　日用玻璃行业废水治理技术

根据日用玻璃行业废水特点，可采用隔油+生物接触氧化工艺。

某日用玻璃企业废水处理工艺如图 6-23 所示。

对于含氟废水的处理，一般先加石灰进行初级处理，然后再加电石渣、硫酸铝等絮凝剂进行深度处理。常用的方法有石灰-二氧化碳曝气法、镁盐石灰法和电石渣法。

对于煤气发生炉含酚废水的处理，常用的脱酚处理方法有焚烧法、溶剂萃取法、气提法、活性污泥法等。

（1）焚烧法

将含酚废水喷入炉内，含高浓度有机物的废水在高温 800~1000℃下发生氧化反应生成 CO_2 和 H_2O 等物质排放。

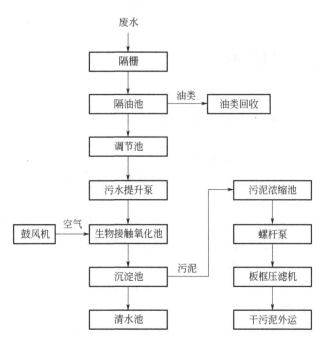

图 6-23 某日用玻璃企业废水处理工艺

（2）溶剂萃取法

萃取剂与废水混合后，能够将废水中酚类化合物从水相转移至溶剂相中，从而达到将酚类物质与水分离的目的。

（3）气提法

挥发性酚类化合物与水蒸气容易形成共沸化合物，利用酚在两相中的浓度差将酚转入蒸汽中，从而使水得到净化。

（4）活性污泥法

是目前使用最为广泛的生物处理含酚废水方法，适合处理含酚浓度较低、毒性较差的废水，污泥中微生物在足够溶解氧的条件下聚集后形成一定数量的菌类胶团，从而能够吸附和分解酚水中的酚类物质，降解、净化含酚废水。

保温瓶胆镀银工序会产生含银废水。如镀银时玻璃表面不净、银膜附着不牢，或者在镀银过程中由于条件控制不当，金属银不是在玻璃表面均匀析出，而是还原出大量的粗银粒沉淀。可通过提高镀银液配置的软化水质量、控制镀银温度和时间，提高银的利用率。同时，对于含银废水主要通过投加硫化物或氯化物，使银离子与其反应生成难溶的金属硫化物沉淀或氯化物沉淀。硫化物可采用硫化钠、硫化亚铁等；氯化物可采用氯化钠等。目前，保温瓶胆企业主要采用氯化钠沉淀工艺。

6.4.3 玻璃纤维行业废水治理技术

玻璃纤维行业生产废水以拉丝废水为主。以增强型和纺织型浸润剂拉丝废水为例，增强型浸润剂常用原料为环氧树脂、聚酯、聚氨酯、PVAc 等配制的乳液；纺织型浸润剂主要由改性淀粉及相关润滑剂、偶联剂配制而成。在池窑拉丝玻璃纤维生产废水中，上述两种浸润剂通常是混合在一起同时存在。

对于纺织型和增强型浸润剂拉丝废水而言，生物处理工艺比其他处理工艺运行费用低、操作简单、处理效果稳定，国内外相关企业多数采用此类工艺。废水处理工艺简要描述如下：拉丝车间废水由泵送入进水池，通过沉淀和格栅处理，大颗粒的泥砂和玻璃废丝等漂浮杂物被去除；而后在 pH 调节池中通过投加酸或碱初步控制 pH 值在 7 左右；再进入大容量调节池，以平衡生产导致的水量和水质波动，作为后续处理的预处理。

废水泵入反应池，同时投加一定量的碱调节 pH 值在 8～10 范围内，在进一步投加混凝剂后，在搅拌机的搅动下，药剂和废水充分反应，在适宜的 pH 值环境下以达到压缩胶体杂质扩散层、降低电动电位，使之加强凝聚的效果；同时，在凝聚过程中，再投入一定量的高分子助凝剂，以其架桥、吸附和黏结的作用，帮助加速絮凝体的形成与增大，通过第一沉池使大部分的絮凝体得到沉淀，并迅速与水分离。分离后废水中的有机成分在曝气池中被寄生在填料表面的微生物所氧化和分解；同时，池中的曝气头连续向水中曝气充氧，以维持微生物对氧的需求，并不断地给池中微生物投加氮、磷等营养成分，使生物处理始终在稳定和适宜的环境下进行。由于生物膜的不断更新，可利用二沉池将处理过程中部分老化脱落的生物膜分离出来。

考虑到生物法对一些分子量大的有机氮、有机磷、多环有机化合物等处理效果较差，故作为三级处理的化学法就显得更为重要，它弥补了生物法的不足，使废水的治理更趋完善。另外，过滤作为后续处理，能进一步地降低废水中的悬浮物质，为处理水的车间回用创造了条件。

处理过程中剩余污泥，主要来自第一沉池、第二沉池和第三沉池，用泵抽入浓缩池，利用其重力进一步浓缩，使污泥含水率从 99% 左右降低到 97% 左右，以缩小其体积，并在脱水助剂的帮助下，经脱水机将污泥浓缩成泥饼，此时的含水率为 70% 左右，体积大幅缩小。

玻璃纤维行业典型废水处理工艺流程如图 6-24 所示。

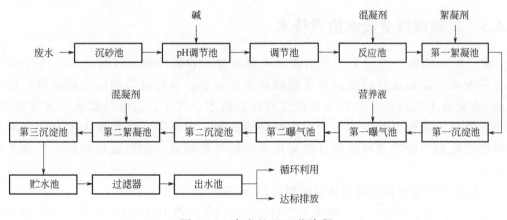

图 6-24　废水处理工艺流程

污泥处理工艺流程如图 6-25 所示。

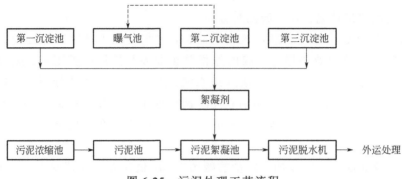

图 6-25 污泥处理工艺流程

6.4.4 玻璃制镜行业废水治理技术

玻璃制镜行业废水处理一般采用"预处理+水解酸化+生物接触氧化+絮凝沉淀"处理工艺。预处理主要针对含银、含铜废水进行处理回收，处理技术种类多样，主要包括沉淀法、电解法、还原取代法、离子交换法和吸附法等，回收的银、铜作为危险废物处置，处理后的生产废水与生活污水经处理后达标排放，产生的含银、铜污泥作为危险废物处置。

玻璃制镜行业典型废水处理工艺流程如图 6-26 所示。

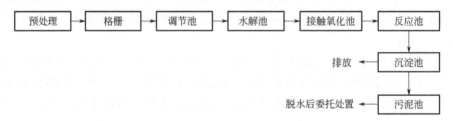

图 6-26 废水处理工艺流程

6.4.5 矿物棉行业废水治理技术

岩（矿）棉生产过程中产生的废水主要来自：设备冷却水（如离心机冷却水）、设备清洗水；离心成纤时漏洒的含酚醛树脂的废水；集棉室和固化室后采用矿棉板过滤+水喷淋工艺处理废气的也会产生相应的废水。其中，设备冷却水不含污染物，可循环使用。其他废水中的污染物主要是游离酚、游离醛。规模较大的企业通常将这些废水收集，经过滤网简单过滤后用于调配酚醛树脂，实现循环利用，基本无废水外排。

矿物棉行业废水循环利用情况如图 6-27 所示。

岩（矿）棉生产过程中的废水为含酚较低的废水，若不进行循环利用，则需采用废水处理方法进行处理。常用的处理方法是生物氧化法、化学氧化法、活性炭吸附法等，或者是生物氧化、化学氧化、活性炭吸附等数种方法结合起来的组合处理方法。

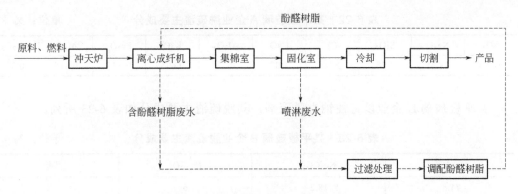

图 6-27　矿物棉行业废水循环利用

6.5　固体废物处理处置技术

6.5.1　相关技术要求

《玻璃制造业污染防治可行技术指南》(HJ 2305—2018)提出了固体废物综合利用和处置技术要求。具体技术要求如表 6-21 所列。

表 6-21　固体废物综合利用和处置技术要求

技术分类	技术要求
资源化利用技术	配料工序的除尘灰中各种物料配比固定的,可直接回用;配比不固定的,可作为制砖的原料进行综合利用。 熔化工序烟气的除尘灰可根据其成分情况综合利用。 脱硫石膏可用作水泥缓凝剂或制作石膏板,也可以根据其品质用于生产石膏粉料和石膏砌块、回填矿井、改良土壤等。 半干法脱硫产生的灰渣可用于筑路、制砖、污泥中和等。 碎玻璃可作为玻璃生产原料、玻璃瓷砖生产配料、泡沫玻璃砖生产配料等。 玻璃成型锡槽中产生的锡渣、废耐火材料、袋式除尘器废滤袋和煤气发生炉炉渣均可根据其成分情况综合利用
危险废物安全处置措施	委托有资质的单位进行危险废物处置,以满足《危险废物贮存污染控制标准》(GB 18597—2001)和《危险废物转移联单管理办法》等文件的要求

6.5.2　脱硫废渣处理处置情况

6.5.2.1　脱硫废渣成分分析

平板玻璃企业脱硫废渣成分相对简单。某平板玻璃 A 企业采用以 Na_2CO_3 为脱硫剂的喷雾干燥脱硫工艺,其脱硫渣主要由烟气脱硫过程中生成的脱硫副产物和少量经布袋除尘器捕捉的烟气粉尘两部分组成。通过 X 荧光分析可知,主要成分如表 6-22 所列。由表 6-22 可知,其主要成分是烟气脱硫阶段生成的 Na_2SO_4、Na_2SO_3 和少量玻璃原料、燃料引入的化合物。

表 6-22　某平板玻璃 A 企业脱硫渣主要成分　　　　　　　单位：%

SO₃	Na₂O	SiO₂	Cl	CaO	Al₂O₃	K₂O	Fe₂O₃	MgO	V₂O₅
44.55	43.45	3.28	3.18	1.07	0.52	0.695	0.525	0.419	0.399

某平板玻璃 B 企业以苛性钠为脱硫剂，其脱硫渣主要成分如表 6-23 所列。

表 6-23　某平板玻璃 B 企业脱硫渣主要成分　　　　　　　单位：%

Na₂SO₄	Na₂CO₃	Na₂SO₃	其他
74.3	18.2	6	1.5

某平板玻璃 C 企业采用半干法脱硫工艺，其脱硫渣主要成分如表 6-24 所列。

表 6-24　某平板玻璃 C 企业脱硫渣主要成分　　　　　　　单位：%

CaO	SO₃	f-CaO	SiO₂	Al₂O₃	MgO	Na₂O	Cl
56.4	19.46	12.60	0.65	0.34	1.42	0.12	0.53

与平板玻璃企业相比，日用玻璃企业脱硫渣成分相对复杂。通过对部分企业（采用钠碱法脱硫工艺）脱硫渣成分进行检测，结果如表 6-25 所列。

表 6-25　部分日用玻璃企业脱硫渣中化合物成分

企业编号	产品信息	化合物含量/%						
		硫酸钠	氯化钠	碳酸钠	二氧化硅	氟化钠	氧化钾	含水率
1	酒瓶、输液瓶、化妆品瓶和多种大口瓶	22～25	35～40	18～21	0.5～1	6～8	4～5	0.23
2	玻璃工艺品	10～12	38～40	13～15	3～5	28～30	—	0.17
3	口杯、奶瓶、水杯、罐头瓶、酒瓶、饮料瓶等	45～50	10～12	12～15	1.5～3	18～20	2～3	0.51

6.5.2.2　脱硫渣综合利用问题分析

（1）脱硫渣成分较复杂

如上所述，日用玻璃企业脱硫渣成分相对复杂，如氟化钠含量高。《日用玻璃行业规范条件（2017 年本）》规定：日用玻璃生产企业禁止使用含氟原辅材料（全电熔窑除外）。氟化钠（CAS 号：7681-49-4）属于有毒物质，根据《危险废物鉴别标准　毒性物质含量鉴别》（GB 5085.6—2007）相关规定，当一种或一种以上有毒物质的总含量≥3%时，该类固体废物属于危险废物。因此，为避免脱硫渣成为危险废物，应从源头削减含氟物质的使用，或改变脱硫治理工艺。

（2）综合利用水平较低

脱硫渣综合利用途径主要包括制作石膏板、石膏砌块、石膏粉料、水泥缓蚀剂和用于回填矿井、改良土壤、筑路、制砖、污泥中和等，也有企业研究用半干法脱硫渣替代部分玻璃原料。但总体而言，脱硫渣综合利用水平仍较低。通过查询全国排污许可证管理信息平台（C3054、C3055、C3056 部分），选取 231 家企业（有熔窑的玻璃制品企业），仅 36 家企业填报了脱硫固体废物产生量，占比 15.58%。脱硫固体废物产生量 21172.64t/a，自行利用量 9432t/a，自行处置量 377t/a，委托利用量 3608.99t/a，委托处置量 7734.65t/a。

（3）处理处置尚不规范

目前，对于尚未实现综合利用的脱硫渣，企业对其利用处理处置措施尚不规范。如部分企业的脱硫渣采用自行贮存，与排污许可证申报的委托利用、委托处置的方式不一致。部分企业脱硫渣贮存场所不符合《一般工业固体废物贮存和填埋污染控制标准》（GB 18599—2020）相关技术要求，防渗漏、防流失、防扬散等措施不到位。

6.5.2.3 建议

（1）推进清洁生产技术升级换代

使用清洁燃料和原料，减少二氧化硫产生量。从源头削减氟化物的引入量，如在澄清剂中可选用硝酸盐、硫酸盐等代替氟化物，在乳浊剂中可选用磷酸盐、锡化合物等，在助熔剂中可选用硼化合物、硝酸盐等。

（2）加强综合利用技术研发应用

与火电等行业产生的脱硫石膏相比，玻璃行业脱硫渣具有产生量相对少、分布分散、成分复杂等特点，对于脱硫渣的综合利用需要具体问题具体分析。根据欧洲玻璃制造企业的成熟经验，脱硫渣可作为玻璃原料使用。国内部分平板玻璃和日用玻璃企业也探索性地将脱硫渣回收于生产。建议针对脱硫渣开展再利用、再循环等关键技术的研发应用和推广。

（3）强化环保政策法规标准引导

现行政策法规标准已对脱硫渣提出了一定要求，但尚不全面。例如，《烟气脱硫工艺设计标准》（GB 51284—2018）、《烟气脱硫石膏》（GB/T 37785—2019）等标准提出了无水亚硫酸钠、石膏等质量要求。《玻璃制造业污染防治可行技术指南》（HJ 2305—2018）提出了脱硫渣综合利用方向，指出：脱硫石膏可用作水泥缓蚀剂或制作石膏板，也可以根据其品质用于生产石膏粉料和石膏砌块、回填矿井、改良土壤等。半干法脱硫产生的灰渣可用于筑路、制砖、污泥中和等。在大气污染防治、固体废物污染防治相关政策文件中，应进一步强调对脱硫渣的环境管理要求，提高地方生态环境管理部门和企业对脱硫渣的环境管理重视程度。针对玻璃行业脱硫渣的实际特点，制定相关综合利用技术规范和副产物质量标准，规范并提高其综合利用水平。

（4）加强固体废物排查整治工作

根据《中华人民共和国固体废物污染环境防治法》《一般工业固体废物贮存和填埋污染控制标准》（GB 18599—2020）等法律法规政策标准的要求，开展玻璃行业固体废物排查和整治工作。根据《关于加强危险废物鉴别工作的通知》（环办固体函〔2021〕419 号）等文件要求，重点开展危险废物鉴别工作。排查脱硫渣产生量、贮存、流量等情况，对照企业环评和排污许可相关要求，检查脱硫渣污染防治措施落实及环境守法等情况。

6.5.3 废脱硝催化剂再生技术

玻璃熔窑烟气脱硝普遍采用 SCR 技术。国内玻璃生产线主要采用天然气、发生炉煤气、石油焦、重油等作为燃料，在脱硝过程中，燃烧时产生的焦油会黏附在 SCR 脱硝催化剂表面及孔道中，造成催化剂的失活。同时低温下，由二氧化硫氧化生成的三氧化硫会与水蒸气及氨气反应，不仅会造成氨耗量的增加，而且生成的硫酸氢铵在低温下黏附性较强，会附着在催化剂表面及孔道中，进一步加剧催化剂的失活。

玻璃企业失活脱硝催化剂需要定期更换，直接影响到企业运行成本。研究表明，多数情况下，可通过对失活催化剂进行再生，恢复催化剂的脱硝性能。根据脱硝催化剂失活机理的不同，其再生方法主要有物理清洗、化学清洗、活性组分补充等。

某企业催化剂再生工艺描述如下。

（1）物理清洗

物理清洗是采用水冲洗失活脱硝催化剂，除去覆盖在催化剂表面的积灰，使物理失活的部分催化剂表面恢复活性，但同时会引起活性组分流失的问题。一般情况下水洗很少单独作为再生方法，常常作为再生预处理方法，和其他再生方法联用。采用水洗再生处理时，应该合理选择水洗方式、把握水洗时间、控制水洗强度等，以保证水洗效果最好且活性组分流失最少。

（2）化学清洗

化学清洗可进一步去除吸附在脱硝催化剂表面的中毒物质，可分为酸液清洗和碱液清洗。酸洗适用于碱金属中毒的催化剂再生，碱洗一般适用于 P、As 中毒的催化剂再生。化学清洗具有较好的再生效果，但是酸洗、碱洗均会造成不同程度的 V、W 流失，同时对催化剂的强度有一定程度影响。应根据中毒元素或物质，合理选择酸碱清洗方法，这对催化剂再生至关重要。

（3）活性组分补充

脱硝催化剂在使用过程中会导致活性组分损失，且在再生过程中，酸洗、碱洗处理虽然会让催化剂中毒的活性位恢复活性，但部分催化剂表面活性物质会溶于清洗液中，造成了一定的流失。因此，上述两种情况下损失的活性位就需要补充。通常采用浸渍法进行活性组分补充。

6.5.4 废丝处理工艺

玻璃纤维废丝是因生产过程中温度或原料波动、机械故障、操作不当而产生的硬质、玻璃态、直径几微米到几毫米的长短不一的纤维。一般运行状态良好的池窑产生废丝较少，而坩埚生产废丝较多，占据玻璃纤维重量的 5% 以上。玻璃纤维生产中的开刀丝可以作为手糊玻璃钢（FRP）或针刺毡的原料，各类矿物棉纤维生产中的废棉也可以经梳理、铺覆加工成管材或板材，或者供喷涂工艺使用。本节所述废丝，主要是指玻璃纤维生产过程中成纤不良的硬质废丝。废丝的主要特征：一是难以熔化（熔化温度 1350℃ 以上）；二是表面附着不易消除的油脂（废浸润剂）和杂质，增加了废丝处理难度。

几种玻璃纤维废丝处理方法介绍如下。

（1）废丝熔融法

把附着了有机物表面处理剂的玻璃纤维废丝与硅砂、石灰石、白云石、硼酸、黏土等玻璃原料混合成配合料，在熔窑内熔化，重新制造玻璃纤维。

（2）废丝生产彩色细砂

以玻璃纤维废丝为基础，添加一定数量的着色剂、矿化剂，先制备成相当于陶瓷颜料的彩色玻璃色料，再使之均匀包裹在石英砂表面，经高温烧灼制得彩砂。

（3）废丝生产泡沫玻璃

泡沫玻璃是一种绝热吸声材料，因导热系数和膨胀系数低、不燃、防潮、拒腐而被用于工业与建筑的保温、保冷。玻璃纤维废丝经检选、热水洗涤除浸润剂、烘干和破碎后，可作为生产泡沫玻璃原料使用。选择与废丝相匹配的发泡剂，是生产这种泡沫玻璃的关键。

（4）废丝生产彩色玻璃马赛克

在废丝中加入部分石英砂、乳化剂、着色剂和其他辅助原料可生产马赛克。其中：石英砂在玻璃配合料熔化过程中处于半熔融状态，砂粒边界部分熔于玻璃体中形成微晶，制品形成后还保留部分颗粒。这些颗粒在马赛克制品中起到骨架作用。

6.6　污染治理技术案例

6.6.1　平板玻璃窑炉烟气治理技术案例

6.6.1.1　窑炉烟气治理技术路线

我国平板玻璃企业于 2014 年前已基本完成了脱硫改造。"十三五"期间，平板玻璃企业积极开展烟气脱硝工作，行业已基本完成脱硝设施建设。

玻璃熔化工序产生烟气中颗粒物治理可采取静电除尘技术、湿式电除尘技术或袋式除尘技术。通常在脱硝前采取静电除尘技术，对熔窑烟气进行预除尘，在湿法脱硫后采取湿式电除尘技术，在半干法脱硫后采取袋式除尘技术。

玻璃熔化工序烟气的脱硫技术包括湿法和半干法两大类。湿法脱硫技术包括石灰石/石灰-石膏法和钠碱法；半干法脱硫技术包括旋转喷雾干燥脱硫技术（SDA 技术）、烟气循环流化床脱硫技术（CFB-FGD 技术）和新型脱硫除尘一体化技术（NID 技术）。玻璃熔化工序产生烟气的脱硝技术主要为选择性催化还原法（SCR）脱硝技术。玻璃熔化过程产生的氯化氢和氟化物通过脱硫过程实现协同处置。

平板玻璃和浮法生产平板显示玻璃熔化工序大气污染治理过程通常需要先经过余热利用过程，以满足静电除尘器、SCR 脱硝反应器和脱硫反应器的工作温度要求。

熔化工序的烟气治理是平板玻璃企业大气污染治理的重点。目前，平板玻璃行业的烟气处理主要由脱硫、脱硝、除尘几个重要环节构成，平板玻璃工厂烟气净化系统常规流程如图 6-28 所示。玻璃熔窑烟气治理设施现场如图 6-29 所示。

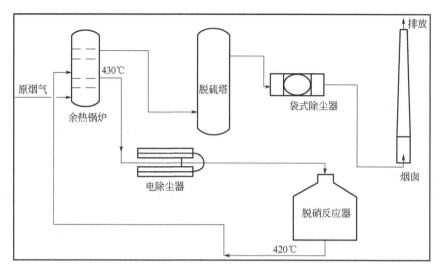

图 6-28 平板玻璃工厂烟气净化系统常规流程

(a)   (b)   (c)

图 6-29 玻璃熔窑烟气治理设施现场

平板玻璃熔窑不能停产检修的生产工艺特点，导致烟气处理设施无法与玻璃熔窑形成 100%同步运行，检修期间产生的排放异常属于行业性痛点。国家和部分地方根据行业特点提出相关要求，如《重污染天气重点行业应急减排措施制定技术指南》规定：A 级、B 级平板玻璃企业应有备用治理措施；《浙江省空气质量改善"十四五"规划》规定：到 2022 年，平板玻璃企业实现全部取消脱硫脱硝烟气旁路或设置备用脱硫脱硝等设施。

某平板玻璃企业采用脱硝、脱硫、除尘一体化治理技术，脱硝采用 SCR 技术，脱硫采用 CFB 循环流化床半干法脱硫工艺；前端采用高温静电除尘进行原烟气预处理，排放前采用布袋除尘以实现稳定达标排放。考虑到烟气处理系统切换升温期间脱硝塔内反应温度不高，无法喷氨脱硝，因此在现有系统与备用系统的末端均设置了联络烟道，将升温烟气返回至正在运行的系统进行处理，避免系统切换升温期间烟气直排。备用废气治理设施如图 6-30 所示。

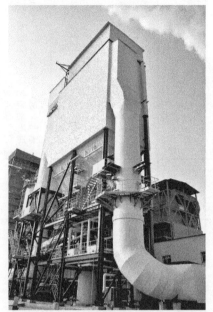 

(a) 备用布袋除尘器　　　　　　　　　　(b) 备用布袋除尘器

(c) 备用脱硝塔　　　　　　　　　　(d) 备用脱硫塔

图 6-30　某平板玻璃企业备用废气治理设施场

平板玻璃熔化工序烟气治理技术路线如表 6-26 所列。

平板显示玻璃熔化工序烟气治理技术路线如表 6-27 所列。

在线镀膜尾气治理技术路线如表 6-28 所列。

表 6-26 平板玻璃熔化工序烟气治理技术路线

技术编号	预防技术	治理技术	污染物排放水平 / （mg/m³）					技术适用条件
			颗粒物	SO₂	NOₓ	氯化氢	氟化物	
1		静电除尘+SCR	30~50	200~400	400~600	≤30	≤5	适用于 SO₂ 初始浓度小于 400mg/m³，目原料中芒硝加入量较少的企业。该技术具有操作简单、便于维护的特点
2	清洁燃料技术（天然气）+原料控制技术（减少芒硝加入量）	静电除尘+SCR+湿法（石灰石/石灰-石膏法）脱硫+湿式电除尘	10~20	100~150	350~500	≤30	≤5	适用于 SO₂ 初始浓度小于 400mg/m³，静电除尘对烟气负荷的适应性。该技术对烟气具有较强的适应性
3		静电除尘+SCR+湿法（钠碱法）脱硫+湿式除尘	10~20	100~150	350~500	≤30	≤5	适用条件同上。采用该技术脱硫反应速度快，存在系统腐蚀问题，运行维护成本较高
4		静电除尘+SCR+半干法（CFB-FGD 或 NID）脱硫+袋式除尘	20~30	150~200	300~450	≤30	≤5	适用条件同上。该技术对气的负荷变化具有较强的适应性
5		静电除尘+SCR+半干法（SDA）脱硫+袋式除尘	20~30	200~300	300~450	≤30	≤5	适用条件同上。对石灰石资源丰当且品质较高的区域可以选用该技术，该技术易发生装置堵塞，运行维护成本较高
6		干法脱硫+复合陶瓷滤筒除尘脱硝一体化技术	10~20	150~200	300~450	≤30	≤5	适用于 SO₂ 初始浓度小于 400mg/m³，目干法脱硫塔入口烟气温度小于 400℃。该技术操作简单
7	清洁燃料技术（天然气）+纯氧燃烧技术+原料控制技术（减少芒硝加入量）	袋式除尘	20~40	200~400	500~700	≤30	≤5	适用于 SO₂ 初始浓度小于 400mg/m³，目原料中芒硝加入量较少的企业。袋式除尘器入口烟气温度通常小于 200℃

续表

技术编号	预防技术	治理技术	污染物排放水平/（mg/m³）					技术适用条件
			颗粒物	SO$_2$	NO$_x$	氯化氢	氟化物	
8		静电除尘+SCR+湿法（石灰石/石灰-石膏法）脱硫+湿式电除尘	10~20	100~150	300~450	≤30	≤5	适用于SO$_2$初始浓度小于2000mg/m³，且静电除尘器入口烟气温度小于400℃的企业。该技术对烟气的负荷变化强有较强的适应性，存在系统腐蚀问题
9	采用发生炉煤气或焦炉煤气作为燃料；原料控制技术：原料减少芒硝加入量）	静电除尘+SCR+湿法（钠碱法）脱硫+湿式电除尘	10~20	100~150	300~450	≤30	≤5	适用条件同上。该技术脱硫反应速度较快，存在系统腐蚀问题，运行维护成本较高
10		静电除尘+SCR+半干法（CFB-FGD或NID）脱硫+袋式除尘	20~30	150~250	300~450	≤30	≤5	适用条件同上。该技术对烟气负荷变化具有较强的适应性
11		静电除尘+SCR+半干法（SDA）脱硫+袋式除尘	20~30	350~400	300~450	≤30	≤5	适用条件同上。对石灰石资源丰富且品质较高的区域可以选用该技术，该技术易发生脱硫装置堵塞，运行维护成本较高
12	采用重油或煤作为燃料；焦料控制技术：原料减少芒硝加入量）	静电除尘+SCR+半干法（CFB-FGD或NID）脱硫+袋式除尘	20~30	200~400	400~600	≤30	≤5	适用于SO$_2$初始浓度小于3500mg/m³，且静电除尘器入口烟气温度小于400℃的企业。该技术对烟气的负荷变化强有较强的适应性

表 6-27　平板显示玻璃熔化工序烟气治理技术路线

技术编号	预防技术	治理技术	污染物排放水平/（mg/m³）					技术适用条件
			颗粒物	SO₂	NOₓ	氯化氢	氟化物	
1	清洁燃料技术（天然气）+电助熔技术+纯氧燃烧技术+原料控制技术（减少芒硝和硝酸盐加入量）	袋式除尘	20～40	≤200	500～700	≤30	≤5	适用于 SO₂ 初始浓度小于 400mg/m³ 的企业，袋式除尘器入口烟气温度通常小于 400℃
2	清洁燃料技术（天然气）+电助熔技术+原料控制技术（减少芒硝和硝酸盐加入量）	静电除尘+SCR	20～50	≤200	400～600	≤30	≤5	适用于 SO₂ 初始浓度小于 400mg/m³，且静电除尘器入口烟气温度小于 400℃ 的企业

表 6-28　在线镀膜尾气治理技术路线

技术编号	预防技术	治理技术	污染物排放水平/（mg/m³）				技术适用条件
			颗粒物	氯化氢	氟化物	锡及其化合物	
1	原料控制技术（选用低氯化物和低氟化物的在线镀膜原材料）+原料控制技术（优化氟化物和氯化物的配比）	冷凝法+水喷淋吸收+碱液吸收	≤30	≤30	≤5	≤5	镀膜原料通过冷凝回收利用，原料利用率高，节约制造成本，适用于所有在线镀膜玻璃企业
2		焚烧法+袋式除尘+碱液吸收	≤30	≤30	≤5	≤5	焚烧处理过程技术要求较高，适用于所有在线镀膜玻璃企业

6.6.1.2　典型企业工程案例

某平板玻璃企业建有 500t/d 浮法玻璃生产线。主要原辅材料包括硅砂、长石、白云石、石灰石、纯碱、芒硝等。该企业采用纯氧燃烧工艺，其主要生产系统包括玻璃熔窑、纯氧制备系统、煤气站、原料系统、成型系统、退火裁切系统、碎玻璃处理系统等。

500t/d 浮法玻璃生产线生产工艺描述如下：原料经配料后推入炉窑，炉窑以煤气为燃料，由池壁上喷嘴喷入混合均匀的纯氧空气和煤气，通过燃烧将配合料熔化成玻璃液；再经澄清均化、冷却后流入并漂浮在相对密度大的锡液表面，在重力和表面张力作用下，玻璃液在锡液面上铺开、摊平，使上下表面平整、平行，经硬化、冷却后被引上过渡辊台；辊台的辊子转动，把玻璃带拉出锡槽进入退火窑，经退火、切裁后得到平板玻璃产品。

纯氧空气和煤气进入炉窑前首先在蓄热炉中与出窑尾气进行热交换，达到一定的温度，以减少燃烧室气体自身升温消耗的热能，出窑尾气经蓄热炉换热后进入尾气净化处理系统处理后达标排放。

该企业主要污染物为玻璃熔窑产生的烟尘、SO₂、NOₓ。玻璃熔窑烟气采用 SCR 脱硝+静电除尘+双碱法脱硫工艺，烟气经处理后达标排放。烟气治理工艺如图 6-31 所示。

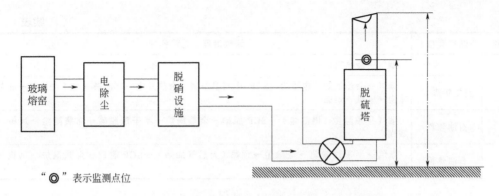

"◎"表示监测点位

图 6-31 某平板玻璃熔窑烟气治理工艺流程图

玻璃熔窑烟气排放口监测结果如表 6-29 所列。

表 6-29 玻璃熔窑烟气排放口监测结果

检测项目	第一次	第二次	第三次	第四次	第五次	第六次
标态风量/（m³/h）	68626	69910	68359	65279	64603	69393
含湿量/%	17.2	17.8	17.5	19.3	18.9	18.5
含氧量/%	10.2	10.3	9.3	9.3	9.1	9.1
颗粒物实测浓度/（mg/m³）	9.8	10.0	11.2	10.2	10.0	9.5
颗粒物折算浓度/（mg/m³）	11.2	11.7	12.8	11.1	10.8	11.0
二氧化硫实测浓度/（mg/m³）	19	20	23	25	14	17
二氧化硫折算浓度/（mg/m³）	22	23	26	27	15	20
氮氧化物实测浓度/（mg/m³）	150	147	153	144	150	141
氮氧化物折算浓度/（mg/m³）	172	171	174	157	162	163
氟化物实测浓度/（mg/m³）	1.48	1.52	1.54	1.59	1.61	1.68
氟化物折算浓度/（mg/m³）	1.69	1.77	1.75	1.73	1.73	1.94
氯化氢实测浓度/（mg/m³）	11.6	12.1	11.5	11.5	11.7	11.0
氯化氢折算浓度/（mg/m³）	13.3	14.1	13.1	12.5	12.6	12.7

注：1. 监测期间，企业玻璃出料量为 480t/a，日工作 24h，玻璃出料量 20t/h。

2. 纯氧燃烧工艺，按单位玻璃液基准排气量 3000m³/t 折算排放浓度。

6.6.2 日用玻璃窑炉烟气治理技术案例

6.6.2.1 窑炉烟气治理技术路线

经调研，日用玻璃企业常见窑炉烟气治理技术如表 6-30 所列。

表 6-30 日用玻璃企业常见窑炉烟气治理技术

序号	燃料类型	烟气治理工艺流程
1	发生炉煤气	烟气→余热锅炉→布袋除尘→SCR 低温脱硝→双碱法脱硫→风机→烟囱

序号	燃料类型	烟气治理工艺流程
2	发生炉煤气	烟气→余热锅炉→引风机→水膜除尘、脱硫塔→等离子发生器→脱硝塔→风机→烟囱
3	发生炉煤气	烟气→余热锅炉→电除尘→SCR 中高温脱硝→余热发电→降温塔→半干法脱硫→布袋除尘→风机→烟囱
4	石油焦粉	烟气→预除尘（电除尘）→SCR 脱硝→余热锅炉→半干法脱硫→布袋除尘→风机→烟囱
5	石油焦粉	烟气→半干法脱硫→电除尘→预热（天然气加热）→SCR 脱硝→余热锅炉→风机→烟囱

目前，日用玻璃熔窑烟气治理的工艺模块主要包括余热回收、除尘、脱硫、脱硝四大部分。这四个模块之间相互牵扯相互制约，其前后排列对总的治理效果影响很大。

建议采用的处理工艺流程如下：烟气→余热回收→电除尘（或预除尘，如果使用热煤气尽量不用电除尘）→催化（SCR）脱硝→半干法脱硫→袋式除尘→风机→烟囱排放。

先进行余热回收主要一是提高回收热的效率，二是对烟尘进行初步的去除；电除尘（或预除尘）主要是进一步去除烟尘及氧化物，使催化剂不易中毒（催化剂中毒主要是碱性氧化物与五氧化二钒反应，使其失效），使用寿命长；催化（SCR）脱硝放在第三模块，主要是由于催化剂在温度相对高时方能起作用，在烟气高温段脱硝效果更好；采用半干法脱硫，相对易于控制；最后采用袋式除尘，主要是对前面的半干法脱硫产生的粉尘及整个系统的粉尘再进行处理，另一个原因是处在一个温度较低区，有利于布袋的使用。

把脱硫放在脱硝之后容易使催化剂因硫酸氢铵晶体（低于 283℃结晶）附着"隔离"催化剂，降低脱硝效果，先脱硫再脱硝催化剂就不易产生这样的情况，但温度下降较大，对脱硝不利。另外，如果采用湿法脱硫，问题较多，且后面也不宜采用布袋除尘。

如果有高温脱硫技术与低温催化剂，那么，先脱硫再脱硝的技术路线更优。因此，3 个模块的排列及有关工艺过程需进一步探讨。

（1）除尘技术方案

为确保达标排放，应在整个流程采用二级除尘，前端采用电除尘（或预除尘，不宜采用电除尘的可采用旋风除尘等预除尘方式）进行一次除尘，有利于后续脱硝，使催化剂不易中毒与黏住。末端宜采用布袋作为二次除尘，布袋除尘效率高，但使用温度不能高。

（2）脱硝技术方案

脱硝最大的问题是催化剂，也就是烟气温度低的问题。为确保达标排放，应进一步研究低温催化剂（温度在 180℃左右）；也可考虑提高烟气的排放温度，使烟气的温度达 400℃左右，达到目前催化剂所需 320℃以上的要求，但会增加能源消耗。

（3）脱硫技术方案

湿法与半干法脱硫均能实现达标排放。但湿法脱硫容易使脱硫塔堵塞、清理比较复杂、液体对设施腐蚀严重、设备使用寿命短，另外湿法脱硫烟气湿度大，外排烟气含蒸汽量多、感观差；半干法脱硫相对好些，但会产生硫酸铵等，硫酸铵易分解，造成二次污染。日用玻璃企业宜采用半干法脱硫，其后采用布袋除尘的技术路线。

6.6.2.2 典型企业工程案例

(1) 工程概况

某日用玻璃企业生产绿色、棕色啤酒瓶，产品质量符合《啤酒瓶》(GB 4544—2020)。

该企业生产工艺如下：将制瓶所需各种原料(包含碎玻璃)按玻璃料配方分别计量后，加入混合机进行混合，然后由加料机加入玻璃窑炉中，在经过高温熔化、澄清、均化等过程后，形成成分均匀无气泡的并符合成型要求的玻璃液。熔化时所需热能由发生炉煤气提供，玻璃液经制瓶机形成所需的瓶型，再经输送带送进退火炉退火消除内部应力，退火后的瓶子在输送带上经过检验，剔除不合格品后进入包装库。

为满足国家环保要求，该企业进行玻璃熔窑废气提标改造，排放要求如表 6-31 所列。

表 6-31 排放要求(标态)

污染因子	NO_x	SO_2	颗粒物
产生浓度	$\leqslant 3000 mg/m^3$	约 $1000 mg/m^3$	约 $1000 mg/m^3$
排放要求	$\leqslant 100 mg/m^3$	$\leqslant 50 mg/m^3$	$\leqslant 10 mg/m^3$

(2) 工艺流程

玻璃窑炉烟气成分复杂，玻璃液熔化温度一般在 1550～1620℃之间，玻璃生产过程中要加入芒硝、纯碱及澄清剂等物质，且在玻璃原料熔融过程中会产生碱金属、硫酸盐等。该企业燃料为煤制气，氮氧化物及二氧化硫产生浓度较高，粉尘具有黏性。

本工程最大的难点在于脱硝，因该项目窑炉出口烟气温度较低(290～320℃)。在运行成本可控，一次性投资最低的情况下只能选用在 220～350℃ 温度区间的低温 SCR 脱硝技术；为降低一次投资成本，节省占地面积，催化剂也必须选用小孔径(30 孔)蜂窝式低温催化剂，但使用该催化剂必须控制进入脱硝反应器内烟气的颗粒物浓度<30mg/m³，$SO_2 < 50mg/m^3$，否则会产生催化剂中毒、堵塞等情况，所以必须在脱硝前段先将 SO_2 及颗粒物治理至满足脱硝使用要求。为使前段温降能够有效控制，脱硫使用纯干式脱硫，除尘使用布袋除尘，脱硫后的副产物进入布袋拦截，脱硫除尘后气体进入脱硝反应器脱硝。因除尘器中滤袋最大使用温度为 260℃，且窑炉使用周期内窑况会发生变化，烟道出口烟气温度会升高，所以需在脱硫前段增加调温用余热锅炉。

本工程烟气治理工艺流程如下：

玻璃窑炉烟气→余热锅炉→干式双级塔脱硫→布袋除尘器→SCR 低温脱硝→引风机→烟囱排空。

(3) 工艺原理

玻璃窑炉烟气首先通过余热锅炉调节温度后进入干式脱硫塔，脱硫剂采用气力间歇输送至脱硫塔底部前段的烟道内，再经塔内文丘里加速作用，将喷入塔内的脱硫剂吹起，形成沸腾床体，烟气和物料处于强烈紊流状态，经过复杂的传热传质及化学吸收等物理化学过程后，烟气中的二氧化硫得以有效去除。脱硫后形成的脱硫灰副产物进入布袋除尘器，收集下来外排综合利用。

脱硫主要反应原理如下：

$$2NaHCO_3+SO_2\longrightarrow Na_2SO_3+2CO_2+H_2O$$

$$2NaHCO_3+SO_3\longrightarrow Na_2SO_4+2CO_2+H_2O$$

$$Na_2SO_3+1/2O_2\longrightarrow Na_2SO_4$$

脱硫后形成的脱硫灰副产物进入布袋除尘器收集，除尘器采用脉冲吹灰，定期反吹吸附在滤袋上的过量脱硫剂和脱硫副产物，收集至除尘器底部的灰仓，灰仓安装有高低料位计，最后经底部的卸料装置装袋综合利用。

烟气经脱硫、除尘后进入脱硝反应器，反应器内部共设置4层催化床层，3用1备，烟气自上而下流通，每层催化剂设置一套耙式吹灰系统，定期吹扫催化剂表面的附着物。脱硝前段安装有两只氨水雾化喷枪，一只安装在脱硫入口，另一只安装在脱硝入口，一用一备；雾化后的氨气及催化剂将氮氧化物还原成氮气和水蒸气经风机输送至烟囱排空。

氨法 SCR 脱硝反应机理为 NH_3 在一定的温度条件和催化剂的作用下，有选择性地把烟气中的 NO_x 还原为 N_2，主要反应方程式如下：

$$4NH_3+4NO+O_2\longrightarrow 4N_2+6H_2O$$

$$4NH_3+2NO_2+O_2\longrightarrow 3N_2+6H_2O$$

脱硝反应过程中存在以下副反应

NH_3 的氧化及分解反应：

$$4NH_3+3O_2\longrightarrow 2N_2+6H_2O$$

$$4NH_3+5O_2\longrightarrow 4NO+6H_2O$$

$$2NH_3\longrightarrow N_2+3H_2$$

铵盐的产生反应：

$$2SO_2+O_2\longrightarrow 2SO_3$$

$$NH_3+SO_3+H_2O\longrightarrow NH_4HSO_4$$

$$2NH_3+SO_3+H_2O\longrightarrow (NH_4)_2SO_4$$

考虑到后期设备整体大修，在窑炉烟气出口处与烟囱间单独配备一台工艺风机及相关配套烟道，用于后期设备整体大修的应急排空。

（4）设计参数

该工程设计参数如表 6-32 所列。

表 6-32　设计参数表

序号	项目	单位（标态）	数值
1	窑炉燃料	—	煤制气
2	烟气总量	m^3/h	60000～65000
3	SO_2 初始排放浓度（氧含量8%，标态干基）	mg/m^3	≤1000
4	NO_x 初始排放浓度（氧含量8%，标态干基）	mg/m^3	≤3000
5	粉尘初始排放浓度（氧含量8%，标态干基）	mg/m^3	≤1000
6	窑炉出口温度	℃	290～320

序号	项目	单位（标态）	数值
7	窑炉出口烟气含氧量	%	≤8
8	设计处理后 SO$_2$ 排放浓度	mg/m^3	≤50
9	设计处理后 NO$_x$ 排放浓度	mg/m^3	≤100
10	设计处理后粉尘排放浓度	mg/m^3	≤10
11	年运行时间	h/a	8760

（5）主要设备

本工程主要设备、仪表等情况如表 6-33～表 6-35 所列。

表 6-33　工艺设备表

名称	规格或型号	材质	单位	数量	容量/kW	电压/V
引风机	流量 120000m^3/h，压头 6400Pa	碳钢	套	1	355	380
SCR 烟道入口手动挡板门	正方形多叶式手动挡板门，工作温度 300～400℃，焊接法兰（1400mm）	Q345	台	4	0.55	380
SCR 烟道出口手动挡板门	正方形多叶式手动挡板门，工作温度 300～400℃，焊接法兰（1400mm）	Q345	台	4	0.55	380
工艺旁路手动挡板门	蝶式手动挡板门，工作温度 300～400℃，焊接法兰（1200mm）	Q345	台	4	0.55	380
余热锅炉进口调节挡板门	蝶式调节型电动挡板门，工作温度 300～400℃，焊接法兰（1400mm）	Q345	台	2	0.55	380
余热锅炉出口调节挡板门	蝶式调节型电动挡板门，工作温度 300～400℃，焊接法兰（1400mm）	Q345	台	2	0.55	380
余热锅炉旁路调节挡板门	蝶式调节型电动挡板门，工作温度 300～400℃，焊接法兰（1400mm）	Q345	台	2	0.55	380
余热锅炉入口烟道膨胀节	工作温度 300～400℃，轴向补偿量±120mm，径向补偿量±30mm，法兰焊接（1400mm）	非金属	台	2		
氨水储存输送系统						
氨水输送泵	流量 0.6m^3/h，扬程 120m	304	台	2	1.1	380
脱硝反应系统						
双流体雾化喷枪	氨水流量 0～500L/h，喷枪长度 1000mm（喷枪喷头中心至法兰处）	304	套	2		
低温蜂窝式催化剂	30 孔，35m^3，模块尺寸（长、宽、高）2225mm 970mm 1235mm，18 个模块					
脱硫系统						
星型卸料器	配套反法兰、变频电机，配 0～33r 减速器	碳钢	套	1	0.75	380
电动葫芦	吊重 1t，9m，带有线操作手柄、行走电机，配 2t 吊钩，配配电箱	碳钢	套	1	1.5	380
仓壁振动器	震动力 8000N，转速 1500r/min	碳钢	套	1	0.37	380
吹灰系统						

名称	规格或型号	材质	单位	数量	容量/kW	电压/V
空压机	排气量 30m³/min，排气压力 0.8MPa		套	1	160	380
储气罐	容积 10m³，压力 0.8MPa	碳钢	套	2		
耙式吹灰器	2.1m×4m	碳钢	套	6	1.1	380

表 6-34　系统阀门表

序号	阀门名称	规格	连接	阀体材料	公称压力	操作	数量
一	氨水储存输送系统						
1	氨水输送泵进口阀	DN25 球阀	法兰	304	1.0MPa	手动	1
2	氨水输送泵进口 Y 型过滤器	DN25	法兰	304	1.0MPa	自动	2
3	氨水输送泵出口阀	DN25 球阀	法兰	304	1.0MPa	手动	2
4	氨水输送泵排气阀	DN15 球阀	螺纹	304	1.0MPa	手动	1
5	氨水输送泵回流阀	DN15 截止阀	法兰	304	1.0MPa	手动	1
6	氨水输送主管路旁路阀	DN15 球阀	法兰	304	1.0MPa	手动	6
二	脱硝反应系统						
1	喷枪氨水进口 Y 型过滤器	DN15	螺纹	304	1.0MPa	手动	2
2	喷枪氨水进口阀	DN15 球阀	螺纹	304	1.0MPa	手动	2
3	喷枪氨水进口逆止阀	DN15	螺纹	304	1.0MPa	自动	2
4	喷枪压缩空气进口 Y 型过滤器	DN15	螺纹	304	1.0MPa	自动	2
5	喷枪压缩空气进口阀	DN15 球阀	螺纹	304	1.0MPa	手动	2
6	喷枪压缩空气进口逆止阀	DN15	螺纹	304	1.0MPa	手动	2
7	喷枪压缩空气进口调压阀	DN15	螺纹	304	1.0MPa	手动	2
8	喷枪压缩空气主管出口阀	DN25 球阀	法兰	碳钢	1.0MPa	手动	1
9	喷枪气路总阀	DN15	法兰	碳钢	1.0MPa	手动	2
三	压缩空气系统						
1	10m³ 压缩空气储罐进口阀	DN150 闸阀	法兰	碳钢	1.0MPa	手动	1
2	6m³ 压缩空气储罐进口阀	DN150 闸阀	法兰	碳钢	1.0MPa	手动	1
3	换热器进出口及旁路阀	DN100 闸阀	法兰	碳钢	1.0MPa	手动	3
4	一级吹灰装置管路阀	DN80 球阀	法兰	碳钢	1.0MPa	手动	2
5	二级吹灰装置管路阀	DN80 球阀	法兰	碳钢	1.0MPa	手动	2
6	三级吹灰装置管路阀	DN80 球阀	法兰	碳钢	1.0MPa	手动	2
7	除尘设备接口阀	DN100 球阀	法兰	碳钢	1.0MPa	手动	1
四	脱硫系统						
1	料仓底部放料阀	DN150 刀型闸阀	法兰	碳钢	1.0MPa	手动	1
2	气力输送阀	DN25 球阀	法兰	碳钢	1.0MPa	手动	1

表 6-35　系统仪表

序号	用途	仪表名称	测量介质	工艺条件	单位	数量
1	测反应器进出口烟气压力	智能型压力变送器	玻璃窑炉烟气	工作温度：300～400℃，工作压力：-3000～-500Pa，烟气含尘量：1000mg/m³，烟气流速：15～25m/s	台	4
2	测引风机入口烟气压力	智能型压力变送器	玻璃窑炉烟气	工作温度：300～400℃，工作压力：-7000～-3000Pa，烟气含尘量：1000mg/m³，烟气流速：15～25m/s	台	2
3	测反应器上层、中层、下层烟气温度	铠装热电阻	玻璃窑炉烟气	工作温度：300～400℃，工作压力：-3000～-1000Pa，烟气含尘量：1000mg/m³，烟气流速：5～10m/s	支	6
4	测余热锅炉进口烟气温度	铠装热电阻	玻璃窑炉烟气	工作温度：200～400℃，工作压力：-3000～-1000Pa，烟气含尘量：1000mg/m³，烟气流速：15～25m/s	支	2
5	测反应器进出口压差	智能型差压变送器	玻璃窑炉烟气	工作温度：300～400℃，工作压力：-3000～-300Pa，烟气含尘量：1000mg/m³，烟气流速：5～15m/s	台	2
6	测一级脱硫塔出口烟气温度	铠装热电阻	玻璃窑炉烟气	工作温度：200～400℃，工作压力：-3000～-1000Pa，烟气含尘量：1000mg/m³，烟气流速：15～25m/s	支	2
7	测反应器压缩空气主管压力	扩散硅压力变送器	玻璃窑炉烟气	工作温度：100～150℃，工作压力：0.5～1.0MPa	台	2
8	测输送泵供氨母管压力	压力表	氨水	温度：0～30℃，工作压力：0.5～1.2MPa	台	2
9	测输送泵供氨母管流量	电磁流量计	氨水	温度：0～30℃，工作流量：80～300L/h	台	4
10	测氨水储罐液位	磁翻板液位计	氨水	储罐尺寸：3m×7m，卧式。氨水温度：0～30℃	台	2

（6）运行情况

该工程实施后，玻璃熔窑烟气实现稳定达标排放。主要污染物排放水平如表 6-36 所列。

表 6-36　主要污染物排放水平

指标	NO$_x$/（mg/m³）	SO$_2$/（mg/m³）	氧含量/%
排放浓度	20.58～37.05	30.13～39.42	10.82～11.48

该工程总投资 1013 万元，具体投资费用如表 6-37 所列。

表 6-37　投资费用表

序号	设备	投资费用/万元
1	余热锅炉系统	51
2	干式脱硫系统	75
3	布袋除尘系统	286
4	低温 SCR 脱硝系统	457

续表

序号	设备	投资费用/万元
5	引风机系统	35
6	空压机系统	38
7	土建	36
8	在线监测系统	35
共计	1013	

该工程年运行费用 552.8205 万元，具体如表 6-38 所列。

表 6-38　运行费用表

序号	项目	单价/（元/t）	24h 耗量/t	年耗量/t	年费用/万元
1	小苏打	2100	2.5	912.5	191.1625
2	氨水	800	2.8	1022	81.76
3	电耗	7500 元/（万千瓦时）	0.785 万/千瓦时	286.53 万/千瓦时	214.898
合计			487.8205		

序号	项目	人数	日单价/元	月单价/元	年单价/元	年费用/万元
1	托管运行	6	1781	53424	650000	65
运行费用总计			552.8205			

（7）工程综合评价

该项目为改建项目，改建前治理工艺为玻璃窑炉烟气→中温脱硝→余热锅炉→引风机→湿法脱硫除尘→烟囱排空。改建前脱硝反应器经常堵塞，环保不达标；同时造成窑炉不同程度受损，湿法脱硫烟囱出口烟气量大。改建后脱硝反应器移位置于脱硫除尘之后，脱硝效果稳定达标，未发生堵塞现象；采用干法脱硫，布袋除尘工艺后烟囱出口目视看不到烟，环保系统现场干净整洁，整体系统阻力在 2500Pa 以内，能耗、运行成本在系统稳定达标的前提下综合费用比改造前降低 10%。工程实例如图 6-32 所示。

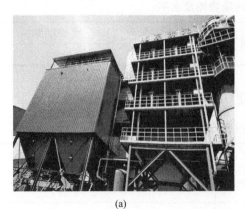 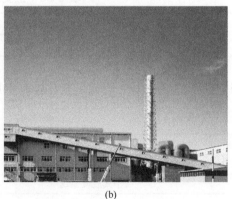

(a)　　　　　　　　　　　　　　(b)

图 6-32　工程实例图

6.6.3　玻璃纤维窑炉烟气治理技术案例

6.6.3.1　窑炉烟气治理技术路线

经调研，部分玻璃纤维企业常见废气治理技术如表 6-39 所列。

表 6-39　玻璃纤维企业常见废气治理技术

序号	燃料及燃烧方式	主要治理方案工艺流程
1	天然气	烟气→袋式除尘→湿法脱硫→烟囱排放
2	天然气	烟气→袋式除尘→余热回收→湿法脱硫→烟囱排放
3	天然气纯氧助燃	烟气→袋式除尘→SNCR 脱硝→湿法脱硫→烟囱排放
4	天然气纯氧助燃	烟气→袋式除尘→SNCR 脱硝→湿法脱硫→烟囱排放

目前，我国玻璃纤维行业趋向于采用纯氧燃烧技术，在此基础之上，大气污染物的治理主要采用对窑炉烟气末端治理的方式，其工艺模块主要有除尘、脱硫、脱硝三个部分。

建议采用的处理工艺流程如下：烟气→袋式除尘→SNCR 脱硝→湿法脱硫→烟囱排放。先进行除尘，有利于后续的废气处理，布袋除尘效率可达 99%；SNCR 技术需要在高温区加入还原剂，因此安排在第二模块，且该技术运行成本低，能满足玻璃纤维企业的处理要求；采用湿法脱硫，脱硫反应速度快、效率高、脱硫添加剂利用率高，适用于玻璃纤维企业高浓度二氧化硫的处理，同时可以去除 HF、HCl 等酸性气体，使得废气达到排放标准。

6.6.3.2　典型企业工程案例

某玻璃纤维企业设计生产能力为 25 万吨，主要产品包括合股无捻粗纱、短切原丝、直接无捻粗纱等。主要原辅材料包括叶蜡石、石灰石、白云石、萤石、芒硝、浸润剂等。燃料为天然气。生产工艺包括配合料制备、玻璃熔制、纤维成型等工序。该企业无碱玻璃纤维生产工艺流程及产污节点如图 6-33 所示。

该企业玻璃熔窑采用纯氧燃烧技术，与空气燃烧技术相比，节省燃料 50%左右，减少氮氧化物排放量 15%～30%。废气处理工艺由脱硝工段、余热利用段、废气净化段及废水净化段四部分组成。

（1）脱硝工段

在窑炉烟气中喷入 8%稀氨水，去除氮氧化物。

（2）余热利用段

配置管式余热锅炉，利用窑炉和成型通路废气的余热产生蒸汽，通过厂区蒸汽管网为全厂各生产环节提供蒸汽。废气进入余热锅炉时温度约 500℃，出余热锅炉时温度约 200℃。

（3）废气净化段

从余热锅炉出来的废气由引风机引入废气吸收系统，吸收系统由喷雾塔与喷淋塔组合而成，主要吸收介质为 NaOH。废气经喷雾塔降温吸收后进入喷淋塔，喷雾塔和喷淋塔利用废气站回用池的碱性水进行喷淋降温吸收，最后通过电除雾器处理后达标排放。

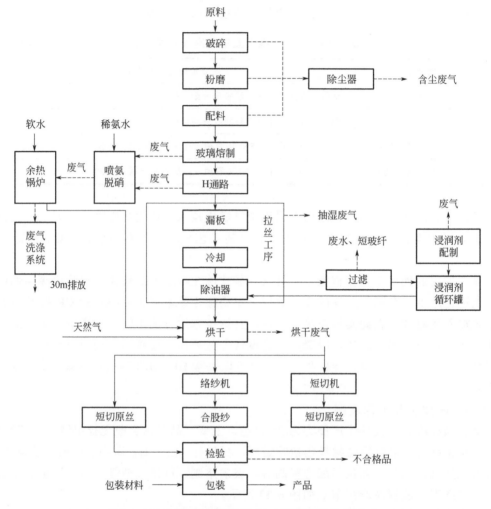

图 6-33　无碱玻璃纤维生产工艺流程及产污节点

（4）废水净化段

废气净化过程中，将洗涤塔废气氟化物的吸收液和电除雾器的排放液排入收集池，然后进入反应罐加石灰石或氯化钙反应，再经混凝（加絮凝剂）、反应、初沉、沉淀。沉淀池上层清水一部分进入回用池；另一部分导入可以串联或单联运行的洗涤塔喷淋使用，然后再把吸收了洗涤塔废气的吸收液引入集水井，这两部分水在回用池中混合后加入 NaOH 碱液，然后用于降温塔和洗涤塔喷淋使用；废水循环使用，多余废水排入厂区污水处理站。

废气处理工艺流程如图 6-34 所示。

废气处理设施处理效果如表 6-40 所列。

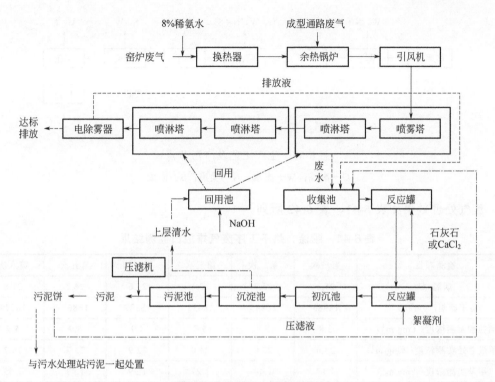

图 6-34 废气处理工艺流程

表 6-40 废气处理设施处理效果

点位	污染物	排气筒高度/m	废气量/（m³/h）	入口浓度/（mg/m³）	排放浓度/（mg/m³）
玻璃纤维熔窑	颗粒物	30	65000	260	<30
	SO₂			650	<200
	NOₓ			1100	<400
	氟化物			50	<5

6.6.4 玻璃瓶罐喷漆工序废气治理技术案例

6.6.4.1 活性炭吸附+光氧催化治理技术案例

某企业年喷涂、烤花 600 万只玻璃瓶。主要原辅材料包括玻璃瓶、水性漆、油性漆、稀料、固化剂、花纸等。

生产工艺及产污节点如图 6-35 所示。

该企业喷涂、烘干废气主要是漆雾颗粒物、挥发性有机废气（以非甲烷总烃计）、二甲苯。喷涂、烘干都是在密闭房间进行，喷漆、烤漆废气采用风机引至废气处理系统，经"水帘柜+活性炭吸附+光氧催化装置"处理后达标排放。

烤花废气主要为烘烤花纸产生的挥发性有机废气（以非甲烷总烃计）。烤花废气采用集气罩收集后进入活性炭吸附装置+UV 光氧装置处理后达标排放。

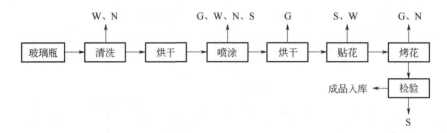

图 6-35　生产工艺及产污节点

G—废气；W—废水；N—噪声；S—固废

废气处理效果如表 6-41、表 6-42 所列。

表 6-41　喷涂、烘干工序废气排放口监测结果

检测项目	第一次	第二次	第三次	第四次	第五次	第六次
烟温/℃	25.3	23.7	22.1	24.6	24.2	21.8
标干流量/（m³/h）	18983	18845	18633	18382	18867	18779
颗粒物实测浓度/（mg/m³）	5.8	5.8	5.8	5.9	5.9	5.9
非甲烷总烃实测浓度/（mg/m³）	23.0	23.0	24.0	22.9	23.7	19.7
二甲苯实测浓度/（mg/m³）	1.17	1.48	1.27	1.39	1.43	1.45

表 6-42　烤花工序废气排放口监测结果

检测项目	第一次	第二次	第三次	第四次	第五次	第六次
烟温/℃	24.6	22.3	22.0	23.9	22.1	20.7
标干流量/（m³/h）	11297	11501	11709	11593	11434	11607
非甲烷总烃实测浓度/（mg/m³）	28.8	22.2	20.5	22.9	25.4	20.3

6.6.4.2　沸石转轮+催化燃烧治理技术案例

某企业年加工 1.2 亿只彩釉玻璃瓶，建有 4 条静电旋杯彩釉生产线、5 条烤花生产线和 20 条贴花生产线。主要原料为水性釉，固体成分约 62%，挥发成分约 38%。

生产工艺及产污节点如图 6-36 所示。

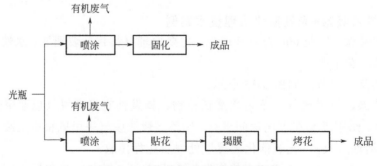

图 6-36　生产工艺及产排污节点

废气成分及浓度如表 6-43 所列。

表 6-43　废气成分及浓度

序号	成分	浓度/（mg/m³）
1	异丁醇	51.8
2	正丁醇	73.0
3	正庚烷	68.0
4	2,4-二甲基庚烷	26.6
5	二甲苯	37.6
6	丙二醇甲醚醋酸酯	30.6
7	异丙醇	62.4
8	乙醇	50.0
	合计	400

该企业废气处理为"收集系统+喷淋吸收+除雾干燥+干式过滤+分子筛转轮吸附浓缩+脱附+催化燃烧"的工艺。经处理后废气 VOCs 平均排放浓度＜20mg/m³。废气收集和处理设施现场情况如图 6-37 所示。

(a) 车间密闭

(b) 集气罩

(c) 风机+管道

(d) 沸石转轮+催化燃烧设施

图 6-37　废气收集和处理设施现场情况

6.6.5 玻璃制镜淋漆工序废气治理技术案例

某玻璃制镜企业年产玻璃镜、太阳能热镜、其他深加工产品（钢化玻璃汽车后视镜）300 万平方米。该企业主体工程包括玻璃制镜生产线、磁控镀膜生产线、玻璃磨边加工生产线、钢化玻璃生产线以及汽车后视镜生产线。

该企业挥发性有机物主要来源于淋漆和烘干工序，其生产工艺描述如下。

① 淋底漆：通过淋漆机将底漆均匀地涂布于玻璃表面。底漆能很好地与有机硅烷附着，使得漆与金属膜及玻璃基片间有机地结合在一起。

② 底漆烘干：根据所使用底漆的性质和工艺参数设定烘箱的烘烤温度，使得底漆在淋面漆前达到表干的程度，为淋面漆做好准备。

③ 淋面漆：通过淋漆机将面漆均匀地涂布于底漆表面。

④ 面漆烘干：根据所使用面漆的性质和工艺参数设定烘箱的烘烤温度，使得面漆在离开烘箱的出口前达到表干的程度。

该企业淋漆、烘干工序产生的挥发性有机物主要为二甲苯和非甲烷总烃，废气经水帘后由引风机导入活性炭设备进行吸附，废气治理工艺流程如图 6-38 所示。

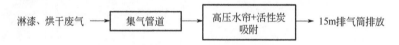

图 6-38　废气治理工艺流程

废气处理效果如表 6-44 所列。

表 6-44　某玻璃制镜企业废气处理效果

污染物名称	废气处理设施进口浓度/（mg/m³）	废气处理设施出口浓度/（mg/m³）
二甲苯	1.49～1.74	0.92～1.06
非甲烷总烃	89～217	27.2～38.7

6.6.6 矿物棉窑炉烟气治理技术案例

6.6.6.1 窑炉烟气治理技术路线

经调研，矿物棉企业常见废气治理技术如表 6-45 所列。

表 6-45　矿物棉企业常见废气治理技术

序号	能源类型	产污节点	主要治理方案工艺流程
1	焦炭	立式熔制炉	烟气→余热锅炉→布袋除尘→双碱法脱硫→风机→烟囱
2	焦炭	立式熔制炉	烟气→余热锅炉→引风机→水膜除尘、脱硫塔→风机→烟囱
3	电	电熔炉	烟气→余热锅炉→布袋除尘→风机→烟囱
4	煤制气	玻璃熔窑	烟气→余热锅炉→湿法除尘→双碱法脱硫→SCR 脱硝→风机→烟囱
5	天然气	玻璃熔窑	烟气→余热锅炉→SCR 脱硝→风机→烟囱

目前，矿物棉行业大气污染物治理主要采用对窑炉废气末端治理的方式，其工艺模块主要有余热回收、除尘、脱硫三大部分。这三个模块之间相互牵扯相互制约，其前后排列对总的治理效果影响很大。

立式熔制炉建议采用的废气处理工艺流程如下：烟气→余热锅炉→引风机→水膜除尘、脱硫塔→风机→烟囱。玻璃熔窑建议采用的废气处理工艺如下：烟气→余热锅炉→干式除尘→双碱法脱硫→SCR脱硝→风机→烟囱。

以岩（矿）棉立式熔制炉为例，烟尘中各粒径段的质量分数如表 6-46 所列。

表 6-46　立式熔制炉烟尘中各粒径段的质量分数

颗粒尺寸/μm	<1000	<500	<200	<100	<50	<20	<10	<5	<2
冷风炉/%	90~100	80~90	60~80	40~65	20~50	10~30	5~25	2~20	1~5
热风炉/%	95~100	90~100	65~90	40~80	30~60	20~40	15~35	10~30	5~20

立式熔制炉除尘器分为干法与湿法两种基本类型，如表 6-47 所列。

表 6-47　立式熔制炉除尘器的基本类型与说明

基本类型	除尘器	说明
干法除尘器	旋风除尘器	（1）干法为优先采用的立式熔制炉除尘方法； （2）旋风除尘器、沉降除尘器等适合于初级除尘，袋式除尘器、静电除尘器可达标，袋式除尘器最适合于立式熔制炉除尘； （3）对烟气中有害气体缺乏净化作用
	沉降除尘器	
	袋式除尘器	
	静电除尘器	
湿法除尘器	喷淋除尘器	（1）除尘同时可净化烟气中的有害气体； （2）喷淋除尘器、泡沫除尘器等适合于初级除尘，泰森除尘器、文氏（文丘里）除尘器可达标； （3）存在器壁腐蚀、冬季冻结等问题，污水、污泥处理设备复杂，投资费用高，占地面积大
	泡沫除尘器	
	水击除尘器	
	泰森除尘器	
	文氏除尘器	

常用立式熔制炉除尘器特性如表 6-48 所列。

表 6-48　常用立式熔制炉除尘器特性

名称		一般适用范围			粒径与除尘效率/%		
		粉尘直径/μm	粉尘浓度/（g/m³）	温度限制/℃	50μm	5μm	1μm
沉降除尘器		>20	10~100	<400	95	16~20	3~5
旋风除尘器		>5	<100	<400	94	27	8
袋式除尘器	振打清灰	>0.1	3~10	<300	>99	>99	99
	脉冲清灰	>0.1	3~10	<300	>99	>99	99
	反吹清灰	>0.1	3~10	<300	>99	>99	99
静电除尘器		>0.05	<30	<300	>99	99	86
喷淋除尘器		0.05~100	<10	<400	>99	96	75
文氏除尘器		0.05~100	<100	<800	>99	>99	93

6.6.6.2 典型企业工程案例

某企业建有年产 4 万吨岩棉生产线，主要产品包括岩棉板、岩棉毡、岩棉条和岩棉卷。主要原辅材料包括玄武岩、白云石、矿渣、水溶性酚醛树脂、氨水、焦炭等。

生产工艺及产污节点如图 6-39 所示。

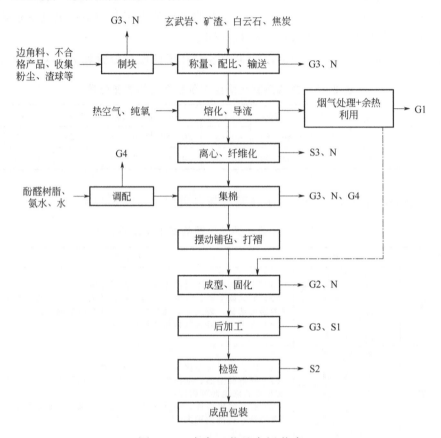

图 6-39　生产工艺及产污节点

G1—烟尘、SO₂、NOₓ；G2—粉尘、甲醛、苯酚、氨气；G3—粉尘；G4—甲醛、苯酚、氨气；

S1—边角料；S2—不合格产品；S3—渣球；N—噪声

该企业废气主要有冲天炉和熔制炉产生的废气、集棉成型固化废气、切割粉尘、调胶工序产生的废气、制砖工序产生的粉尘、投料以及物料转运过程中产生的粉尘。

该企业废气处理措施主要包括以下几方面。

① 制砖系统：设置三面围挡的投料口，密闭皮带输送以及混料机，减少无组织粉尘产生。

② 原料：原辅料堆场设置防雨防风设施，全部密封；设置密闭皮带输送机以及喷淋装置。

③ 冲天炉燃烧废气和部分成型固化废气：冲天炉燃烧废气经旋风除尘器+布袋除尘器处理；固化废气通过板式过滤箱进行预处理后，两类废气合并进入焚烧炉焚烧，后经双碱法脱硫装置处理后达标排放。

④ 集棉废气、部分成型固化废气、调胶废气：管道水喷淋+板式过滤器处理装置处理后达标排放。

⑤ 切割粉尘：经袋式除尘器处理后达标排放。

废气处理工艺如图 6-40 所示。

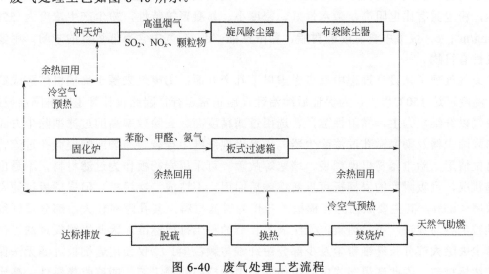

图 6-40　废气处理工艺流程

该岩棉企业废气处理效果如表 6-49 所列。

表 6-49　某岩棉企业废气处理效果

工序	监测因子	处理工艺	最大排放浓度/（mg/m³）	最大折算浓度/（mg/m³）
冲天炉、固化工序	颗粒物	冲天炉：旋风除尘器+布袋除尘器；成型固化：板式过滤箱；再合并通过焚烧炉+脱硫喷淋塔处理	5.6	14.6
	NO_x		24	60
	SO_2		15	39
	苯酚		0.17	0.43
	氨气		2.15	5.61
	甲醛		0.196	0.454
调胶、集棉、固化工序	颗粒物	水喷淋+板式过滤箱	12.5	—
	苯酚		0.15	—
	氨气		15.83	—
	甲醛		0.443	—
切割工序	颗粒物	布袋除尘器	11.6	—

6.6.7　矿物棉集棉固化工序废气治理技术案例

某岩棉企业熔融成纤工段需添加水溶性酚醛树脂（苯酚与甲醛的聚合物）作为黏结剂，添加量为 1%～2%，该树脂具有黏性，穿透后黏结在管壁上呈油状。碱性酚醛树脂为黄色、深棕色液体，在合成过程中液体含有部分可挥发性酚及醛；在添加过程中，该部分挥发性有机物随同岩棉纤维尘在集棉、固化工序排放至空气中，因此该废气中含有岩棉纤维尘和低浓度的酚、醛等有机物。

该工序废气具有以下特点：a. 废气气量大，温度高，可达 150℃以上；b. 废气以纤维尘为主，废气中粉尘主要为集棉机下吸风机抽吸作用所带出的岩棉纤维尘及部分颗粒尘，粉尘具有比电阻高、亲水性好、密度小、易凝聚等特性，粉尘产生浓度为 550～650mg/m^3；c. 废气中含有酚醛树脂，黏附性强；d. 废气中含有低浓度的苯酚、甲醛等挥发性有机物。

废气处理工艺设计过程中重点考虑以下几个方面：①废气来源于集棉机熔融成纤工段，温度可达 150℃以上，为保证后续治理设施正常运行，因此设计管道喷淋降温设施。②废气以纤维尘为主，黏附性强，若选用过滤精度高、去除效率高的过滤型除尘方式，如布袋除尘器及陶瓷微孔过滤除尘器，均易出现纤维尘挂袋，布袋或陶瓷微孔过滤管不易再生情形，除尘器易出现糊袋、堵塞等故障。可采用岩棉板作为过滤材料，不易出现堵塞状况，且吸附后的岩棉板可重新熔融后回用，不造成二次污染。但岩棉板过滤室除尘效率<85%，其主要原因为岩棉板本身作为过滤材料，其孔隙率较大，部分短纤维尘及颗粒尘容易穿透，不易捕集，无法满足目前的粉尘排放标准，因此岩棉板过滤可作为预除尘去除大部分长纤维粉尘及少部分短纤维与颗粒尘。③仅使用岩棉板过滤无法保证废气达标排放，因此选用湿式电除尘作为粉尘的核心处理工艺，能够收集黏性、高比电阻的粉尘，采用喷淋冲洗装置，无二次扬尘及传动装置容易出故障等问题；除雾除尘效率高，可满足排放标准要求。④废气中含有苯酚、甲醛等少量的挥发性有机物，检测结果表明，原始废气中挥发性有机物浓度可满足排放标准要求，因此该工程可不安装有机废气治理设施。对于同类型其他项目，若废气中有机物浓度较高或标准进一步加严后，可在末端安装光催化氧化设施，保证废气中有机物达标排放。

该工程对岩棉生产车间熔融成纤工段废气进行治理，采用管道喷淋降温+岩棉过滤+湿式电除尘+预留光催化氧化组合式处理工艺，通过组合式处理工艺处理后，废气中粉尘及挥发性有机物均可满足排放标准。治理前后结果对比情况如表 6-50 所列。

表 6-50　采用组合式净化技术治理前后结果对比　　　单位：mg/m^3

主要污染物	初始浓度	过滤后浓度	湿式电除尘后浓度	整体去除效率	排放标准
粉尘	594.5	106	9.5	98.4%	30

6.6.8　玻璃纤维废水处理技术案例

在玻璃纤维生产过程中，为改善液体对玻璃纤维的浸润性而使用不同类型的浸润剂，因此会产生含浸润剂组分和微细玻璃纤维等悬浮物（SS）的生产废水。玻璃纤维浸润剂可分为淀粉型、增强型和石蜡型三种，通常情况下使用上述 3 种浸润剂产生的生产废水 BOD_5/COD_{Cr} 值分别为 0.25～0.5、0.10～0.22、0.045～0.08。

某企业主要使用增强型浸润剂，该浸润剂是一种乳浊液状的多组分复合物，其生产废水 BOD_5/COD_{Cr} 值为 0.18，较难降解。该玻璃纤维企业生产废水主要有拉丝过程中排放的含浸润剂冲洗水、制毡工序中含黏结剂的冲洗水等，含浸润剂废水占 80%～90%。该企业废水处理工程的处理能力为 2000m³/d，设计进、出水水质如表 6-51 所列。

表 6-51　设计进、出水水质

项目	COD$_{Cr}$/（mg/L）	BOD$_5$/（mg/L）	SS/（mg/L）	pH 值
进水水质	1600	300	400	6.4～7
排放标准	＜60	＜20	＜50	6～9

该企业废水处理采用混凝沉淀/水解酸化/曝气生物滤池（BAF）工艺。二级 BAF 出水收集于清水池，其中一部分作为反冲洗水、生产回用水、厂区绿化和消防用水。废水处理工艺流程如图 6-41 所示。

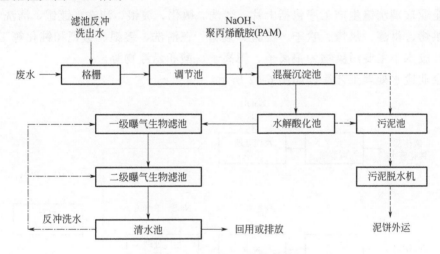

图 6-41　废水处理工艺流程

废水处理工艺特点如下：

① 采用混凝沉淀处理工艺，能有效去除废水中的悬浮物（去除率高达 80%），使有机物含量降低，提高玻璃纤维生产废水的 BOD$_5$/COD$_{Cr}$ 值，为后续处理做充分准备。玻璃纤维生产废水呈酸性，加入少量的碱有利于混凝沉淀和水解酸化。向废水中加入少量碱、絮凝剂与废水中的胶体和悬浮物颗粒发生反应，微小的悬浮颗粒及胶体粒子结合为较大的容易沉降的絮体，沉降下来的污泥通过静压排入污泥池。

② 水解酸化池为改进的升流式厌氧污泥床反应器（UASB），但不设三相分离器。水解酸化可将不溶性的有机物水解为溶解性的有机物、大分子有机物分解为小分子有机物，其 COD$_{Cr}$ 去除率较低，一般情况下为 20%，但是水解酸化能够显著提高废水的可生化性。水解酸化池具有停留时间短、占地面积小、工程投资少、抗冲击负荷能力强、防止好氧段污泥膨胀、节约能耗等优点。

③ BAF 池内使用陶粒滤料，在其表面生长有生物膜，废水自下而上流过滤料，通过曝气使废水中的有机物得到吸附、截留和生物分解。

各处理单元对主要污染物的去除情况如表 6-52 所列。

表 6-52　各处理单元对主要污染物的去除情况

项目	混凝沉淀池	水解酸化池	一级 BAF	二级 BAF
水力停留时间（HRT）/h	6.5	13.6	7	5.8
平均 COD_{Cr} 去除率/%	33	17	85	80
平均 BOD_5 去除率/%	8	15	87	82
平均 SS 去除率/%	80	70	60	50
pH 值	7～7.5	6.5～7	6.5～7.5	6.5～7.5

6.6.9　玻璃制镜废水处理技术案例

某企业玻璃制镜生产工序包括上片、清洗、敏化、镀银、清洗、镀钯、清洗、钝化、吹干、烘烤、淋漆、烘烤、吹干、检验、装箱。在清洗、镀银、镀钯和钝化等工序会产生废水，废水中主要污染物为银离子、钯离子、酸和悬浮物等。

该企业废水处理工艺流程如图 6-42 所示。

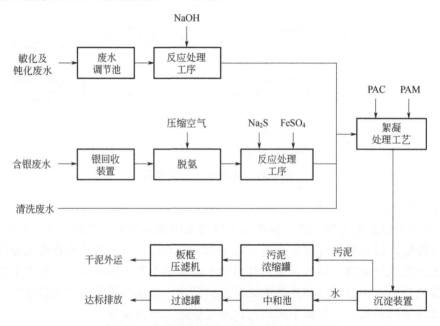

图 6-42　某玻璃制镜企业废水处理工艺流程

敏化、钝化及含银废水处理工艺描述如下：

敏化及钝化废水中主要含有二价锡和二价钯金属离子，对于锡和钯的去除主要是投加氢氧化钠调节至适当的 pH 值，以使锡离子和钯离子和氢氧根离子结合形成氢氧化物，然后进行固液分离将锡和钯从废水中去除。

含银废水自流进入银回收装置（利用含银废水中含有的还原剂将银离子还原出来）以回收废水中含有的银。经银回收装置处理后，自流进入脱氨工序进行脱氨处理。脱氨后，含银废水进入反应池，在反应池中加入硫化钠，使废水中没有被回收的银形成硫化银沉淀。同时加入硫酸亚铁，去除少量多余的硫以及与氢氧化钠形成沉淀，达到平硫共沉的目的。

敏化、钝化及含银废水经过上述化学方法处理后，与清洗废水一起进入絮凝处理工序。在絮凝处理工序，投加聚氯化铝（PAC）和聚丙烯酰胺（PAM），使氢氧化物形成较大的絮凝体，以提高后续沉淀工序氢氧化物的沉淀效果。

经絮凝处理工序后，废水自流进入沉淀工序中进行固液分离，沉淀工序为斜板沉淀。沉淀工序出水进入中和池进行酸碱中和处理，中和池 pH 值由 pH 计进行自动控制。中和后进入过滤工序过滤，过滤工序为砂滤，经过滤工序处理后的出水可实现达标排放。总银＜0.5mg/L，COD_{Cr}＜100mg/L，BOD_5＜30mg/L，pH=6～9。

废水处理产生的污泥由重力流进入污泥浓缩罐，再由污泥泵送至压滤机干化处理，压滤机滤液回流入调节池。

第7章 排污许可和其他环境管理制度的衔接

7.1 总体思路

污染源的管理涉及许多流程，如环评审批、竣工验收、排污权交易、环境税以及相关行政审批流程。排污许可"一证式"管理模式的推行，整合相关环境管理制度，对污染源进行综合式管理，避免排污单位在申请过程中由于核发主体不统一而产生的重复和分歧，极大地缩短审批时间，提高行政效率，更有助于健全和完善排污许可后续监管机制，加强对污染源排放污染物的管理。

《国务院办公厅关于印发控制污染物排放许可制实施方案的通知》（国办发〔2016〕81号）提出：排污许可制衔接环境影响评价管理制度，融合总量控制制度，为排污收费、环境统计、排污权交易等工作提供统一的污染物排放数据，减少重复申报，减轻企事业单位负担，提高管理效能。

各地也积极开展排污许可与其他环境管理制度的衔接工作。如《山东省生态环境厅关于落实〈排污许可管理条例〉的实施意见（试行）》（鲁环字〔2021〕92号）提出：衔接环境管理制度。将生态环境管理要求通过排污许可证落实到排污单位。扣紧环评、排污许可与生态环境执法三个管理环节，建立健全数据移交与问题反馈工作机制。开展"三监"联动（即监管、监测、监督）基础性工作，发挥监测、执法"管落实"作用。

7.2 排污许可与环境影响评价的衔接

7.2.1 相关管理要求

《国务院办公厅关于印发控制污染物排放许可制实施方案的通知》（国办发〔2016〕

81 号）提出：有机衔接环境影响评价制度。环境影响评价制度是建设项目的环境准入门槛，排污许可制是企事业单位生产运营期排污的法律依据，必须做好充分衔接，实现从污染预防到污染治理和排放控制的全过程监管。新建项目必须在发生实际排污行为之前申领排污许可证，环境影响评价文件及批复中与污染物排放相关的主要内容应当纳入排污许可证，其排污许可证执行情况应作为环境影响后评价的重要依据。

《关于印发〈"十三五"环评改革实施方案〉的通知》（环环评〔2016〕95 号）提出：建立环评、"三同时"和排污许可衔接的管理机制。对建设项目环评文件及其批复中污染物排放控制有关要求，在排污许可证中载明。将企业落实"三同时"作为申领排污许可证的前提。

《关于做好环境影响评价制度与排污许可制衔接相关工作的通知》（环办环评〔2017〕84 号）提出两项制度衔接相关要求。例如：在排污许可管理中，严格按照环境影响报告书（表）以及审批文件要求核发排污许可证，维护环境影响评价的有效性。做好《建设项目环境影响评价分类管理名录》和《固定污染源排污许可分类管理名录（2019 年版）》的衔接，按照建设项目对环境的影响程度、污染物产生量和排放量，实行统一分类管理。

7.2.2　衔接对策建议

环评制度是新建、改建、扩建项目的准入门槛，重在事前预防，是新污染源的"准生证"，其内容包括对项目实施后排污行为的环境影响预测评价、环境风险防范以及新建项目选址布局等，也包括项目建设期的"三同时"管理，同时为排污许可提供了污染物排放清单。排污许可重在事中事后监管，是载明排污单位污染物排放及控制有关信息的"身份证"。两者相辅相成，密不可分，是对建设项目全生命周期环境管理的有效手段。从范围来看，排污许可主要针对固定污染源，而环评还包括生态影响类项目，范围更广；从功能定位来看，环评是预测性的决策辅助工具，其功能主要是为利益相关者决策提供支持，其评价范围不仅包括环境影响、生态影响，还包括与之相关的社会影响，而排污许可则聚焦到项目运行期具体的环境管理要求，特别是污染物的排放限值，是法律文书。总的来说，环评为排污许可管理提供了框架和条件，是排污许可管理的前提和基础，环评与排污许可的衔接是排污许可制改革的重要内容。在实际管理工作中提出建议如下：

①　统一技术标准体系。要加强两项制度技术规范体系的统一，实现环评源强核算与排污许可实际排放量核算的统一，提高环境影响评价与排污许可精细化管理能力，建立污染源排放清单和污染防治最佳可行技术名录等，加强环评与排污许可这两项制度的衔接。

②　构建联动管理机制。项目建设前，相关管理部门应加强建设项目的环境影响评价，把好建设许可"门槛"。发放排污许可证要将环境影响评价报告以及审批文件作为填报依据，在建设项目发生实际排污行为之前，排污单位应按照国家环境保护相关法律以及排污许可证申请与核发技术规范等要求申请排污许可证，实现排污许可证的"一证式"管理，加强排污单位事中事后监管，企业自证守法。

《关于做好环境影响评价制度与排污许可制衔接相关工作的通知》（环办环评〔2017〕

84 号）提出：建设项目的环境影响报告书（表）经批准后，建设项目的性质、规模、地点、采用的生产工艺或者防治污染、防止生态破坏的措施发生重大变动的，建设单位应当依法重新报批环境影响评价文件，并在申请排污许可时提交重新报批的环评批复（文号）。发生变动但不属于重大变动情形的建设项目，环境影响报告书（表）2015 年 1 月 1日（含）后获得批准的，排污许可证核发部门按照污染物排放标准、总量控制要求、环境影响报告书（表）以及审批文件从严核发，其他建设项目由排污许可证核发部门按照排污许可证申请与核发技术规范要求核发。

平板玻璃建设项目重大变动清单（适用于平板玻璃以及电子工业玻璃太阳能电池玻璃建设项目环境影响评价管理）相关规定如下：

a. 玻璃熔窑生产能力增加 30%及以上；

b. 项目重新选址；在原厂址附近调整（包括总平面布置变化）导致防护距离内新增敏感点；

c. 新增在线镀膜工序；

d. 纯氧助燃改为空气助燃导致污染物排放量增加；

e. 原辅材料、燃料调整导致新增污染物或污染物排放量增加；

f. 废水、熔窑废气处理工艺变化，导致新增污染物或污染物排放量增加（废气无组织排放改为有组织排放除外）；

g. 熔窑废气排气筒高度降低 10%及以上；

h. 新增废水排放口；废水排放去向由间接排放改为直接排放；直接排放口位置变化导致不利环境影响加重。

③ 积极引导排污单位自觉守法。对于清理整顿"未批先建"，需要履行环境影响审批、备案程序的建设项目，可按照"先发证再到位"的原则，排污单位提出整改承诺，生态环境部门应限期令其整改。此类"未批先建"排污单位在整改期限内取得环境影响评价文件的，申请变更排污许可证，管理部门要给排污单位改过自新的机会和时限，对排污单位起到指导帮扶的作用，积极引导排污单位自觉守法。对于不需要履行环境影响审批、备案程序的建设项目，通过直接核发排污许可证纳入排污许可管理或豁免排污许可管理，实现环评与排污许可制度在管理程序上的无缝衔接。同时两项制度彼此磨合，良性推行新制度。

7.3 排污许可与总量控制制度的衔接

污染物排放总量控制制度对污染物的减排及产业结构调整起到了积极的作用，但通过行政区域分解污染物排放的总量指标，缺乏相应的监管。排污许可制度的改革，代替了区域总量控制制度，将总量控制的责任主体回归排污单位，建立自下而上的总量控制制度，自此排污单位对其排放行为负责，政府对其辖区环境质量负责，二者相辅相成。

以排污许可证为载体有利于污染物总量控制的实施，合理确定污染物许可排放量有利于控制每一个企业的污染物排放总量。在实际排污许可证的发放过程中，多数行业规范许可的是企业主要排放口排放量，无法与环评中的总量确认指标顺利衔接，带来监管漏洞。将企业废气一般排口和无组织排放量统计在年度许可排放量中，用排污许可规范统一核算总量指标、许可排放量和减排总量，能更好地衔接污染物总量控制与排污许可。总量确认指标可直接变更到许可排放量中，总量减排任务可落实到每个企业的排污许可证中，定位到每个排污环节，从而使污染物排放量做到可监测、减排量可核查，使总量控制能够更好地服务于环境质量改善。

7.4　排污许可与环境保护税的衔接

我国于 2018 年 1 月 1 日起实施的《中华人民共和国环境保护税法》（以下简称《环境保护税法》），其总体考量建立在"税负平移"原则的基础之上，力图实现环境治理过程中"费"改"税"的平稳过渡。为保证《环境保护税法》的顺利实施，我国制定了《中华人民共和国环境保护税法实施条例》（以下简称《实施条例》），该条例对伪造环境监测数据、违反排污许可排放污染物以及虚假申报等行为的处理做了规定，要求排污企业将其当期应税大气、水等污染物产生量作为排放量计算。这些规定会导致排污企业税负提升，加大对污染治理的力度，对环境的检测数据质量等要求也随之提高。《环境保护税法》中还规定了免税情形，例如纳税人综合利用的固体废物，符合国家和地方环境保护标准则可以免税；还规定了减税情形，例如低于排放标准 30% 的可以按照 75% 征收环境保护税等。这些条款中的标准是我国对企业实行的排污许可证中的相关标准。由此可见，环境保护税的征收与排污许可证的关系密不可分。

排污许可管理与环境保护税的征税客体一致，《排污许可管理条例》中规定了排放污染物的范围是点源污染，也就是包含了水污染物、大气污染物、工业固体废物等。《排污许可管理条例》作为环境保护税中有关减免税收的基础性法律文件，也与《环境保护税法》一样规定了对排放污染物分类管理的模式，按照污染物的产生量、排放量以及危害程度的大小分成了重点管理、简化管理和许可登记管理，排污许可证的副本内容对排放口数量、位置、方向等进行了规定。企业排污许可标准的制定要依靠环境影响评价文件的主要内容。《排污许可管理条例》从种类、许可排放浓度、排放量等点源污染物具体方面也作出了明确规定，许可排放浓度是按照国家、地方的污染物排放标准确定。审核企业排放污染物的浓度，如果制定的标准比国家标准更高，则需要在副本中加以说明。有关污染物的排放量许可，是按照规定期限内的许可排放量，以及特殊时期的许可排放量来进行审核。技术标准以及排污许可证申请等方面的监管主体是生态环境部。在对许可排放污染物的审查上，审查主体为生态环境主管部门，根据排污许可证申请核发的规范内容、标准、环评文件、总量控制指标（包含重点污染物排放源），对企业的许可排放进行严格把关。因此，排污许可的内容与环境保护税的征收密切相关，对于按照国家许可排放标准排放的污染物不征税，只是对不在许可范围内的排放污染物征税，将两者的数据进行关联也是衔接两个制度最重要的桥梁。

随着排污许可制改革的持续推进和《环境保护税法》的实施，排污许可证后管理正在逐步走向正轨，管理理念逐渐深入人心，环境质量得到持续改善，排污单位环保责任主体和企业税收责任主体日趋显现。通过"费改税"的平稳过渡和建立环境税征收协作机制，有效形成生态环境"税"与"证"的有机衔接，经济发展与环境保护共生共促逐渐呈现。

《环境保护税法》对落实排污许可制改革和主要污染物排放总量控制制度起到了至关重要的作用。《环境保护税法》实施以来，通过"多排多征、少排少征、不排不征"的税制设计，引导排污单位加大治理力度，加快转型升级，减少污染物排放；鼓励排污单位实施清洁生产、集中处理、循环利用，减少环境污染和生态破坏，其促进污染减排的导向效果初步显现。

在实现排污许可"全覆盖"后，税务部门按照排污许可证上的年许可排放限值（总量指标）预征环境税，生态环境部门分别对排污许可证年度执行情况进行核算与评估，税务机关依照核算与评估结果实施税款抵扣、补缴、加征，督促企业按证排污、诚信纳税逐。

7.5　排污许可与排污权交易制度的衔接

排污权是政府允许排污单位向环境排放污染物的种类和数量，是排污单位对环境容量资源的使用权。

排污许可证是排污权的确认凭证，但不能简单以许可排放量和实际排放量的差值作为可交易的量，企业通过技术进步、深度治理，实际减少的单位产品排放量，方可按规定在市场交易出售；此外，实施排污权交易还应充分考虑环境质量改善的需求，要确保排污权交易不会导致环境质量恶化。排污许可证是排污权交易的管理载体，企业进行排污权交易的量、来源和去向均应在许可证中载明，环保部门将按排污权交易后的排放量进行监管执法。

7.6　排污许可与环保验收的衔接

《建设项目竣工环境保护验收暂行办法》第六条规定：需要对建设项目配套建设的环境保护设施进行调试的，建设单位应当确保调试期间污染物排放符合国家和地方有关污染物排放标准和排污许可等相关管理规定。环境保护设施未与主体工程同时建成的，或者应当取得排污许可证但未取得的，建设单位不得对该建设项目环境保护设施进行调试。

《建设项目竣工环境保护验收暂行办法》第十四条规定：纳入排污许可管理的建设项目，排污单位应当在项目产生实际污染物排放之前，按照国家排污许可有关管理规定要求，申请排污许可证，不得无证排污或不按证排污。建设项目验收报告中与污染物排放相关的主要内容应当纳入该项目验收完成当年排污许可证执行年报。

玻璃和矿物棉排污单位应申领排污许可证后方可进行调试、竣工环保验收监测及自主验收程序。

建设项目水、大气、固废污染物环境保护设施由建设单位自行开展验收。建设项目在投入生产或者使用之前，其环境噪声污染防治设施必须按照国家规定的标准和程序进行验收；达不到国家规定要求的该建设项目不得投入生产或者使用。

7.7　排污许可与碳减排工作的衔接

7.7.1　相关管理要求

7.7.1.1　环境影响评价与排污许可领域协同推进碳减排工作方案

《关于印发〈环境影响评价与排污许可领域协同推进碳减排工作方案〉的通知》（环办环评函〔2021〕277 号）部分要求如下：

① 组织开展重点行业排放许可管理试点。选取电力、石化、建材等重点行业，率先在重点地区开展二氧化碳纳入许可证实施同步管理的试点工作，逐步扩展非二氧化碳温室气体指标。要求企业填报许可证申请表和提交执行报告时增加、细化能源消耗、能源使用效率、碳排放及相关指标等信息。根据各地区重点行业碳达峰工作目标与进度安排，结合企业环境影响评价文件、碳排放配额等，确定排放强度、总量控制目标、减排目标完成时限，以及碳排放监测、记录、报告等要求，并登载至许可证实施管理。

② 实现固定源排放数据一体化管理。建设固定源环境信息平台，实现全国环境影响评价管理信息系统、全国排污许可证管理信息系统、固定源温室气体排放数据报送系统的集成统一，动态更新和跟踪掌握固定源污染物与温室气体排放、交易情况，实现固定源污染物与温室气体排放数据的统一采集、相互补充、交叉校核，为固定源污染物与碳排放的监测、核查、执法提供数据支撑和管理工具。

7.7.1.2　关于开展重点行业建设项目碳排放环境影响评价试点的通知

《关于开展重点行业建设项目碳排放环境影响评价试点的通知》（环办环评函〔2021〕346 号）提出在河北、吉林、浙江、山东、广东、重庆、陕西等地开展试点工作，开展重点行业建设项目碳排放环境影响评价试点。主要任务包括建立方法体系、测算碳排放水平、提出碳减排措施、完善环评管理要求。文件要求核算平板玻璃建设项目的二氧化碳排放绩效。平板玻璃行业碳排放绩效类型选取表如表 7-1 所列。

表 7-1　平板玻璃行业碳排放绩效类型选取表

重点行业	排放绩效 /〔t/t（产品）〕	排放绩效 /〔t/万元（工业产值）〕	排放绩效 /〔t/万元（工业增加值）〕
平板玻璃制造	√	√	√

7.7.1.3　关于加强企业温室气体排放报告管理相关工作的通知

《关于加强企业温室气体排放报告管理相关工作的通知》（环办气候〔2021〕9 号）

要求平板玻璃等行业重点排放单位于 2021 年 9 月 30 日前，通过环境信息平台（全国排污许可证管理信息平台）填报 2020 年度温室气体排放情况、有关生产数据及支撑材料。

平板玻璃生产企业温室气体排放报告补充数据表如表 7-2 所列。

表 7-2　平板玻璃生产企业温室气体排放报告补充数据表

补充数据			数值	备注
	1　二氧化碳排放量/t（CO$_2$）			1.1、1.2 与 1.3 之和
	1.1　化石燃料燃烧排放量/t（CO$_2$）			
	烟煤	1.1.1　消耗量/（t 或 10^4m^3）		燃料消耗、电力消耗、热力消耗统计范围不包括冷修（放水至出玻璃期间）、动力、氮氢站、厂内运输工具、机修、照明等辅助生产所消耗的能源，以及采暖、食堂、宿舍、燃料报关、运输损失、基建等消耗的能源
		1.1.2　低位发热量/[（GJ/t）或（GJ/10^4m^3）]		
		1.1.3　单位热值含碳量/[t（C）/GJ]		
		1.1.4　碳氧化率/%		
	其他化石燃料	1.1.1　消耗量/（t 或 10^4m^3）		
		1.1.2　低位发热量/[（GJ/t）或（GJ/10^4m^3）]		
		1.1.3　单位热值含碳量/[t（C）/GJ]		
		1.1.4　碳氧化率/%		
平板玻璃生产线编号	1.2　消耗电力对应的排放量/t（CO$_2$）			
	1.2.1　消耗电量/（MW·h）			来源于企业台账或统计报表
	1.2.1.1　电网电量/（MW·h）			优先填报平板玻璃生产线计量数据；如计量数据不可获得，则按全厂比例拆分
	1.2.1.2　自备电厂电量/（MW·h）			
	1.2.1.3　可再生能源电量/（MW·h）			
	1.2.1.4　余热电量/（MW·h）			
	1.2.2　电力排放因子/[t（CO$_2$）/（MW·h）]			对应的排放因子根据来源采用加权平均，其中：电网购入电力和自备电厂供电对应的排放因子采用全国电网平均排放因子 0.6101t（CO$_2$）/（MW·h）；可再生能源、余热发电排放因子为 0
	1.3　消耗热力对应的排放量/t（CO$_2$）			
	1.3.1　消耗热量/GJ			热量包括余热回收、蒸汽锅炉或自备电厂
	1.3.2　对应的排放因子/[t（CO$_2$）/GJ]			对应的排放因子根据来源采用加权平均，其中：余热回收排放因子为 0；如果是蒸汽锅炉供热，排放因子为锅炉排放量/锅炉供热量；如果是自备电厂，排放因子参考《企业温室气体排放核算方法与报告指南 发电设施》中机组供热碳排放强度的计算方法；若数据不可得，采用 0.11t（CO$_2$）/GJ
	2　平板玻璃产量/万重量箱			选用企业计量数据，如生产日志、月度或年度统计报表、报送统计局数据；若为以下四类平板玻璃，请分别单独标注产量
	2.1　超白玻璃/万重量箱			
	2.2　本体着色玻璃/万重量箱			
	2.3　无色玻璃/万重量箱			
	2.4　超薄玻璃/万重量箱			
	3　设计产能/（万重量箱/年）			
合计	4　二氧化碳排放总量/t（CO$_2$）			

7.7.2　玻璃行业碳排放来源

国家和地方尚未开展玻璃和矿物棉行业的碳核算和碳中和路径研究。本书以日用玻璃行业为例，从优化产业、燃料、原料结构，提高能效，标准引领，提升碳资产管理水平等方面提出碳排放管理思路。

在日用玻璃生产过程中，二氧化碳排放源类型主要有化石燃料燃烧排放、过程排放、购入的电力及热力产生的排放三类，如表 7-3 所列。

表 7-3　日用玻璃行业二氧化碳排放源类型

排放源名称	具体排放源	排放源类型	主要设施
化石燃料燃烧排放	煤、重油、煤气、天然气、焦炉煤气、石油焦、柴油、汽油等燃料燃烧排放	固定排放源、移动排放源	煤气发生炉、玻璃熔窑、锅炉、厂内机动车辆等
过程排放	生产使用的原料中含有碳酸盐如石灰石、白云石、纯碱等在高温状态下分解产生的 CO_2 排放；生产过程中碳粉中的碳被氧化成 CO_2 排放	工业过程排放源	玻璃熔窑
购入的电力及热力产生的排放	企业生产过程中购入的电力及热力产生的排放	其他直接排放/间接排放的耗电、用热设备	原料制备、原料运输、退火窑、空压机、鼓风机、其他生产设备运行等

7.7.3　玻璃行业碳排放量

借鉴《中国平板玻璃生产企业温室气体排放核算方法与报告指南（试行）》《工业其他行业企业温室气体排放核算方法与报告指南（试行）》，核算日用玻璃行业碳排放量。

据估算，单位产品二氧化碳排放量的平均水平为 $0.802 \sim 0.975t(CO_2)/t$（玻璃制品）。

各环节碳排放量分布情况如下：化石燃料燃烧排放占比 65.23%～66.67%；过程排放占比 10.20%～10.24%；购入的电力及热力产生的排放占比 23.13%～24.53%。

7.7.4　玻璃行业碳中和路径

7.7.4.1　优化产业结构，推进低碳发展
（1）优化产业结构

依据《产业结构调整指导目录（2019 年本）》《日用玻璃行业规范条件（2017 年本）》（工业和信息化部　公告　2017 年　第 54 号）、《日用玻璃行业"十四五"高质量发展指导意见》（中玻协〔2021〕35 号）等文件要求，综合运用行政、技术、市场、经济的手段淘汰落后产能，优化产业结构，推进行业绿色低碳发展。

（2）优化产品结构

优化产品结构，开发绿色玻璃产品。如轻量化玻璃瓶罐是提高生产率、增加效益、实现碳减排的主要措施之一。玻璃瓶罐轻量化是指在满足使用要求和保证产品质量的条件下，降低玻璃瓶的重容比，单位容量制品能耗可降低 30%左右。在技术层面：应从原

料组织、配料、熔制、成型、退火等环节进行控制；在管理层面：通过制定绿色产品标准、生产技术规范等，引导和指导企业从事轻量化等绿色产品的研发应用推广。

7.7.4.2 优化燃料结构，使用低碳燃料

在满足玻璃液熔化质量要求、安全的情况下，进一步优化日用玻璃行业能源消费结构。玻璃窑炉尽可能采用碳含量低、适度采用氢含量高的燃料；研究电力与化石燃料的最佳组合方案；鼓励企业积极采用光伏发电、风能、氢能等可再生能源技术。

不同燃料燃烧时 CO_2 排放量如表 7-4 所列。

表 7-4 不同燃料燃烧时 CO_2 排放量

燃料类型	CO_2 排放量/（kg/GJ）	燃料类型	CO_2 排放量/（kg/GJ）
天然气	56.05	重油	74.45
焦炉煤气	45.86	煤焦油	84.05
发生炉煤气	108.57	石油焦	92.19

7.7.4.3 优化原料结构，改进低碳配方

（1）合理调整碱用量

综合考虑熔化温度、成型性能等因素，合理减少纯碱用量，如采用苛性钠（NaOH）代替纯碱（Na_2CO_3），可减少 CO_2 的排放量。

（2）引入活性原料

引入活性原料能加速硅酸盐的形成和玻璃澄清及均化，同时降低熔制温度和减少碳酸盐的用量。如采用含有 Li_2O 的锂云母、锂长石、锂辉石代替玻璃组分中部分 Na_2O。当玻璃组成中引入 0.13%～0.26%的 Li_2O 时，玻璃熔化温度可降低 20～30℃，可节约纯碱 19.3%，可减少 CO_2 排放量达 28%以上。

（3）适当增加碎玻璃

在玻璃熔制过程中，引入的碎玻璃仅需经历物理变化即可熔化成玻璃液，它能降低熔体的表面张力，提高料层的热辐射透过率，而且其润湿性好，易分布到配合料中去。碎玻璃相当于一定量的经脱碳处理的原料，利用 1t 碎玻璃，可以减少玻璃原料中碳酸盐的分解所释放出的约 150kg 的 CO_2。碎玻璃每增加 10%，可节约能耗 2.5%，当增至 60%时，理论上能耗可减少 6%，二氧化碳排放量降低 5%～20%。

7.7.4.4 提高能效，加强节能低碳改造

① 合理规划设计厂区布局，集约化利用土地及建筑物，减少因平整土地和建筑物建设中的碳排放；实现厂内物流量最小化，减少非必要的物流导致的碳排放。

② 改善玻璃配合料制备质量。确保配合料的制备质量，有助于改善玻璃的熔制质量，提高产品档次、产品合格率和延长玻璃熔窑寿命。

③ 推广节能环保型玻璃熔窑。优化窑炉结构设计，综合采用先进适用的窑炉结构和耐火材料，提高玻璃熔化质量，提高窑炉周期熔化率。优化和配置计算机控制系统等措施，确保玻璃熔制过程中各类参数的稳定性和精确性，实现低空燃比燃烧，强化窑炉全保温，提高热效率。

④ 加强熔窑维护。如通过加强熔窑透红部位保温，对池壁砖进行二次绑砖等措施减少热损失，采用熔窑大碹陶瓷焊补技术修补鼠洞，定期摘帽疏通格子体等。

⑤ 采用全氧燃烧、富氧燃烧等先进燃烧技术，有利于加速熔化过程、提高生产能力，同时提高玻璃熔化质量；有利于减少氮氧化物、粉尘排放量；有利于减少散热损失、节约能源等。

⑥ 提高玻璃熔窑余热利用率，利用高效余热锅炉等回收热量。

⑦ 发展先进适用技术装备，加强新一代信息技术、数字技术、智能制造与玻璃制造的深度融合，提高能源利用率。

⑧ 选用能效比高的电机、水泵、空压机、锅炉等技术成熟的设备。

7.7.4.5　标准制定引领行业高质量发展

标准是经济活动和社会发展的技术支撑，是国家基础性制度的重要体现。《"十四五"推动高质量发展的国家标准体系建设规划》（国标委联〔2021〕36 号）提出：加快制定温室气体排放核算、报告和核查，温室气体减排效果评估、温室气体管理信息披露方面的标准。推动碳排放管理体系、碳足迹、碳汇、碳中和、碳排放权交易、气候投融资等重点标准制定。完善碳捕集利用与封存、低碳技术评价等标准，发挥标准对低碳前沿技术的引领和规范作用。加快制定能效、能耗限额、能源管理、能源基础、节能监测控制、节能优化运行、综合能源等节能标准。

日用玻璃行业应加强重点用能单位的节能监管，严格执行《玻璃保温瓶胆单位产品能源消耗限额》（QB/T 5360—2019）、《玻璃瓶罐单位产品能源消耗限额》（QB/T 5361—2019）、《玻璃器皿单位产品能源消耗限额》（QB/T 5362—2019）等能耗限额标准。综合考虑燃料、窑炉技术水平等因素，适时研究、制修订符合日用玻璃行业生产特点、技术和节能要求的新标准。积极推动能效"领跑者"制度，推进企业能效对标达标。

相关行业协会应根据《"十四五"推动高质量发展的国家标准体系建设规划》等文件精神，积极研制引导性的行业碳排放标准，如《日用玻璃单位产品碳排放限值》《日用玻璃行业低碳企业评价技术要求》等，使日用玻璃企业在二氧化碳排放、管理、减排技术提升方面有据可依。

7.7.4.6　积极提升企业碳资产管理水平

（1）建立健全企业碳管理体系

在企业层面建立碳管理体系是应对碳交易的重要抓手，制度体系建设自上而下，数据统计报送自下而上，双管齐下共同建立起碳管理体系，能够有效应对碳交易政策和市场环境变化。企业应通过建立能源管理体系、计量管理体系等，利用信息化、数字化和智能化技术加强能耗的控制和监管。

（2）发挥技术减碳潜力和作用

企业应充分运用已有政策，加大对行业低碳技术的研发、示范、推广与应用，加大低碳技术升级和设备升级力度，充分发挥技术降碳的潜力和作用，努力降低产品碳排放强度。

企业应考虑将玻璃行业上下游企业紧密衔接，推动建立绿色低碳循环发展产业体系，打造绿色供应链和绿色产业链。通过借助行业协会等平台，敦促相关企业积极运用先进低碳排放技术，带动上下游企业开展绿色制造项目申报和认证工作，达到主动减少碳排放的目的。

（3）积极参与全国碳市场建设

一方面要跟踪掌握国内外碳市场政策走向，及时把握政策方向；另一方面要按照国家和地方主管部门的部署，配合相关部门认真开展温室气体的监测、报告、核查等相关工作。

（4）积极开展碳金融业务创新

企业应积极参与、主动学习国家碳交易市场的操作规范和市场准则。结合企业实际情况，在碳资产项目开发、碳资产优化管理、碳资产融资等领域先行先试，抢占碳市场先机。加强企业之间的交流，进一步提高对碳减排成本、履约成本、碳市场参与和碳资产管理的综合管控能力。

（5）加强碳资产管理队伍培训

积极组织企业相关部门参与专业培训，推动企业内部专职的碳资产管理队伍建设，培养碳资产管理专职人员，切实提高从业人员的业务素养和工作能力，为全面参与全国碳市场提供人才保障。

参考文献

[1] 李茂春，李秋涛，安明哲．玻璃酒瓶涂装发展及其影响分析 [J]．食品与发酵科技，2019，55（5）：83-87．

[2] 刘志海．我国玻璃制镜行业现状及发展方向 [J]．玻璃，2019（12）：10-18．

[3] 刘志海．我国平板玻璃行业绿色发展的现状及趋势 [J]．玻璃，2019，46（10）：5-15．

[4] 梁德海．"十二五"日用玻璃行业节能与低碳潜力分析 [C]．北京：2010 全国玻璃窑炉技术研讨会，1-9．

[5] 王承遇，卢琪，陶瑛．在低碳经济中玻璃瓶罐发展途径 [J]．玻璃与搪瓷，2010，4（38）：28-30．

[6] 钟悦之，宋晓晖，王彦超，等．中国平板玻璃行业大气污染物排放特征研究 [J]．中国环境科学，2018，38（12）：4451-4459．

[7] 赵卫凤，王洪华，倪爽英，等．平板玻璃烟气污染物排放特性及治理技术现状 [J]．环境科学与技术，2017，40（S2）：107-111．

[8] 韦鑫，沈兰萍．玻璃纤维的研究现状及发展趋势 [J]．成都纺织高等专科学校学报，2016，33（4）：178-181．

[9] 张鹏，张高科．平板玻璃行业污染防治技术现状及问题 [J]．建材世界，2019，40（2）：86-89．

[10] 吕应成．绿色制造平板玻璃行业转型升级的抓手 [J]．建材世界，2017，38（2）：121-125．

[11] 张庆．建筑外墙岩棉材料应用现状与趋势 [J]．江西建材，2018（14）：3-4．

[12] 何亮，谭丹君，王鹏起，等．我国建筑用岩棉保温材料的研究现状与展望 [J]．建设科技，2015（23）：73-75．

[13] 李宏洲．对玻璃包装容器行业发展的观察与思考（之二）——玻璃包装容器（瓶罐）行业技术进步的思考 [J]．包装印刷，2016，36（9）：50-59．

[14] 武延平．硼硅酸盐玻璃的应用现状和发展趋势 [J]．建材发展导向，2015，13（5）：146．

[15] 余超．现行排污许可证申请与核发过程中存在的问题及建议 [J]．中国资源综合利用，2020，38（8）：154-156．

[16] 张兴华．排污许可证填报方法及注意事项的探讨 [J]．环境与发展，2020，32（8）：234-236．

[17] 于晶晶．论环评与排污许可制度衔接之进路——以排污许可证审查、核发与监管为切入点 [J]．黑龙江省政法管理干部学院学报，2021（4）：120-126．

[18] 中华人民共和国国民经济和社会发展第十四个五年规划和 2035 年远景目标纲要 [N]．人民日报，2021-03-13（01）．

[19] 国务院．排污许可管理条例：中华人民共和国国务院令 第736号 [Z]．2021．

[20] 刘志全．完善排污许可制度体系，全面服务生态环境质量改善 [J]．环境与可持续发展，2021，46（1）：11-14．

[21] 郝捷．浅谈排污许可证制度在环境管理制度体系的新定位 [J]．科学与信息化，2019（7）：169．

[22] 邹世英，杜蕴慧，柴西龙，等．排污许可制度改革进展及展望 [J]．环境影响评价，2020，42（2）：1-5．

[23] 王焕松，柴西龙，姚懿函．排污许可制度基层实践与顶层设计优化探索 [J]．环境保护，2018，48（8）：24-26．

[24] 王焕松，王洁，张亮，等．我国排污许可证后监管问题分析与政策建议 [J]．环境保护，2021，49（9）：19-22．

[25] 余洲，张新华，江淼，等．江苏省排污许可证后监管实施现状及对策 [J]．环境影响评价，2019，41（2）：28-31．

[26] 马艳华．关于排污许可实施与监管的思考 [J]．皮革制作与环保科技，2021，2（11）：132-133．

[27] 王军霞，敬红，陈敏敏，等．排污许可制度证后监管技术体系研究 [J]．环境污染与防治，2019，41（8）：984-987．

[28] 马南，鲁雪燕．排污许可证后监管内容及河南省监管对策 [J]．资源节约与环保，2019（8）：129，133．

[29] 黄健．平板玻璃行业排污许可证执法废气现场检查要点研究 [J]．绿色环保建材，2021（3）：36-37．

[30] 徐殿木．关于排污许可证证后管理暨执法工作要点的研究 [J]．皮革制作与环保科技，2021，2（5）：152-153．

[31] 屈佳眯．排污许可证后监管探索 [J]．绿色科技，2019（18）：153-154．

[32] 刘秀丽，崔成杨，孟庆杰．关于排污许可证后管理的思考和建议 [J]．环境与可持续发展，2019，44（2）：137-139．

[33] 刘仲，骆雪．关于排污许可证现场执法检查内容的探讨 [J]．大众标准化，2021（2）：83-84．

[34] 许康利，熊娅，贺蓉，等．排污许可证监管和执法关键问题及解决路径研究 [J]．环境保护，2018，46（22）：56-59．

[35] 王亚琼，赵杰，杨林，等．排污许可证信息化监管方式创新探析 [J]．环境影响评价，2020，42（1）：6-9，32．

[36] 韦伟，李锦．山东省排污许可制实施现状及证后监管对策 [J]．清洗世界，2020，36（1）：38-39．

[37] 付建华．排污许可制度证后监管技术体系构建之我见 [J]．环境与发展，2020，32（8）：222，224．

[38] 李跃军．排污许可证智能化监管方式探索 [J]．纯碱工业，2020（6）：43-45．

[39] 张承舟，杨栋，吴鹏．铁合金冶炼行业排污许可管理问题解析 [J]．环境影响与评价，2020，42（2）：14-17，30．

[40] 刘亚军，张志峰．排污单位自行监测检查中发现的典型问题及改进建议 [J]．环境监控与预警，2020，12（2）：63-66．

[41] 张同星，邱晓国，石敬华．排污单位自行监测问题剖析及对策建议 [J]．环境保护科学，2021，47（1）：76-79．

[42] 宁淼，刘伟，刘桐珅．工业涂装 VOCs 排放管控途径研究 [J]．环境保护，2017，45（15）：54-56．

[43] 王宙．优化原料与配合料控制实现节能降耗 [J]．玻璃，2008，35（6）：29-30．

[44] 陈国宁，王爱，黄宣宣，等．玻璃行业烟气综合治理技术的现状和发展 [J]．轻工科技，2017，33（11）：93-94．

[45] 卢澄宇，张洪伟．玻璃行业废气治理技术发展与现状 [J]．四川化工，2020，23（5）：19-21．

[46] 赵恩录，张文玲，黄俏，等．平板玻璃行业大气污染物排放现状及减排控制措施 [J]．玻璃，2020，47（4）：18-23．

[47] 张志刚，王东歌．玻璃熔窑烟气污染物深度减排技术研究与工程化应用 [J]．建材世界，2017，38（6）：96-101．

[48] 路明．玻璃工厂烟气 SCR 脱硝工艺中氨系统设计 [J]．玻璃，2019，46（5）：44-49．

[49] V_2O_5-WO_3/TiO_2 催化剂在玻璃窑 SCR 脱硝中的应用 [J]．中国环保产业，2017（4）：40-45．

[50] 王明铭，张忠伦，辛志军．典型平板玻璃厂减排技术集成与案例分析 [J]．中国建材科技，2020，29

（5）：29-31.

[51] 曹国强．沙河市玻璃窑炉治污设施升级改造技术路线分析 [J]．科学家，2016，4（12）：99-100.

[52] 徐阳．CEMS 中二氧化硫在线监测方法的对比 [J]．科技展望，2016，26（33）：107.

[53] 周诚 邓聪 梅浩栋，等．旋流喷雾干燥法脱除玻璃熔窑烟气中 SO_2 的应用 [J]．玻璃，2018，45（5）：50-52.

[54] 王东歌，王彬，张志刚．玻璃熔窑半干法脱硫工艺技术经济分析 [J]．建材世界，2017，38（5）：21-27.

[55] 孙海鹏，李哲，孙凯．玻璃窑炉烟气治理技术探析 [J]．中国环保产业，2017（4）：33-35.

[56] 林进跃．NID 半干法烟气脱硫技术在日用玻璃窑炉的应用 [J]．资源节约与保护，2015（7）：23.

[57] 赵东．基于玻璃熔窑冷修施工技术优化探讨 [J]．新型工业化，2019，9（9）：124-128.

[58] 谢慧，周跃，张奎．玻璃窑炉烟气脱硫固废的回收及利用 [J]．玻璃，2013（5）：39-42.

[59] 吴泓．窑炉烟气脱硫粉尘的资源化利用 [J]．环境保护与循环经济，2014，34（3）：38-41.

[60] 杨宇翔，俞新浩，彭素娟，等．玻璃厂半干法脱硫渣用于水泥缓凝剂的试验研究 [J]．科学与信息化，2018（19）：115-116.

[61] 季平，张李杭，杨宇翔，等．浮法玻璃厂半干法脱硫渣在墙材产业综合利用的途径 [J]．科学与财富，2015（8）：544-545.

[62] 成钢，季平，孟峰，等．某浮法玻璃厂干法脱硫渣返生产利用工程 [J]．玻璃，2018，45（10）：35-37.

[63] 张志刚．平板玻璃工厂废水处理 [J]．建材世界，2009，30（2）：114-116.

[64] 郭延柱，王艳艳，王海蕊．岩棉生产过程中熔融成纤工段废气的治理工艺研究 [J]．工程技术研究，2018（5）：1-2.

[65] 周克冲，郭丹丹．岩棉生产线中固化炉废气处理方法的探讨 [J]．建材发展导向，2016，14（11）：11-12.

[66] 王晓磊．岩棉生产用胶粘剂系统的研究 [J]．中国胶粘剂，2016（4）：57-59.

[67] 张磊，李彦涛，张蕾，等．玻璃窑炉烟气脱硫除尘脱硝综合治理技术的研究 [J]．玻璃，2011（06）：237.

[68] 谢慧，周跃，张奎，等．玻璃窑炉应用 SCR 烟气脱硝技术的中试研究 [J]．玻璃，2013（03）：35-39.

[69] 鲁欣科．新型集棉机在岩棉生产中的应用 [J]．江苏建材，2013（3）：10-12.

[70] 王晓磊．降低岩棉生产能耗技术的研究 [J]．节能，2013，32（10）：11-16.

[71] 邱淑华，王贵祥．平板玻璃熔窑燃料浅析 [J]．玻璃，2012，（09）：12-15.

[72] 尹海滨，陈学功．天然气浮法玻璃窑炉 SCR 脱硝技术工艺与应用 [J]．江苏建材，2011（03）：20-22.

[73] 张其良，马大卫，陈中元，等．超低排放改造后 SCR 脱硝出口 NO_x 分布和氨逃逸异常分析 [J]．华电技术，2019，41（9）：12-17.

[74] 方朝君，金理鹏，宋玉宝，等．SCR 脱硝系统喷氨优化及最大脱硝效率试验研究 [J]．热力发电，2014，43（7）：157-160.

[75] 马大卫，张其良，黄齐顺，等．超低排放改造后 SCR 出口 NO_x 分布及逃逸氨浓度评估研究 [J]．中国电力，2017，50（5）：168-171.

[76] 巫炜宁，李雯香，汪洁．混凝沉淀法预处理玻璃纤维薄毡生产废水的试验研究 [J]．绿色科技，2018（24）：63-64.

[77] 高彦杰．超滤膜法处理玻纤纤维废水循环利用试验研究 [J]．环境与发展，2018，30（2）：98-99.

[78] 徐冰洁，徐斌，单世伟，等．玻璃纤维生产废水处理工艺改造 [J]．中国给水排水，2017，33（16）：

90-93.

[79] 王晓东，郑显鹏，邱立平．混凝/水解酸化/BAF 工艺处理玻璃纤维废水 [J]．中国给水排水，2009，25（18）：55-57.

[80] 万维晶．玻璃纤维废水处理工程简介 [J]．玻璃纤维，2003（6）：27-32.

[81] 方铭．浅谈通过资源综合利用提高岩棉绿色制造水平 [J]．墙材革新与建筑节能，2018（7）：34-37.

[82] 孙红星．富氧燃烧技术在冲天炉中的应用 [J]．铸造设备与工艺，2016（4）：7-8.

[83] 任凯．玻纤洗布水回用处理工程应用 [J]．资源节约与环保，2015（3）：296.

[84] 朱英来，陈金强，杨海林．混凝—两段生物接触氧化工艺处理玻纤浸润剂废水 [J]．三峡环境与生态，2013，35（1）：46-62.

[85] 王光应，魏彤，宋剑等．SCR 蜂窝催化剂再生技术及工程分析 [J]．科学技术创新，2019（30）：8-9.

[86] 王乐，刘淑鹤，王宽岭，等．脱硝催化剂的失活机理及其再生技术 [J]．化工环保，2020，40（1）：79-84.

[87] 任英杰，田超．玻璃窑炉 SCR 脱硝催化剂失活分析 [J]．电力科技与环保，2020，36（1）：19-22.

[88] 崔兴光，盖福奎．玻璃窑炉低氮燃烧 [J]．玻璃搪瓷与眼镜，2020，48（4）：29-32.

[89] 苑卫军，朱鹏程，李建胜．玻璃生产常用燃料的应用与 CO_2 排放 [J]．玻璃，2009，10（217）：24-26.

[90] 田梁英，梁新辉，孙诗兵，等．日用玻璃原料与燃料对 CO_2 减排影响的研究 [J]．玻璃与搪瓷，2010，38（6）：6-17.

[91] 苑卫军，王辉，韩明汝，等．基于环保标准和能源安全玻璃熔制燃料选择分析 [J]．玻璃，2019，46（12）：52-57.

[92] 倪维良，虞嘉，王李军，等．玻璃涂料的发展现状及研究进展 [J]．涂料技术与文摘，2017，38（5）：50-54.

[93] 泮领庆，马晓鸥，司徒伟生．紫外光固化聚氨酯丙烯酸酯玻璃涂料的研制 [J]．涂料工业，2005，35（2）：15-17.

[94] 陆少锋．玻璃工厂制镜线废水处理的方案设计 [J]．中国玻璃，2005（6）：31-33.

[95] 刘志付，赵恩录，陈福．玻璃熔窑的全氧燃烧、纯氧助燃和富氧燃烧技术 [J]．玻璃，2009（12）：18-20.

[96] 张文玲，刘志付，赵恩录，等．玻璃熔窑全氧燃烧技术的开发 [J]．玻璃，2007，34（5）：15-17.

[97] 黄培聪．全氧燃烧熔窑结构及工艺方面的应用实践 [J]．玻璃与搪瓷，2018，46（4）：19-22.

[98] 杨小平．玻璃退火窑的余热利用方法 [J]．建材世界，2021，42（4）：72-75.

[99] 代智．两段式煤气发生炉污染防治措施 [J]．工艺技术创新，2016，3（3）：521-524.

[100] 陈洁肖．环评与排污许可制度衔接问题及对策 [J]．绿色科技，2021，23（10）：98-99.

[101] 岳蓬蓬，李海静，张健，等．从环评导则体系探讨环评与排污许可制度衔接 [J]．环境影响评价，2021（1）：27-29，41.

[102] 柴西龙，邹世英，李元实，等．环境影响评价与排污许可制度衔接研究 [J]．环境影响评价，2016（6）：25-27，35.

[103] 王灿发．加强排污许可证与环评制度的衔接势在必行 [J]．环境影响评价，2016（2）：6-8.

[104] 代庆仁．环评与排污许可相互衔接和促进的思考 [J]．价值工程，2020（14）：40-42.

[105] 王社坤．环评与排污许可制度衔接的实践展开与规则重构 [J]．政法论丛，2020（5）：151-160.

[106] 冯嘉．排污许可制与环评制度如何衔接 [J]．中华环境，2017（7）：26-28.

［107］朱源，姚荣．欧美环评和许可证衔接管理经验及对我国的启示［J］．环境保护，2018（1）：75-78.

［108］牟燕，王飞，周薇．污染物总量控制制度改革的思考［J］．节能，2018，37（8）：88-89.

［109］蒋洪强，周佳，张静．基于污染物排放许可的总量控制制度改革研究［J］．中国环境管理，2017，9（4）：9-12.

［110］马佳文，陶萍．排污许可证在污染物总量控制中的作用［J］．环境与发展，2019，31（8）：211-213.

［111］王新娟，肖洋，王国锋，等．排污许可制下污染物总量控制及实际案例分析［J］．环境保护科学，2020，46（5）：30-34.

［112］田欣，秋婕．"十四五"时期污染物总量控制的挑战、需求与应对研究［J］．中国环境管理，2019，11（3）：46-49.

［113］雷雯，倪雯倩，赵彤，等．我国排污权交易和排污许可证的研究现状和展望［J］．环境与发展，2019，31（11）：196-197.

［114］王婕．我国排污权交易和排污许可证的研究进展综述［J］．工程与建设，2021，35（4）：850-851.

［115］邓义君．排污许可制度改革的探讨［J］．中国资源综合利用，2018，32（12）：112-115.

［116］文思嘉，乔皎，吴铁，等．温室气体纳入排污许可管理背景研析［J］．环境影响评价，2020，42（3）：44-47，56.

［117］常维，刘文博，崔永丽，等．衔接碳排放报告制度和排污许可证制度研究［J］．环境与可持续发展，2019，44（3）：127-131.

［118］蒋春来，宋晓晖，钟悦之，等．基于排污许可证的碳排放权交易体系研究［J］．环境污染与防治，2018，40（10）：1198-1202.

［119］黄锦鹏，齐绍洲，姜大霖．全国统一碳市场建设背景下企业碳资产管理模式及应对策略［J］．环境保护，2019，47（16）：13-17.

附 录

附录 1
玻璃和矿物棉行业排污许可管理参考政策及标准

1.1 国家标准

《危险废物鉴别标准 毒性物质含量鉴别》（GB 5085.6—2007）

《水质 铜、锌、铅、镉的测定 原子吸收分光光度法》（GB 7475—1987）

《水质 氟化物的测定 离子选择电极法》（GB 7484—1987）

《水质 总砷的测定 二乙基二硫代氨基甲酸银分光光度法》（GB 7485—1987）

《污水综合排放标准》（GB 8978—1996）

《水质 苯并[a]芘的测定 乙酰化滤纸层析荧光分光光度法》（GB 11895—1989）

《水质 悬浮物的测定 重量法》（GB 11901—1989）

《水质 镍的测定 火焰原子吸收分光光度法》（GB 11912—1989）

《工业企业厂界环境噪声排放标准》（GB 12348—2008）

《锅炉大气污染物排放标准》（GB 13271—2014）

《涂装作业安全规程 涂层烘干室安全技术规定》（GB 14443—2007）

《涂装作业安全规程 喷漆室安全技术规定》（GB 14444—2006）

《恶臭污染物排放标准》（GB 14554—1993）

《环境保护图形标志 排放口（源）》（GB 15562.1—1995）

《环境保护图形标志 固体废物贮存（处置）场》（GB 15562.2—1995）

《大气污染物综合排放标准》（GB 16297—1996）

《危险废物贮存污染控制标准》（GB 18597—2001）

《一般工业固体废物贮存和填埋污染控制标准》（GB 18599—2020）

《涂装作业安全规程 有机废气净化装置安全技术规定》（GB 20101—2006）

《玻璃和铸石单位产品能源消耗限额》（GB 21340—2019）

《平板玻璃工业大气污染物排放标准》（GB 26453—2011）

《玻璃纤维单位产品能源消耗限额》（GB 29450—2012）

《电子玻璃工业大气污染物排放标准》（GB 29495—2013）

《岩棉、矿渣棉及其制品单位产品能源消耗限额》（GB 30183—2013）

《工业防护涂料中有害物质限量》（GB 30981—2020）

《挥发性有机物无组织排放控制标准》（GB 37822—2019）

《油墨中可挥发性有机化合物（VOCs）含量的限值》（GB 38507—2020）

《清洗剂挥发性有机化合物含量限值》（GB 38508—2020）

《建筑给水排水设计标准》（GB 50015—2019）

《平板玻璃工厂设计规范》（GB 50435—2016）

《光伏压延玻璃工厂设计规范》（GB 51113—2015）

《玻璃纤维工厂设计标准》（GB 51258—2017）

《烟气脱硫工艺设计标准》（GB 51284—2018）

《薄膜晶体管显示器件玻璃基板生产工厂设计标准》（GB 51432—2020）

《水质 pH 值的测定　玻璃电极法》（GB 6920—1986）

《煤质颗粒活性炭气　相用煤质颗粒活性炭》（GB/T 7701.1—2008）

《水质　总磷的测定　钼酸铵分光光度法》（GB 11893—1989）

《水质　悬浮物的测定　重量法》（GB 11901—1989）

《水质　银的测定　火焰原子吸收分光光度法》（GB 11907—1989）

《空气质量　氨的测定　离子选择电极法》（GB/T 14669—1993）

《空气质量　硫化氢、甲硫醇、甲硫醚和二甲二硫的测定　气相色谱法》（GB/T 14678—1993）

《环境空气　铅的测定　火焰原子吸收分光光度法》（GB/T 15264—1994）

《环境空气　总悬浮颗粒物的测定　重量法》（GB/T 15432—1995）

《空气质量　甲醛的测定　乙酰丙酮分光光度法》（GB/T 15516—1995）

《固定污染源排气中颗粒物测定与气态污染物采样方法》（GB/T 16157—1996）

《排风罩的分类及技术条件》（GB/T 16758—2008）

《工业燃油燃气燃烧器通用技术条件》（GB/T 19839—2005）

《环境管理体系　要求及使用指南》（GB/T 24001—2016）

《污水排入城镇下水道水质标准》（GB/T 31962—2015）

《绿色制造　制造企业绿色供应链管理　导则》（GB/T 33635—2017）

《烟气脱硝催化剂再生技术规范》（GB/T 35209—2017）

《绿色产品评价　建筑玻璃》（GB/T 35604—2017）

《夹层玻璃单位产品能耗测试方法》（GB/T 36268—2018）

《包装材料用油墨限制使用物质》（GB/T 36421—2018）

《烟气脱硫石膏》（GB/T 37785—2019）

《低挥发性有机化合物含量涂料产品技术要求》（GB/T 38597—2020）

《平板玻璃制造能耗测试技术规程》（GB/T 39773—2021）

《平板玻璃制造能耗评价技术要求》（GB/T 39803—2021）

《平板玻璃工厂环境保护设施设计标准》（GB/T 50559—2018）

《岩棉工厂设计标准》（GB/T 51379—2019）

1.2 行业标准

《建设项目环境影响评价技术导则 总纲》（HJ 2.1—2016）

《环境影响评价技术导则 大气环境》（HJ 2.2—2018）

《环境影响评价技术导则 地表水环境》（HJ 2.3—2018）

《环境影响评价技术导则 声环境》（HJ 2.4—2009）

《超声波明渠污水流量计技术要求及检测方法》（HJ 15—2019）

《固定污染源排气中氯化氢的测定 硫氰酸汞分光光度法》（HJ/T 27—1999）

《固定污染源排气中酚类化合物的测定 4-氨基安替比林分光光度法》（HJ/T 32—1999）

《固定污染源废气 总烃、甲烷和非甲烷总烃的测定 气相色谱法》（HJ 38—2017）

《固定污染源排气中氮氧化物的测定 紫外分光光度法》（HJ/T 42—1999）

《固定污染源排气中氮氧化物的测定 盐酸萘乙二胺分光光度法》（HJ/T 43—1999）

《大气污染物无组织排放监测技术导则》（HJ/T 55—2000）

《固定污染源废气 二氧化硫的测定 定电位电解法》（HJ 57—2017）

《水质 硫化物的测定 碘量法》（HJ/T 60—2000）

《大气固定污染源 镉的测定 火焰原子吸收分光光度法》（HJ/T 64.1—2001）

《大气固定污染源 镉的测定 对-偶氮苯重氮氨基偶氮苯磺酸分光光度法》（HJ/T 64.3—2001）

《大气固定污染源 锡的测定 石墨炉原子吸收分光光度法》（HJ/T 65—2001）

《大气固定污染源 氟化物的测定 离子选择电极法》（HJ/T 67—2001）

《固定污染源烟气（SO_2、NO_x、颗粒物）排放连续监测技术规范》（HJ 75—2017）

《固定污染源烟气（SO_2、NO_x、颗粒物）排放连续监测系统技术要求及检测方法》（HJ 76—2017）

《水质 无机阴离子（F^-、Cl^-、NO_2^-、Br^-、NO_3^-、PO_4^{3-}、SO_3^{2-}、SO_4^{2-}）的测定 离子色谱法》（HJ 84—2016）

《地表水和污水监测技术规范》（HJ/T 91—2002）

《污水监测技术规范》（HJ 91.1—2019）

《水污染物排放总量监测技术规范》（HJ/T 92—2002）

《pH 水质自动分析仪技术要求》（HJ/T 96—2003）

《氨氮水质在线自动监测仪技术要求及检测方法》（HJ 101—2019）

《建设项目环境风险评价技术导则》（HJ 169—2018）

《烟气循环流化床法烟气脱硫工程通用技术规范》（HJ 178—2018）

《石灰石/石灰-石膏湿法烟气脱硫工程通用技术规范》（HJ 179—2018）

《水质 氨氮的测定 气相分子吸收光谱法》（HJ/T 195—2005）

《水质 总氮的测定 气相分子吸收光谱法》（HJ/T 199—2005）

《水污染源在线监测系统（COD_{Cr}、NH_3-N 等）安装技术规范》（HJ 353—2019）

《水污染源在线监测系统（COD_{Cr}、NH_3-N 等）验收技术规范》（HJ 354—2019）

《水污染源在线监测系统（COD_{Cr}、NH_3-N 等）运行技术规范》（HJ 355—2019）

《水污染源在线监测系统（COD_{Cr}、NH_3-N 等）数据有效性判别技术规范》（HJ 356—2019）

《固定污染源监测质量保证与质量控制技术规范（试行）》（HJ/T 373—2007）

《化学需氧量（COD_{Cr}）水质在线自动监测仪技术要求及检测方法》（HJ 377—2019）

《环境保护产品技术要求 工业废气吸附净化装置》（HJ/T 386—2007）

《环境保护产品技术要求 工业有机废气催化净化装置》（HJ/T 389—2007）

《固定源废气监测技术规范》（HJ/T 397—2007）

《水质 化学需氧量的测定 快速消解分光光度法》（HJ/T 399—2007）

《水质 银的测定 3,5-Br_2-PADAP 分光光度法》（HJ 489—2009）

《水质 银的测定 镉试剂 2B 分光光度法》（HJ 490—2009）

《水质采样 样品的保存和管理技术规定》（HJ 493—2009）

《水质 采样技术指导》（HJ 494—2009）

《水质 采样方案设计技术规定》（HJ 495—2009）

《水质 挥发酚的测定 溴化容量法》（HJ 502—2009）

《水质 挥发酚的测定 4-氨基安替比林分光光度法》（HJ 503—2009）

《水质 五日生化需氧量（BOD_5）的测定 稀释与接种法》（HJ 505—2009）

《环境空气和废气 氨的测定 纳氏试剂分光光度法》（HJ 533—2009）

《水质 氨氮的测定 纳氏试剂分光光度法》（HJ 535—2009）

《水质 氨氮的测定 水杨酸分光光度法》（HJ 536—2009）

《水质 氨氮的测定 蒸馏-中和滴定法》（HJ 537—2009）

《环境空气 铅的测定 石墨炉原子吸收分光光度法》（HJ 539—2015）

《固定污染源废气 砷的测定 二乙基二硫代氨基甲酸银分光光度法》（HJ 540—2016）

《固定污染源废气 氯化氢的测定 硝酸银容量法》（HJ 548—2016）

《环境空气和废气 氯化氢的测定 离子色谱法》（HJ 549—2016）

《环境空气 苯系物的测定 固体吸附/热脱附-气相色谱法》（HJ 583—2010）

《环境空气 苯系物的测定 活性炭吸附/二硫化碳解吸-气相色谱法》（HJ 584—2010）

《水质 甲醛的测定 乙酰丙酮分光光度法》（HJ 601—2011）

《环境空气 总烃、甲烷和非甲烷总烃的测定 直接进样-气相色谱法》（HJ 604—2017）

《环境影响评价技术导则 地下水环境》（HJ 610—2016）

《企业环境报告书编制导则》（HJ 617—2011）

《固定污染源废气 二氧化硫的测定 非分散红外吸收法》（HJ 629—2011）

《环境监测质量管理技术导则》（HJ 630—2011）

《水质 总氮测定 碱性过硫酸钾消解紫外分光光度法》（HJ 636—2012）

《水质 石油类和动植物油类的测定 红外分光光度法》（HJ 637—2018）

《环境空气 挥发性有机物的测定 吸附管采样-热脱附/气相色谱-质谱法》（HJ 644—2013）

《空气和废气 颗粒物中铅等金属元素的测定 电感耦合等离子体质谱法》（HJ 657—2013）

《水质 氨氮的测定 连续流动-水杨酸分光光度法》（HJ 665—2013）

《水质 氨氮的测定 流动注射-水杨酸分光光度法》（HJ 666—2013）

《水质 总氮的测定 连续流动-盐酸萘乙二胺分光光度法》（HJ 667—2013）

《水质 总氮的测定 流动注射-盐酸萘乙二胺分光光度法》（HJ 668—2013）

《水质 磷酸盐和总磷的测定 连续流动-钼酸铵分光光度法》（HJ 670—2013）

《水质 总磷的测定 流动注射-钼酸铵分光光度法》（HJ 671—2013）

《固定污染源废气 铅的测定 火焰原子吸收分光光度法》（HJ 685—2014）

《固定污染源废气 氮氧化物的测定 非分散红外吸收法》（HJ 692—2014）

《固定污染源废气 氮氧化物的测定 定电位电解法》（HJ 693—2014）

《水质 汞、砷、硒、铋和锑的测定 原子荧光法》（HJ 694—2014）

《水质 65 种元素的测定 电感耦合等离子体质谱法》（HJ 700—2014）

《固定污染源废气 挥发性有机物的采样 气袋法》（HJ 732—2014）

《固定污染源废气 挥发性有机物的测定 固相吸附-热脱附/气相色谱-质谱法》（HJ 734—2014）

《环境空气 挥发性有机物的测定 罐采样/气相色谱-质谱法》（HJ 759—2015）

《空气和废气 颗粒物中金属元素的测定 电感耦合等离子体发射光谱法》（HJ 777—2015）

《排污单位自行监测技术指南 总则》（HJ 819—2017）

《水质 氰化物的测定 流动注射-分光光度法》（HJ 823—2017）

《水质 化学需氧量的测定 重铬酸盐法》（HJ 828—2017）

《环境空气 颗粒物中无机元素的测定 能量色散 X 射线荧光光谱法》（HJ 829—2017）

《环境空气 颗粒物中无机元素的测定 波长色散 X 射线荧光光谱法》（HJ 830—2017）

《固定污染源废气 低浓度颗粒物的测定 重量法》（HJ 836—2017）

《排污许可证申请与核发技术规范 玻璃工业—平板玻璃》（HJ 856—2017）

《污染源源强核算技术指南 准则》（HJ 884—2018）

《排污许可证申请与核发技术规范 总则》（HJ 942—2018）

《排污单位环境管理台账及排污许可证执行报告技术规范 总则（试行）》（HJ 944—2018）

《污染源源强核算技术指南 平板玻璃制造》（HJ 980—2018）

《排污单位自行监测技术指南 平板玻璃工业》（HJ 988—2018）

《蓄热燃烧法工业有机废气治理工程技术规范》（HJ 1093—2020）

《排污许可证申请与核发技术规范 工业炉窑》（HJ 1121—2020）

《固定污染源废气 二氧化硫的测定 便携式紫外吸收法》（HJ 1131—2020）

《固定污染源废气 氮氧化物的测定 便携式紫外吸收法》（HJ 1132—2020）

《环境空气和废气 颗粒物中砷、硒、铋、锑的测定 原子荧光法》（HJ 1133—2020）

《袋式除尘工程通用技术规范》（HJ 2020—2012）

《吸附法工业有机废气治理工程技术规范》（HJ 2026—2013）

《催化燃烧法工业有机废气治理工程技术规范》（HJ 2027—2013）

《电除尘工程通用技术规范》（HJ 2028—2013）

《玻璃制造业污染防治可行技术指南》（HJ 2305—2018）

《局部排风设施控制风速检测与评估技术规范》（WS/T 757—2016）

《玻璃保温瓶胆单位产品能源消耗限额》（QB/T 5360—2019）

《玻璃瓶罐单位产品能源消耗限额》（QB/T 5361—2019）

《玻璃器皿单位产品能源消耗限额》（QB/T 5362—2019）

《玻璃行业绿色工厂评价导则》（JC/T 2563—2020）

《绝热材料行业绿色工厂评价要求》（JC/T 2639—2021）

《高温电除尘器》（JB/T 13732—2019）

1.3　地方标准

北京市地方标准：《水污染物综合排放标准》（DB11/ 307—2013）

北京市地方标准：《工业涂装工序大气污染物排放标准》（DB11/ 1226—2015）

北京市地方标准：《大气污染物综合排放标准》（DB11/ 501—2017）

天津市地方标准：《污水综合排放标准》（DB12/ 356—2018）

天津市地方标准：《工业炉窑大气污染物排放标准》（DB12/ 556—2015）

天津市地方标准：《工业企业挥发性有机物排放控制标准》（DB12/T 524—2020）

天津市地方标准：《平板玻璃工业大气污染物排放标准》（DB12/ 1100—2021）

河北省地方标准：《工业炉窑大气污染物排放标准》（DB13/ 1640—2012）

河北省地方标准：《平板玻璃工业大气污染物超低排放标准》（DB13/ 2168—2020）

河北省地方标准：《工业企业挥发性有机物排放控制标准》（DB13/ 2322—2016）

河北省地方标准：《大清河流域水污染物排放标准》（DB13/ 2795—2018）

河北省地方标准：《子牙河流域水污染物排放标准》（DB13/ 2796—2018）

河北省地方标准：《黑龙港及运东流域水污染物排放标准》（DB13/ 2797—2018）

山西省地方标准：《污水综合排放标准》（DB14/ 1928—2019）

辽宁省地方标准：《污水综合排放标准》（DB21/ 1627—2008）

上海市地方标准：《污水综合排放标准》（DB31/ 199—2018）

上海市地方标准：《建筑钢化玻璃单位产品能源消耗限额》（DB31/ 621—2020）

上海市地方标准：《夹层玻璃单位产品能源消耗限额》（DB31/ 721—2020）

上海市地方标准：《镀膜玻璃单位产品能源消耗限额》（DB31/ 831—2014）

上海市地方标准：《工业炉窑大气污染物排放标准》（DB31/ 860—2014）

江苏省地方标准：《工业炉窑大气污染物排放标准》（DB32/ 3728—2020）

浙江省地方标准：《玻璃单位产品能耗限额及计算方法》（DB33/ 682—2012）

浙江省地方标准：《玻璃纤维单位产品综合能耗限额及计算方法》（DB33/ 765—2019）

福建省地方标准：《厦门市水污染物排放标准》（DB35/ 322—2018）

江西省地方标准：《鄱阳湖生态经济区水污染物排放标准》（DB36/ 852—2015）

山东省地方标准：《日用玻璃能耗限额》（DB37/ 786—2015）

山东省地方标准：《建材工业大气污染物排放标准》（DB37/ 2373—2018）

山东省地方标准：《挥发性有机物排放标准 第5部分：表面涂装行业》（DB37/ 2801.5—2018）

山东省地方标准：《流域水污染物综合排放标准 第 1 部分：南四湖东平湖流域》（DB37/ 3416.1—2018）

山东省地方标准：《流域水污染物综合排放标准 第 2 部分：沂沭河流域》（DB37/ 3416.2—2018）

山东省地方标准：《流域水污染物综合排放标准 第 3 部分：小清河流域》（DB37/ 3416.3—2018）

山东省地方标准：《流域水污染物综合排放标准 第 4 部分：海河流域》（DB37/ 3416.4—2018）

山东省地方标准：《流域水污染物综合排放标准 第 5 部分：半岛流域》（DB37/ 3416.5—2018）

河南省地方标准：《省辖海河流域水污染物排放标准》（DB41/ 777—2013）

河南省地方标准：《清潩河流域水污染物排放标准》（DB41/ 790—2013）

河南省地方标准：《贾鲁河流域水污染物排放标准》（DB41/ 908—2014）

河南省地方标准：《惠济河流域水污染物排放标准》（DB41/ 918—2014）

河南省地方标准：《工业炉窑大气污染物排放标准》（DB41/ 1066—2020）

河南省地方标准：《工业涂装工序挥发性有机物排放标准》（DB41/ 1951—2020）

湖北省地方标准：《湖北省汉江中下游流域污水综合排放标准》（DB42/ 1318—2017）

湖南省地方标准：《日用玻璃单位产品能源消耗限额及计算方法》（DB43/T 1603—2019）

湖南省地方标准：《视频盖板玻璃单位产品能源消耗限额及计算方法》（DB43/T 1770—2020）

广东省地方标准：《水污染物排放限值》（DB44/ 26—2001）

广东省地方标准：《汾江河流域水污染物排放标准》（DB44/ 1366—2014）

广东省地方标准：《茅洲河流域水污染物排放标准》（DB44/ 2130—2018）

广东省地方标准：《小东江流域水污染物排放标准》（DB44/ 2155—2019）

广东省地方标准：《玻璃工业大气污染物排放标准》（DB44/ 2159—2019）

重庆市地方标准：《工业炉窑大气污染物排放标准》（DB50/ 659—2016）

四川省地方标准：《四川省岷江、沱江流域水污染物排放标准》（DB51/ 2311—2016）

四川省地方标准：《四川省固定污染源大气挥发性有机物排放标准》（DB51/ 2377—2017）

贵州省地方标准：《贵州省环境污染物排放标准》（DB52/ 864—2013）

陕西省地方标准：《黄河流域（陕西段）污水综合排放标准》（DB61/ 224—2011）

1.4　团体标准

中国日用玻璃协会：《日用玻璃炉窑烟气治理技术规范》（T/CNAGI 001—2020）

中国电子工业标准化技术协会：《玻璃基板制造业绿色工厂评价要求》（T/CESA 1091—2020）

中国电子工业标准化技术协会：《绿色设计产品评价技术规范　光电显示玻璃基板》（T/CESA 1123—2020）

中国工程建设标准化协会：《绿色建材评价　建筑节能玻璃》（T/CECS 10034—2019）

中国建筑玻璃与工业玻璃协会：《全氧燃烧超白压花玻璃单位产品能源消耗限额》（T/ZBH 007—2018）

中国建筑材料联合会：《产品生命周期评价技术规范　岩棉绝热制品》（T/CBMF 50—2019）

中国建筑材料联合会：《建材行业碳排放管理体系实施指南　玻璃企业》（T/CBMF 53—2019）

中国建筑材料联合会：《建材行业低碳企业评价技术要求　平板玻璃行业》（T/CBMF 56—2019）

中国玻璃纤维工业协会：《适于热塑性树脂的短切玻璃纤维绿色设计产品评价技术规范》（T/CFIA B1—2019）

1.5　政策法规

《排污许可管理条例》（中华人民共和国国务院令　第 736 号）

《固定污染源排污许可分类管理名录（2019 年版）》（生态环境部令　第 11 号）

《排污许可管理办法（试行）》（环境保护部令　第 48 号）

《关于加快解决当前挥发性有机物治理突出问题的通知》（环大气〔2021〕65 号）

《建设项目环境影响评价分类管理名录（2021 年版）》（生态环境部令　第 16 号）

《国家危险废物名录（2021 年版）》（生态环境部令　第 15 号）

《中共中央　国务院关于完整准确全面贯彻新发展理念做好碳达峰碳中和工作的意见》（中发〔2021〕36 号）

《国务院关于印发 2030 年前碳达峰行动方案的通知》（国发〔2021〕23 号）

《关于发布〈碳排放权登记管理规则（试行）〉〈碳排放权交易管理规则（试行）〉和〈碳排放权结算管理规则（试行）〉的公告》（生态环境部　公告 2021 年　第 21 号）

《关于印发〈环境影响评价与排污许可领域协同推进碳减排工作方案〉的通知》（环办环评函〔2021〕277 号）

《关于印发〈企业温室气体排放报告核查指南（试行）〉的通知》（环办气候函〔2021〕130 号）

《国家发展改革委等部门关于印发〈"十四五"全国清洁生产推行方案〉的通知》（发改环资〔2021〕1524号）

《关于严格能效约束推动重点领域节能降碳的若干意见》（发改产业〔2021〕1464号）

《关于加强高耗能、高排放建设项目生态环境源头防控的指导意见》（环环评〔2021〕45号）

《工业和信息化部关于印发水泥玻璃行业产能置换实施办法的通知》（工信部原〔2021〕80号）

《关于开展重点行业建设项目碳排放环境影响评价试点的通知》（环办环评函〔2021〕346号）

《关于加强企业温室气体排放报告管理相关工作的通知》（环办气候〔2021〕9号）

《国家发展改革委等部门关于发布〈高耗能行业重点领域能效标杆水平和基准水平（2021年版）〉的通知》（发改产业〔2021〕1609号）

《环评与排污许可监管行动计划（2021—2023年）》（环办环评函〔2020〕463号）

《关于深入推进重点行业清洁生产审核工作的通知》（环办科财〔2020〕27号）

《关于印发〈重污染天气重点行业应急减排措施制定技术指南（2020年修订版）〉的函》（环办大气函〔2020〕340号）

《工业炉窑大气污染综合治理方案》（环大气〔2019〕56号）

《产业结构调整指导目录（2019年本）》（中华人民共和国国家发展和改革委员会令第29号）

《关于印发制浆造纸等十四个行业建设项目重大变动清单的通知》（环办环评〔2018〕6号）

《关于做好环境影响评价制度与排污许可制衔接相关工作的通知》（环办环评〔2017〕84号）

《国务院办公厅关于印发控制污染物排放许可制实施方案的通知》（国办发〔2016〕81号）

《关于印发〈"十三五"环境影响评价改革实施方案〉的通知》（环环评〔2016〕95号）

《玻璃纤维行业规范条件》（工业和信息化部 公告 2020年 第30号）

《日用玻璃行业规范条件（2017年本）》（工业和信息化部 公告 2017年 第54号）

《平板玻璃行业规范条件（2014年本）》（工业和信息化部 公告 2014年 第90号）

《日用玻璃行业"十四五"高质量发展指导意见》（中玻协〔2021〕35号）

《玻璃纤维行业"十四五"发展规划》（协字〔2021〕15号）

附录2
玻璃企业自行监测方案模板

玻璃企业自行监测方案包括企业基本情况、企业产污情况、监测内容、执行标准、监测结果公开、监测方案实施等内容。自行监测模板如下文所述。

2.1 企业基本情况

企业基本情况如附表 2-1 所列。

附表 2-1 企业基本情况

企业名称		法人代表	
所属行业		单位代码	
生产周期		联系人	
联系电话		联系邮箱	
单位地址			
生产规模		年产…（产品）…（万重量箱/万吨）	
主要生产设备			
生产工艺 （附工艺流程图）			

2.2 企业产污情况

2.2.1 废水

2.2.1.1 废水治理及排放情况
废水治理及排放情况如附表 2-2 所列。

附表 2-2　废水治理及排放情况

废水治理及排放情况	排污口	车间废水排放口	循环冷却水排放口	脱硫废水处理设施排放口	洗涤废水排放口	雨水排放口	生活污水排放口
	类别	生产废水	冷却水	生活污水	生产废水	雨水	生活污水
	主要污染物						
	产生量/（t/a）						
	排放量/（t/a）						
	处理设施（工艺）						
	去向						

填写指引①排污口：可根据排污许可证上编写。
②类别：根据排污口对应编写类别，若无排放口，也需填写出。
③主要污染物：可参考排污许可证及环评等环保资料填写。
④产生量、排放量：可参考排污许可证及环评等环保资料填写。
⑤处理设施：根据实际情况填写，如无处理，可填"无"。
⑥去向：具体排放至哪条河流（或污水处理厂），如果无外排，根据实际情况填写"循环使用、回用于何处"等

2.2.1.2　废水处理流程图

对废水处理工艺进行描述，附废水处理流程图。

2.2.1.3　全厂废水流向图

对全厂废水流向进行描述，附全厂废水流向图。

2.2.2　废气

废气治理及排放情况如附表 2-3 所列。

附表 2-3　废气治理及排放情况

废气治理及排放情况	排污口	…废气排放口	…废气排放口	…废气排放口	…废气排放口	…
	类别	…熔窑废气	成型退火工序废气	…工序废气	…工序废气	…
	主要污染物					
	处理设施（工艺）					
废气治理及排放情况	排放方式	经…m排气筒高空排放	…	…	无组织排放	…

填写指引①排污口：可根据排污许可证上编写。
②类别：根据排污口对应编写类别，若无排放口，也需填写出。
③主要污染物：可参考排污许可证及环评等环保资料填写。
④处理设施：根据实际情况填写，如无处理，可填"无"

2.3　监测内容

2.3.1　监测点位布设

全公司/全厂污染源监测点位、监测因子及监测频次如附表 2-4 所列（附全公司/全厂平面布置及监测点位分布图）。

附表 2-4 全公司/全厂污染源点位布设（注：可根据实际情况增加监测因子或选择适合的监测因子进行填报，夜间 22：00～6：00 有生产的需加测夜间噪声，共用厂界可以删除。烟尘、颗粒物等需要等速采样采样孔个数、采样点个数）

污染源类型	排污口编号	排污口类型	排污口位置（经纬度）	检测位置分布	监测因子	样品个数	监测方式	监测频次	备注
废气	... 采样孔个数：...个，采样点个数：...个	原料破碎废气排气筒	...°...'..." ...°...'..."	烟囱高度：...m 监测孔距地面：...m	颗粒物	非连续采样 每次采集...个样	...	每年 1 次	
	... 采样孔个数：...个，采样点个数：...个	碎玻璃系统废气排气筒	...°...'..." ...°...'..."	烟囱高度：...m 监测孔距地面：...m	颗粒物	非连续采样 每次采集...个样	...	每年 1 次	
	... 采样孔个数：...个，采样点个数：...个	备料与储存系统/配料系统废气排气筒	...°...'..." ...°...'..."	烟囱高度：...m 监测孔距地面：...m	颗粒物	非连续采样 每次采集...个样	...	每年 1 次	
	... 采样孔个数：...个，采样点个数：...个	熔窑废气排气筒	...°...'..." ...°...'..."	烟囱高度：...m 监测孔距地面：...m	颗粒物、二氧化硫、氮氧化物	非连续采样 每次采集...个样	...	每年 1 次	
					烟气黑度	...	...	自动监测	
					氯化氢、氟化物、氢、锌	非连续采样 每次采集...个样	...	每半年 1 次	
					汞、镉、砷、铬、铅、镍、锌	非连续采样 每次采集...个样	...	每半年 1 次	
	... 采样孔个数：...个，采样点个数：...个	成型退火工序废气排放口	...°...'..." ...°...'..."	烟囱高度：...m 监测孔距地面：...m	颗粒物、氯化氢、氟化物、锡及其化合物	非连续采样 每次采集...个样	...	每半年 1 次	
无组织	上风向	厂界	—	—	颗粒物	...	...	每半年 1 次	
	下风向	厂界	—	—	颗粒物	...	...	每半年 1 次	
	下风向	厂界	—	—	颗粒物	...	...	每半年 1 次	
	下风向	厂界	—	—	颗粒物	...	...	每半年 1 次	
	上风向	氨罐区周边	—	—	氨	...	...	每半年 1 次	
	下风向	氨罐区周边	—	—	氨	...	...	每半年 1 次	

续表

污染源类型	排污口编号	排污口类型	排污口位置（经纬度）	检测位置分布	监测因子	样品个数	监测方式	监测频次	备注
无组织	下风向	氨罐区周边	—	—	氨		…	每半年1次	
	下风向	氨罐区周边	—	—	氨		…	每半年1次	
	上风向	煤气发生炉周边	—	—	硫化氢		…	每半年1次	
	下风向	煤气发生炉周边	—	—	硫化氢	…	…	每半年1次	
	下风向	煤气发生炉周边	—	—	硫化氢		…	每半年1次	
	下风向	煤气发生炉周边	—	—	硫化氢		…	每半年1次	
	上风向	储油罐周边	—	—	非甲烷总烃		…	每年1次	
	下风向	储油罐周边	—	—	非甲烷总烃		…	每年1次	
	下风向	储油罐周边	—	—	非甲烷总烃		…	每年1次	
	下风向	储油罐周边	—	—	非甲烷总烃		…	每年1次	
废水	…	废水总排放口	…°…′…″ …°…′…″	—	流量、pH值、化学需氧量、氨氮、悬浮物、五日生化需氧量、总磷、总氮、动植物油、石油类	—	…	每月1次（直接排放）／每季度1次（间接排放）	
			—	氟化物、硫化物、总锌（以重油、煤焦油等为燃料类型）				每月1次（直接排放）／每季度1次（间接排放）	
			—	挥发酚、总氰化物、硫化物（以发生炉煤气为燃料类型）				每月1次（直接排放）／每季度1次（间接排放）	

续表

污染源类型	排污口编号	排污口类型	排污口位置（经纬度）	检测位置分布	监测因子	样品个数	监测方式	监测频次	备注
废水	…	循环冷却水排放口	…°…'…" …°…'…"	—	流量、pH值、悬浮物、化学需氧量、氨氮	—	…	每季度1次	
	…	脱硫废水处理设施排放口	…°…'…" …°…'…"	—	流量、总硫、总铅、总镉、总铬、总汞、总砷、总镍、苯并[a]芘	—	…	每季度1次	
	…	发生炉灰盘水封和洗涤煤气的洗涤废水排放口	…°…'…" …°…'…"	—	苯并[a]芘		…	每季度1次	
	…	雨水排放口	…°…'…" …°…'…"	—	化学需氧量、悬浮物、氨氮	—	…		
		—	…°…'…" …°…'…"	—	石油类（以重油、煤焦油、石油焦等为燃料类型）	—	…	每日1次（排放口有流量时开展监测）	
		—	…°…'…" …°…'…"	—	挥发酚、总氰化物、硫化物（以发生炉煤气为燃料类型）		…		
噪声（厂界邻近交通干线不布点）	厂界…面边界外1m	—	…°…'…"	—	等效连续A声级	—	…	每季度昼间1次（如生产还需监测夜间噪声）	
	厂界…面边界外1m	—	…°…'…"	—	等效连续A声级	—	…		
	厂界…面边界外1m	—	…°…'…"	—	等效连续A声级	—	…		
	厂界…面边界外1m	—	…°…'…"	—	等效连续A声级	—	…		

注：1. 监测方式是指①"自动监测"、②"手工监测"、③"手工监测与自动监测相结合"。

2. 检测结果超标的，应增加相应指标的检测频次。

3. 排气筒废气检测要同步监测烟气参数。

2.3.2 监测时间及工况记录

记录每次开展自行监测的时间，以及开展自行监测时的生产工况。

2.3.3 监测分析方法、依据和仪器

废水、废气以及噪声将委托有资质的检测机构代为开展检测，部分监测分析方法、仪器如附表 2-5 所列。

附表 2-5 部分监测分析方法、仪器

监测因子		监测分析方法	检出限	监测仪器名称	采样方法
有组织废气	颗粒物	《固定污染源废气 低浓度颗粒物的测定 重量法》（HJ 836—2017）	1.0mg/m³	天平	《固定污染源排气中颗粒物测定与气态污染物采样方法》（GB/T 16157—1996）；《固定污染源废气 低浓度颗粒物的测定 重量法》（HJ 836—2017）
		《固定污染源排气中颗粒物测定与气态污染物采样方法》（GB/T 16157—1996）	20mg/m³	天平	《固定污染源排气中颗粒物测定与气态污染物采样方法》（GB/T 16157—1996）
	二氧化硫	《固定污染源废气 二氧化硫的测定 定电位电解法》（HJ 57—2017）	3mg/m³	定电位法二氧化硫测定仪	《固定污染源排气中颗粒物测定与气态污染物采样方法》（GB/T 16157—1996）；《固定污染源废气 二氧化硫的测定 定电位电解法》（HJ 57—2017）
	氮氧化物	《固定污染源废气 氮氧化物的测定 定电位电解法》（HJ 693—2014）	3mg/m³	定电位法氮氧化物测定仪	《固定污染源排气中颗粒物测定与气态污染物采样方法》（GB/T 16157—1996）；《固定污染源废气 氮氧化物的测定 定电位电解法》（HJ 693—2014）
		《固定污染源废气 氮氧化物的测定 非分散红外吸收法》（HJ 692—2014）	3mg/m³	非分散红外法氮氧化物测定仪	《固定污染源排气中颗粒物测定与气态污染物采样方法》（GB/T 16157—1996）；《固定污染源废气 氮氧化物的测定 非分散红外吸收法》（HJ 692—2014）
	氯化氢	《环境空气和废气 氯化氢的测定 离子色谱法》（HJ 549—2016）	2mg/m³	离子色谱仪	《固定污染源排气中颗粒物测定与气态污染物采样方法》（GB/T 16157—1996）；《环境空气和废气 氯化氢的测定 离子色谱法》（HJ 549—2016）
		《固定污染源排气中氯化氢的测定 硫氰酸汞分光光度法》（HJ/T 27—1999）	0.9mg/m³	分光光度计	《固定污染源排气中颗粒物测定与气态污染物采样方法》（GB/T 16157—1996）；《固定污染源排气中氯化氢的测定 硫氰酸汞分光光度法》（HJ/T 27—1999）
	氟化物	《大气固定污染源 氟化物的测定 离子选择电极法》（HJ/T 67—2001）	0.06μg/m³	氟离子选择电极	《固定污染源排气中颗粒物测定与气态污染物采样方法》（GB/T 16157—1996）；《大气固定污染源 氟化物的测定 离子选择电极法》（HJ/T 67—2001）
	氨	《环境空气和废气 氨的测定 纳氏试剂分光光度法》（HJ 533—2009）	0.01mg/m³	分光光度计	《固定污染源排气中颗粒物测定与气态污染物采样方法》（GB/T 16157—1996）；《环境空气和废气 氨的测定 纳氏试剂分光光度法》（HJ 533—2009）

续表

监测因子		监测分析方法	检出限	监测仪器名称	采样方法
有组织废气	汞及其化合物	《固定污染源废气 汞的测定 冷原子吸收分光光度法》（HJ 543—2009）	0.0025mg/m³	原子吸收分光光度计	《固定污染源排气中颗粒物测定与气态污染物采样方法》（GB/T 16157—1996）；《固定污染源废气 汞的测定 冷原子吸收分光光度法》（HJ 543—2009）
	镉及其化合物	《大气固定污染源 镉的测定 火焰原子吸收分光光度法》（HJ/T 64.1—2001）	3×10⁻⁶mg/m³	原子吸收分光光度计	《固定污染源排气中颗粒物测定与气态污染物采样方法》（GB/T 16157—1996）；《大气固定污染源 镉的测定 火焰原子吸收分光光度法》（HJ/T 64.1—2001）
		《大气固定污染源 镉的测定 对-偶氮苯重氮氨基偶氮苯磺酸分光光度法》（HJ/T 64.3—2001）	1.0×10⁻⁴mg/m³	分光光度计	《固定污染源排气中颗粒物测定与气态污染物采样方法》（GB/T 16157—1996）；《大气固定污染源 镉的测定 对-偶氮苯重氮氨基偶氮苯磺酸分光光度法》（HJ/T 64.3—2001）
	铬及其化合物	《空气和废气 颗粒物中金属元素的测定 电感耦合等离子体发射光谱法》（HJ 777—2015）	18μg/m³（微波消解）；11μg/m³（电热板消解）	电感耦合等离子体发射光谱仪	《固定污染源排气中颗粒物测定与气态污染物采样方法》（GB/T 16157—1996）；《空气和废气 颗粒物中金属元素的测定 电感耦合等离子体发射光谱法》（HJ 777—2015）
	砷及其化合物	《固定污染源废气 砷的测定 二乙基二硫代氨基甲酸银分光光度法》（HJ 540—2016）	0.004mg/m³	分光光度计	《固定污染源排气中颗粒物测定与气态污染物采样方法》（GB/T 16157—1996）；《固定污染源废气 砷的测定 二乙基二硫代氨基甲酸银分光光度法》（HJ 540—2016）
	铅及其化合物	《空气和废气 颗粒物中金属元素的测定 电感耦合等离子体发射光谱法》（HJ 777—2015）	14μg/m³（微波消解）；8μg/m³（电热板消解）	电感耦合等离子体发射光谱仪	《固定污染源排气中颗粒物测定与气态污染物采样方法》（GB/T 16157—1996）；《空气和废气 颗粒物中金属元素的测定 电感耦合等离子体发射光谱法》（HJ 777—2015）
	镍及其化合物	《空气和废气 颗粒物中金属元素的测定 电感耦合等离子体发射光谱法》（HJ 777—2015）	12μg/m³（微波消解）；7μg/m³（电热板消解）	电感耦合等离子体发射光谱仪	《固定污染源排气中颗粒物测定与气态污染物采样方法》（GB/T 16157—1996）；《空气和废气 颗粒物中金属元素的测定 电感耦合等离子体发射光谱法》（HJ 777—2015）
	锌及其化合物	《空气和废气 颗粒物中金属元素的测定 电感耦合等离子体发射光谱法》（HJ 777—2015）	36μg/m³（微波消解）；11μg/m³（电热板消解）	电感耦合等离子体发射光谱仪	《固定污染源排气中颗粒物测定与气态污染物采样方法》（GB/T 16157—1996）；《空气和废气 颗粒物中金属元素的测定 电感耦合等离子体发射光谱法》（HJ 777—2015）
	锡及其化合物	《大气固定污染源 锡的测定 石墨炉原子吸收分光光度法》（HJ/T 65—2001）	3×10⁻³mg/m³	原子吸收分光光度计	《固定污染源排气中颗粒物测定与气态污染物采样方法》（GB/T 16157—1996）；《大气固定污染源 锡的测定 石墨炉原子吸收分光光度法》（HJ/T 65—2001）
无组织废气	颗粒物	《环境空气 总悬浮颗粒物的测定 重量法》（GB/T 15432—1995）	0.001mg/m³	天平	《大气污染物无组织排放监测技术导则》（HJ/T 55—2000）；《环境空气 总悬浮颗粒物的测定 重量法》（GB/T 15432—1995）
	氨	《环境空气和废气 氨的测定 纳氏试剂分光光度法》（HJ 533—2009）	0.01mg/m³	分光光度计	《大气污染物无组织排放监测技术导则》（HJ/T 55—2000）；《环境空气和废气 氨的测定 纳氏试剂分光光度法》（HJ 533—2009）

监测因子		监测分析方法	检出限	监测仪器名称	采样方法
无组织废气	硫化氢	《空气质量 硫化氢、甲硫醇、甲硫醚和二甲二硫的测定气相色谱法》（GB/T 14678—1993）	$0.2×10^{-3}mg/m^3$	气相色谱仪	《大气污染物无组织排放监测技术导则》（HJ/T 55—2000）；《空气质量 硫化氢、甲硫醇、甲硫醚和二甲二硫的测定 气相色谱法》（GB/T 14678—1993）
	非甲烷总烃	《环境空气 总烃、甲烷和非甲烷总烃的测定 直接进样-气相色谱法》（HJ 604—2017）	$0.07mg/m^3$	气相色谱仪	《大气污染物无组织排放监测技术导则》（HJ/T 55—2000）
废水	流量	《超声波明渠污水流量计技术要求及检测方法》（HJ 15—2019）	—	超声波明渠污水流量计	—
	pH 值	《水质 pH 值的测定 玻璃电极法》（GB 6920—1986）	0.01（pH）	便携式pH计	《污水监测技术规范》（HJ 91.1—2019）；《水质 pH 值的测定 玻璃电极法》（GB 6920—1986）
		《pH 水质自动分析仪技术要求》（HJ/T 96—2003）	—	pH 水质自动分析仪	
	悬浮物	《水质 悬浮物的测定重量法》（GB 11901—89）	—	—	《污水监测技术规范》（HJ 91.1—2019）；《水质 悬浮物的测定 重量法》（GB 11901—89）
	化学需氧量	《水质 化学需氧量的测定 重铬酸盐法》（HJ 828—2017）	4mg/L	酸式滴定管	《污水监测技术规范》（HJ 91.1—2019）；《水质 化学需氧量的测定 重铬酸盐法》（HJ 828—2017）
		《水质 化学需氧量的测定 快速消解分光光度法》（HJ/T 399—2007）	15mg/L	分光光度计	《污水监测技术规范》（HJ 91.1—2019）；《水质 化学需氧量的测定 重铬酸盐法》（HJ 828—2017）
		《化学需氧量（COD_{Cr}）水质在线自动监测仪技术要求及检测方法》（HJ 377—2019）	—	化学需氧量（COD_{Cr}）水质在线自动检测仪	《水污染源在线监测系统（COD_{Cr}、NH_3-N 等）运行技术规范》（HJ 355—2019）
	五日生化需氧量	《水质 五日生化需氧量（BOD_5）的测定 稀释与接种法》（HJ 505—2009）	0.5mg/L	培养箱	《污水监测技术规范》（HJ 91.1—2019）；《水质 五日生化需氧量（BOD_5）的测定 稀释与接种法》（HJ 505—2009）
	氨氮	《水质 氨氮的测定 纳氏试剂分光光度法》（HJ 535—2009）	0.025mg/L	分光光度计	《污水监测技术规范》（HJ 91.1—2019）；《水质 氨氮的测定 纳氏试剂分光光度法》（HJ 535—2009）
		《水质 氨氮的测定 水杨酸分光光度法》（HJ 536—2009）	0.25mg/L	分光光度计	《污水监测技术规范》（HJ 91.1—2019）；《水质 氨氮的测定 水杨酸分光光度法》（HJ 536—2009）
	总氰化物	《水质 氰化物的测定流动注射-分光光度法》（HJ 823—2017）	①异烟酸-巴比妥酸分光光度法 0.001mg/L；②吡啶-巴比妥酸分光光度法 0.002mg/L	流动注射仪	《污水监测技术规范》（HJ 91.1—2019）；《水质 氰化物的测定 流动注射-分光光度法》（HJ 823—2017）
	总磷	《水质 总磷的测定 钼酸铵分光光度法》（GB 11893—1989）	0.01mg/L	分光光度计	《污水监测技术规范》（HJ 91.1—2019）；《水质 总磷的测定 钼酸铵分光光度法》（GB 11893—1989）

监测因子		监测分析方法	检出限	监测仪器名称	采样方法
废水	总氮	《水质 总氮测定 碱性过硫酸钾消解紫外分光光度法》（HJ 636—2012）	0.05mg/L	紫外分光光度计	《污水监测技术规范》（HJ 91.1—2019）；《水质 总氮测定 碱性过硫酸钾消解紫外分光光度法》（HJ 636—2012）
		《水质 总氮的测定 流动注射-盐酸萘乙二胺分光光度法》（HJ 668—2013）	0.03mg/L	流动注射仪	《污水监测技术规范》（HJ 91.1—2019）；《水质 总氮的测定 流动注射-盐酸萘乙二胺分光光度法》（HJ 668—2013）
	石油类	《水质 石油类和动植物油类的测定 红外分光光度法》（HJ 637—2018）	0.06mg/L	红外分光光度计	《污水监测技术规范》（HJ 91.1—2019）；《水质 石油类和动植物油类的测定 红外分光光度法》（HJ 637—2018）
	动植物油	《水质 石油类和动植物油类的测定 红外分光光度法》（HJ 637—2018）	0.06mg/L	红外分光光度计	《污水监测技术规范》（HJ 91.1—2019）；《水质 石油类和动植物油类的测定 红外分光光度法》（HJ 637—2018）
	硫化物	《水质 硫化物的测定 碘量法》（HJ/T 60—2000）	0.40mg/L	滴定管	《污水监测技术规范》（HJ 91.1—2019）；《水质 硫化物的测定 碘量法》（HJ/T 60—2000）
	氟化物	《水质 氟化物的测定 离子选择电极法》（GB 7484—1987）	0.05mg/L	离子选择电极	《污水监测技术规范》（HJ 91.1—2019）；《水质 氟化物的测定 离子选择电极法》（GB 7484—1987）
	总汞	《水质 汞、砷、硒、铋和锑的测定 原子荧光法》（HJ 694—2014）	0.04μg/L	原子荧光光谱仪	《污水监测技术规范》（HJ 91.1—2019）；《水质 汞、砷、硒、铋和锑的测定 原子荧光法》（HJ 694—2014）
	总镉	《水质 铜、锌、铅、镉的测定 原子吸收分光光度法》（GB 7475—87）	0.05mg/L	原子吸收分光光度计	《污水监测技术规范》（HJ 91.1—2019）；《水质 铜、锌、铅、镉的测定 原子吸收分光光度法》（GB 7475—87）
	总铬	《水质 65种元素的测定 电感耦合等离子体质谱法》（HJ 700—2014）	0.11mg/L	电感耦合等离子体质谱仪	《污水监测技术规范》（HJ 91.1—2019）；《水质 65种元素的测定 电感耦合等离子体质谱法》（HJ 700—2014）
	砷	《水质 总砷的测定 二乙基二硫代氨基甲酸银分光光度法》（GB 7485—87）	0.007mg/L	分光光度计	《污水监测技术规范》（HJ 91.1—2019）；《水质 总砷的测定 二乙基二硫代氨基甲酸银分光光度法》（GB 7485—87）
	总镍	《水质 镍的测定 火焰原子吸收分光光度法》（GB 11912—89）	0.05mg/L	原子吸收分光光度计	《污水监测技术规范》（HJ 91.1—2019）；《水质 镍的测定 火焰原子吸收分光光度法》（GB 11912—89）
	总铅	《水质 铜、锌、铅、镉的测定 原子吸收分光光度法》（GB 7475—87）	0.2mg/L	原子吸收分光光度计	《污水监测技术规范》（HJ 91.1—2019）；《水质 铜、锌、铅、镉的测定 原子吸收分光光度法》（GB 7475—87）
	总锌	《水质 铜、锌、铅、镉的测定 原子吸收分光光度法》（GB 7475—87）	0.05mg/L	原子吸收分光光度计	《污水监测技术规范》（HJ 91.1—2019）；《水质 铜、锌、铅、镉的测定 原子吸收分光光度法》（GB 7475—87）
废水	苯并[a]芘	《水质 苯并[a]芘的测定 乙酰化滤纸层析荧光分光光度法》（GB 11895—89）	0.004μg/L	分光光度计	《污水监测技术规范》（HJ 91.1—2019）；《水质 苯并[a]芘的测定 乙酰化滤纸层析荧光分光光度法》（GB 11895—89）
噪声	等效连续A声级	《工业企业厂界环境噪声排放标准》（GB 12348—2008）	25dB（A）	—	《工业企业厂界环境噪声排放标准》（GB 12348—2008）

2.3.4 监测质量保证与质量控制

企业自行监测委托有资质的检测机构代为开展，企业负责对其资质进行确认。

2.4 执行标准

各污染因子排放标准限值如附表 2-6 所列（如地方有排放速率要求，应填写相关要求）。

附表 2-6 各污染因子排放标准限值

污染物类别	监测点位	污染因子	执行标准	标准限值	单位
有组织废气	熔窑废气排气筒	颗粒物			mg/m³
	熔窑废气排气筒	二氧化硫			mg/m³
	熔窑废气排气筒	氮氧化物			mg/m³
	熔窑废气排气筒	氯化氢			mg/m³
	熔窑废气排气筒	氟化物			mg/m³
	熔窑废气排气筒	氨			mg/m³
	熔窑废气排气筒	汞及其化合物			mg/m³
	熔窑废气排气筒	镉及其化合物			mg/m³
	熔窑废气排气筒	铬及其化合物			mg/m³
	熔窑废气排气筒	砷及其化合物			mg/m³
	熔窑废气排气筒	铅及其化合物			mg/m³
	熔窑废气排气筒	镍及其化合物			mg/m³
	熔窑废气排气筒	锌及其化合物			mg/m³
	在线镀膜尾气处理系统	颗粒物			mg/m³
	在线镀膜尾气处理系统	锡及其化合物			mg/m³
	在线镀膜尾气处理系统	氯化氢			mg/m³
	在线镀膜尾气处理系统	氟化物			mg/m³
无组织废气	厂界	颗粒物			mg/m³
	氨罐区周边	氨			mg/m³
	煤气发生炉周边	硫化氢			mg/m³
	储油罐周边	非甲烷总烃			mg/m³
废水	车间/废水排放口	pH 值			无量纲
		悬浮物			mg/L
		化学需氧量			mg/L
		氨氮			mg/L
		五日生化需氧量			mg/L

续表

污染物类别	监测点位	污染因子	执行标准	标准限值	单位
废水	车间/废水排放口	总磷			mg/L
		总氮			mg/L
		石油类			mg/L
		动植物油			mg/L
		氟化物			mg/L
		硫化物			mg/L
		挥发酚			mg/L
		总氰化物			mg/L
		总锌			mg/L
		总汞			mg/L
		总镉			mg/L
		总铬			mg/L
		总砷			mg/L
		总铅			mg/L
		总镍			mg/L
		苯并[a]芘			mg/L
厂界噪声	厂界...面边界外 1m	等效连续 A 声级		昼间	dB（A）
	厂界...面边界外 1m	等效连续 A 声级		夜间	dB（A）
	……	等效连续 A 声级			dB（A）

2.5　监测结果公开

2.5.1　监测结果的公开时限

① 企业基础信息随监测数据一并公开。

② 在线监测污染因子采用在线连续监测和手工监测相结合，公布在线监测仪表数据时，采用实时公报的方式，监测数据自动上传；在线监测设备故障时启动手工监测，手工监测结果在检测完成后次日公开。

③ 其余手工监测的污染因子在收到检测报告后次日完成公开。

2.5.2　监测结果的公开方式

① 全国污染源监测信息管理与共享平台（网址：……）。

② …省排污单位自行监测信息公开平台（网址：……）。

2.6　监测方案实施

本监测方案于…年…月…日开始执行。

附录 3
排污许可证后监管
检查清单

3.1　平板玻璃企业排污许可证后监管检查清单

（1）企业基本情况

现场执法检查前应了解企业基本情况，并对照企业排污许可证填写企业基本情况表，标明被检查企业的单位名称、注册地址、生产经营场所和行业类别，根据企业实际情况填写主要生产工艺、生产线数量以及单条生产线的规模，具体检查表如附表 3-1 所列。

附表 3-1　企业基本情况表

单位名称		注册地址	
地理位置		位置与许可证生产经营场所是否一致	是□　否□
是否取得排污许可证	是□　否□	排污许可证编号	
许可证是否在有效期	是□　否□	许可证是否有涂改行为	是□　否□
行业类别		行业类别与许可证是否一致	是□　否□
是否有出租、出借、买卖或者其他方式非法转让行为	是□　否□		
主要生产工艺			

（2）有组织废气污染防治合规性检查

1）废气排放口检查

有组织废气排放口检查表如附表 3-2 所列。

附表 3-2　有组织废气排放口检查表

污染源	采样孔规范设置是否合规	采样监测平台规范设置是否合规	排气口规范设置是否合规	备注
玻璃熔窑	是□　否□	是□　否□	是□　否□	
在线镀膜	是□　否□	是□　否□	是□　否□	
原料称量、配料、碎玻璃及其他通风生产设施	是□　否□	是□　否□	是□　否□	

2）废气治理设施检查

有组织废气治理设施检查表如附表 3-3 所列。

附表 3-3　有组织废气治理设施检查表

污染源	污染因子	排污许可证载明治理措施	实际治理措施	是否合规	备注
玻璃熔窑	颗粒物			是□　否□	
	二氧化硫			是□　否□	
	氮氧化物			是□　否□	
	氯化氢			是□　否□	
	氟化物			是□　否□	
	氨			是□　否□	
在线镀膜	锡及其化合物			是□　否□	
	颗粒物			是□　否□	
原料称量、配料、碎玻璃及其他通风生产设施	颗粒物			是□　否□	

3）污染治理措施运行合规性检查

① 颗粒物治理措施检查

颗粒物治理措施检查表如附表 3-4 所列。

附表 3-4　颗粒物治理措施检查表

排放口	治理措施		备注/填写内容	判定方法
主要排放口	电除尘是否正常运行	是□　否□		查看 DCS 曲线（颗粒物浓度、电场电流电压、氧含量）确定设施运行情况，查找颗粒物异常数据（如长时间无波动、超标数据、极小数据）时间段，结合对应时间段电除尘二次电流电压数值、运行维护台账、生产线负荷以及其他相关设备运行情况，判断电除尘设施历史运行情况

排放口	治理措施		备注/填写内容	判定方法
主要排放口	布袋除尘是否正常运行	是□　否□		查看 DCS 曲线（颗粒物浓度、除尘进出口压差、氧含量）确定设施运行情况，查找颗粒物异常数据（如长时间无波动、超标数据、极小数据）时间段，结合对应时间段除尘进出口压差、运行维护台账、生产线负荷以及其他相关设备运行情况，判断除尘设施历史运行情况
	……	是□　否□		
一般排放口	初步判断是否达标排放	是□　否□		
	布袋除尘等设施是否与主机设备同步运行	是□　否□		

② 二氧化硫治理措施检查

二氧化硫治理措施检查表如附表 3-5 所列。

附表 3-5　二氧化硫治理措施检查表

治理措施		备注/填写内容	判定方法
脱硫设施运行是否正常	是□　否□		查看 DCS 曲线（SO_2 排放浓度、氧含量、脱硫剂使用量），结合二氧化硫历史排放浓度及原料、燃料硫含量台账，对比企业原料和燃料含硫率变化对应时间段二氧化硫排放浓度变化、脱硫剂使用量变化情况

③ 氮氧化物治理措施检查

氮氧化物治理措施检查表如附表 3-6 所列。

附表 3-6　氮氧化物治理措施检查表

治理措施		备注/填写内容	判定方法
SCR 设施运行是否正常	是□　否□		通过检查脱硝剂、催化剂等购买凭证，脱硝剂使用、催化剂再生/更换等情况核实脱硝设施是否投用。结合氮氧化物排放浓度及脱硝剂用量（喷氨流量/尿素溶液流量）等判断脱硝设施是否正常运行。通过查阅 DCS 曲线判断脱硝设施是否与玻璃熔窑同步运行

4）污染物排放浓度与许可排放浓度的一致性检查

有组织废气浓度达标情况检查表如附表 3-7 所列。

附表 3-7　有组织废气浓度达标情况检查表

污染源	污染因子	自动监测数据是否达标	手工监测数据是否达标	执法监测数据是否达标	备注
玻璃熔窑（需折算至 8%氧含量）	颗粒物	是□　否□	是□　否□	是□　否□	

续表

污染源	污染因子	自动监测数据是否达标	手工监测数据是否达标	执法监测数据是否达标	备注
玻璃熔窑（需折算至8%氧含量）	二氧化硫	是□ 否□	是□ 否□	是□ 否□	
	氮氧化物	是□ 否□	是□ 否□	是□ 否□	
	氯化氢	—	是□ 否□	是□ 否□	
	氟化物	—	是□ 否□	是□ 否□	
	氨	—	是□ 否□	是□ 否□	
在线镀膜尾气处理系统	锡及其化合物	—	是□ 否□	是□ 否□	
	颗粒物	—	是□ 否□	是□ 否□	
	氯化氢	—	是□ 否□	是□ 否□	
	氟化物	—	是□ 否□	是□ 否□	
原料称量、配料、碎玻璃及其他通风生产设施	颗粒物	—	是□ 否□	是□ 否□	

注：1. 纯氧燃烧玻璃熔窑应监测排气筒中大气污染物排放浓度、排气量及相应时间段内的玻璃液出料量，计算基准排气量条件下的大气污染物基准排放浓度，并以此作为达标判定依据。其中，浮法钠钙硅平板玻璃、光伏压延玻璃基准排气量为3000mg/m³。

2. 烟气脱硝使用氨水、尿素等含氨物质的玻璃熔窑检测氨。

5）污染物实际排放量与许可排放量的一致性检查

污染物实际排放量与许可排放量的一致性检查表如附表3-8所列。

附表 3-8　污染物实际排放量与许可排放量的一致性检查表

污染物	许可排放量/（t/a）	实际排放量/（t/a）	是否满足许可要求	备注
颗粒物			是□ 否□	
二氧化硫			是□ 否□	
氮氧化物			是□ 否□	
……			是□ 否□	

（3）无组织废气污染防治合规性检查

无组织废气污染防治合规性检查表如附表3-9所列。

附表 3-9　无组织废气污染防治合规性检查表

治理环境要素	排污节点	治理措施			备注
扬尘	物料储存	粉状物料是否贮存于封闭料仓、储库	是□	否□	
		块状物料是否贮存于封闭、半封闭料场（堆棚）	是□	否□	
	物料转运	物料输送是否采用封闭通廊、密闭皮带输送机、密闭式斗式提升机、螺旋输送机等密闭输送方式	是□	否□	
		硅质原料的均化是否在封闭的均化库中进行	是□	否□	
		粉状物料卸料口是否密闭或设置集气罩，并配备除尘设施	是□	否□	

治理环境要素	排污节点	治理措施			备注
扬尘	物料转运	配料车间产生粉尘的设备和产尘点是否设置集气罩，并配备除尘设施	是□	否□	
	其他	厂区道路是否硬化，并采取清扫、洒水等措施保持清洁	是□	否□	
		未硬化的厂区是否采取绿化等措施	是□	否□	
氨气	储罐	是否设有防泄漏围堰	是□	否□	
		是否设有氨气泄露检测设施	是□	否□	
		氨水装卸是否设有氨气回收或吸收回用装置	是□	否□	

(4) 废水污染治理设施合规性检查

1）废水排放口检查

废水排放口检查表如附表 3-10 所列。

附表 3-10　废水排放口检查表

废水类型	排污许可证排放去向	实际排放去向	是否一致		备注
生产废水			是□	否□	
生活污水			是□	否□	
……			是□	否□	

2）废水治理措施检查

废水治理措施检查表如附表 3-11 所列。

附表 3-11　废水治理措施检查表

废水类型	治理措施				备注
生产废水	辅助生产废水	是否经过滤、沉淀、冷却等处理	是□	否□	
	循环冷却水	是否经过滤、沉淀、冷却等处理后回用	是□	否□	
	含油废水	是否隔油、油水分离、气浮等工艺处理	是□	否□	
	……	……	是□	否□	
生活污水	是否有生活污水处理设施		是□	否□	

3）污染物排放浓度与许可排放浓度的一致性检查

企业废水排放口污染物的排放浓度达标是指任一有效日均值均满足许可排放浓度要求。废水达标情况检查表如附表 3-12 所列。

附表 3-12　废水达标情况检查表

废水污染因子	自动监测数据是否达标	手工监测数据是否达标	执法监测数据是否达标	备注
化学需氧量	是□　　否□	是□　　否□	是□　　否□	

续表

废水污染因子	自动监测数据 是否达标		手工监测数据 是否达标		执法监测数据 是否达标		备注
氨氮	是□	否□	是□	否□	是□	否□	
悬浮物	是□	否□	是□	否□	是□	否□	
总氮	是□	否□	是□	否□	是□	否□	
总磷	是□	否□	是□	否□	是□	否□	
……	是□	否□	是□	否□	是□	否□	

4）污染物实际排放量与许可排放量的一致性检查

污染物实际排放量与许可排放量的一致性检查表如附表 3-13 所列。

附表 3-13　污染物实际排放量与许可排放量的一致性检查表

污染物	许可排放量/（t/a）	实际排放量/（t/a）	是否满足许可要求		备注
化学需氧量			是□	否□	
氨氮			是□	否□	
……			是□	否□	

（5）环境管理执行情况合规性检查

1）自行监测执行情况检查

自行监测执行情况检查表如附表 3-14 所列。

附表 3-14　自行监测执行情况检查表

序号	合规性检查		执行情况	是否合规		备注
1	是否编制自行监测方案			是□	否□	
2	自行监测方案 是否满足排污 许可证要求	监测点位是否齐全		是□	否□	
3		监测指标是否满足规范要求		是□	否□	
4		监测频次是否满足规范要求		是□	否□	
5		监测方法是否满足规范要求		是□	否□	
6	是否按照监测方案开展自行监测工作			是□	否□	

2）环境管理台账执行情况检查

环境管理台账执行情况检查表如附表 3-15 所列。

附表 3-15　环境管理台账执行情况检查表

序号	环境管理台账记录内容	项目	排污许可证要求	执行情况	是否合规	
1	运行台账	记录内容			是□	否□
2		记录频次			是□	否□
3		记录形式			是□	否□
4		保存时间			是□	否□

3）执行报告上报执行情况检查

执行报告上报执行情况检查表如附表3-16所列。

附表3-16 执行报告上报执行情况检查表

序号	执行报告内容	排污许可证要求	执行情况	是否合规	备注
1	上报内容			是□ 否□	
2	上报频次			是□ 否□	

4）信息公开执行情况检查

信息公开执行情况检查表如附表3-17所列。

附表3-17 信息公开执行情况检查表

序号	信息公开内容		是否公开	公开方式	备注
1	基础信息	包括单位名称、组织机构代码、法定代表人、生产地址、联系方式，以及生产经营和管理服务的主要内容、产品及规模	是□ 否□		
2	排污信息	包括主要污染物及特征污染物的名称、排放方式、排放口数量和分布情况、排放浓度和总量、超标情况，以及执行的污染物排放标准、核定的排放总量	是□ 否□		
3	污染防治设施的建设和运行情况		是□ 否□		
4	建设项目环境影响评价及其他环境保护行政许可情况		是□ 否□		
5	突发环境事件应急预案		是□ 否□		
6	自行监测信息		是□ 否□		

（6）其他合规性检查

其他合规性检查表如附表3-18所列。

附表3-18 其他合规性检查表

固废及危废管理	固废外委是否签订合同协议		是□ 否□
	危废外委是否签订合同协议		是□ 否□
	是否存在在非指定区域堆放固废或危废		是□ 否□
	一般固废和危废是否分开贮存（分构筑物或分区）		是□，且有规范标识
			是□，但无规范标识
			否□
	危废转移联单是否严格落实到位		是□ 否□
排污许可证载明有关要求是否落实			是□ 否□ 部分落实□

3.2 日用玻璃企业排污许可证后监管检查清单

（1）企业基本情况

现场执法检查前应了解企业基本情况，并对照企业排污许可证填写企业基本情况表，标明被检查企业的单位名称、注册地址、生产经营场所和行业类别，根据企业实际情况填写主要生产工艺、生产线数量以及单条生产线的规模，具体检查表如附表3-19所列。

附表3-19 企业基本情况表

单位名称		注册地址	
地理位置		位置与许可证生产经营场所是否一致	是□ 否□
是否取得排污许可证	是□ 否□	排污许可证编号	
许可证是否在有效期	是□ 否□	许可证是否有涂改行为	是□ 否□
行业类别		行业类别与许可证是否一致	是□ 否□
是否有出租、出借、买卖或者其他方式非法转让行为	是□ 否□		
主要生产工艺			

（2）有组织废气污染防治合规性检查

1）废气排放口检查

有组织废气排放口检查表如附表3-20所列。

附表3-20 有组织废气排放口检查表

污染源	采样孔规范设置是否合规	采样监测平台规范设置是否合规	排气口规范设置是否合规	备注
玻璃熔窑	是□ 否□	是□ 否□	是□ 否□	
调漆、喷漆、烘干、烤花工序	是□ 否□	是□ 否□	是□ 否□	
原料称量、配料、碎玻璃及其他通风生产设施	是□ 否□	是□ 否□	是□ 否□	

2）废气治理设施检查

有组织废气治理设施检查表如附表3-21所列。

附表3-21 有组织废气治理设施检查表

污染源	污染因子	排污许可证载明治理措施	实际治理措施	是否合规	备注
玻璃熔窑	颗粒物			是□ 否□	

续表

污染源	污染因子	排污许可证载明 治理措施	实际治理措施	是否合规	备注
玻璃熔窑	二氧化硫			是□　否□	
	氮氧化物			是□　否□	
	氯化氢			是□　否□	
	氟化物			是□　否□	
	氨			是□　否□	
调漆、喷漆、烘干、烤花工序	NMHC			是□　否□	
	TVOC			是□　否□	
	苯系物			是□　否□	
	苯			是□　否□	
	颗粒物			是□　否□	
原料称量、配料、碎玻璃及其他通风生产设施	颗粒物			是□　否□	

3）污染治理措施运行合规性检查

①颗粒物治理措施检查

颗粒物治理措施检查表如附表 3-22 所列。

附表 3-22　颗粒物治理措施检查表

排放口	治理措施		备注/填写内容	判定方法
主要排放口	电除尘是否正常运行	是□　否□		查看 DCS 曲线（颗粒物浓度、电场电流电压、氧含量）确定设施运行情况，查找颗粒物异常数据（如长时间无波动、超标数据、极小数据）时间段，结合对应时间段电除尘二次电流电压数值、运行维护台账、生产线负荷以及其他相关设备运行情况，判断电除尘设施历史运行情况
	布袋除尘是否正常运行	是□　否□		查看 DCS 曲线（颗粒物浓度、除尘进出口压差、氧含量）确定设施运行情况，查找颗粒物异常数据（如长时间无波动、超标数据、极小数据）时间段，结合对应时间段除尘进出口压差、运行维护台账、生产线负荷以及其他相关设备运行情况，判断除尘设施历史运行情况
	……	是□　否□		
一般排放口	初步判断是否达标排放	是□　否□		
	布袋除尘等设施是否与主机设备同步运行	是□　否□		

② 二氧化硫治理措施检查

二氧化硫治理措施检查表如附表 3-23 所列。

附表 3-23　二氧化硫治理措施检查表

治理措施		备注/填写内容	判定方法
脱硫设施运行是否正常	是□　否□		查看 DCS 曲线（SO_2 排放浓度、氧含量、脱硫剂使用量），结合二氧化硫历史排放浓度及原料、燃料硫含量台账，对比企业原料和燃料含硫率变化对应时间段二氧化硫排放浓度变化、脱硫剂使用量变化情况

③ 氮氧化物治理措施检查

氮氧化物治理措施检查表如附表 3-24 所列。

附表 3-24　氮氧化物治理措施检查表

治理措施		备注/填写内容	判定方法
SCR 设施运行是否正常	是□　否□		通过检查脱硝剂、催化剂等购买凭证，脱硝剂使用、催化剂再生/更换等情况核实脱硝设施是否投用。结合氮氧化物排放浓度及脱硝剂用量（喷氨流量/尿素溶液流量）等判断脱硝设施是否正常运行。通过查阅 DCS 曲线判断脱硝设施是否与玻璃熔窑同步运行

④ 挥发性有机物治理措施检查

挥发性有机物治理措施检查表如附表 3-25 所列。

附表 3-25　挥发性有机物治理措施检查表

治理措施			备注/填写内容	判定方法
挥发性有机物治理设施运行是否正常	吸附装置	是□　否□		结合挥发性有机物产排污浓度，检查一次性吸附剂更换时间和更换量；检查再生型吸附剂再生周期和更换量；检查废吸附剂储存和处置情况等
	催化氧化器	是□　否□		检查催化（床）温度；检查电或天然气消耗量；检查催化剂更换周期和更换量等
	热氧化炉	是□　否□		检查燃烧温度是否符合设计要求等

4）污染物排放浓度与许可排放浓度的一致性检查

有组织废气浓度达标情况检查表如附表 3-26 所列。

附表 3-26　有组织废气浓度达标情况检查表

污染源	污染因子	自动监测数据是否达标	手工监测数据是否达标	执法监测数据是否达标	备注
玻璃熔窑（需折算至 8%氧含量）	颗粒物	是□　否□	是□　否□	是□　否□	
	二氧化硫	是□　否□	是□　否□	是□　否□	

污染源	污染因子	自动监测数据是否达标	手工监测数据是否达标	执法监测数据是否达标	备注
玻璃熔窑（需折算至8%氧含量）	氮氧化物	是□ 否□	是□ 否□	是□ 否□	
	氯化氢	—	是□ 否□	是□ 否□	
	氟化物	—	是□ 否□	是□ 否□	
	氨	—	是□ 否□	是□ 否□	
调漆、喷漆、烘干、烤花工序	NMHC	—	是□ 否□	是□ 否□	
	TVOC	—	是□ 否□	是□ 否□	
	苯系物	—	是□ 否□	是□ 否□	
	苯	—	是□ 否□	是□ 否□	
	颗粒物	—	是□ 否□	是□ 否□	
原料称量、配料、碎玻璃及其他通风生产设施	颗粒物	—	是□ 否□	是□ 否□	

注：1. 纯氧燃烧玻璃熔窑应监测排气筒中大气污染物排放浓度、排气量及相应时间段内的玻璃液出料量，计算基准排气量条件下的大气污染物基准排放浓度，并以此作为达标判定依据。其中，玻璃瓶罐、玻璃器皿、玻璃保温容器基准排气量为 $3000mg/m^3$ ；硼硅玻璃、微晶玻璃基准排气量为 $4500mg/m^3$ 。

2. 烟气脱硝使用氨水、尿素等含氨物质的玻璃熔窑检测氨。

5）污染物实际排放量与许可排放量的一致性检查

污染物实际排放量与许可排放量的一致性检查表如附表 3-27 所列。

附表 3-27 污染物实际排放量与许可排放量的一致性检查表

污染物	许可排放量/（t/a）	实际排放量/（t/a）	是否满足许可要求	备注
颗粒物			是□ 否□	
二氧化硫			是□ 否□	
氮氧化物			是□ 否□	
……			是□ 否□	

（3）无组织废气污染防治合规性检查

无组织废气污染防治合规性检查表如附表 3-28 所列。

附表 3-28 无组织废气污染防治合规性检查表

治理环境要素	排污节点	治理措施		备注
扬尘	物料储存	粉状物料是否贮存于封闭料仓、储库	是□ 否□	
		块状物料是否贮存于封闭、半封闭料场（堆棚）	是□ 否□	
	物料转运	物料输送是否采用封闭通廊、密闭皮带输送机、密闭式斗式提升机、螺旋输送机等密闭输送方式	是□ 否□	
		硅质原料的均化是否在封闭的均化库中进行	是□ 否□	
		粉状物料卸料口是否密闭或设置集气罩，并配备除尘设施	是□ 否□	

续表

治理环境要素	排污节点	治理措施			备注
扬尘	物料转运	配料车间产生粉尘的设备和产尘点是否设置集气罩，并配备除尘设施	是□	否□	
	其他	厂区道路是否硬化，并采取清扫、洒水等措施保持清洁	是□	否□	
		未硬化的厂区是否采取绿化等措施	是□	否□	
挥发性有机物	物料储存、转移和输送	涂料、稀释剂等 VOCs 物料是否贮存于密闭的容器、包装袋、储库	是□	否□	
		盛装 VOCs 物料的容器或包装袋是否存放于室内，或存放于设置有雨棚、遮阳和防渗设施的专用场地	是□	否□	
		VOCs 物料储库是否满足密闭（封闭）空间的要求	是□	否□	
	调漆、喷漆、烘干、烤花工序	是否采用密闭设备或在密闭空间内操作，废气是否排至废气收集处理系统	是□	否□	
		如无法密闭，是否采取局部气体收集措施，废气是否排至废气收集处理系统	是□	否□	
	煤气发生炉	酚水系统是否密闭，废气是否收集至处理设施	是□	否□	
氨气	储罐	是否设有防泄漏围堰	是□	否□	
		是否设有氨气泄露检测设施	是□	否□	
		氨水装卸是否设有氨气回收或吸收回用装置	是□	否□	

（4）废水污染治理设施合规性检查

1）废水排放口检查

废水排放口检查表如附表 3-29 所列。

附表 3-29　废水排放口检查表

废水类型	排污许可证排放去向	实际排放去向	是否一致		备注
生产废水			是□	否□	
生活污水			是□	否□	
……			是□	否□	

2）废水治理措施检查

废水治理措施检查表如附表 3-30 所列。

附表 3-30　废水治理措施检查表

废水类型	治理措施				备注
生产废水	辅助生产废水	是否经过滤、沉淀、冷却等处理	是□	否□	
	循环冷却水	是否经过滤、沉淀、冷却等处理后回用	是□	否□	
	保温瓶胆镀银工序含银废水	是否经氯化钠沉淀等工艺处理	是□	否□	
	……	……	是□	否□	
生活污水	是否有生活污水处理设施		是□	否□	

3）污染物排放浓度与许可排放浓度的一致性检查

企业废水排放口污染物的排放浓度达标是指任一有效日均值均满足许可排放浓度要求。废水达标情况检查表如附表 3-31 所列。

附表 3-31　废水达标情况检查表

废水污染因子	自动监测数据 是否达标	手工监测数据 是否达标	执法监测数据 是否达标	备注
化学需氧量	是□　否□	是□　否□	是□　否□	
氨氮	是□　否□	是□　否□	是□　否□	
悬浮物	是□　否□	是□　否□	是□　否□	
总氮	是□　否□	是□　否□	是□　否□	
总磷	是□　否□	是□　否□	是□　否□	
……	—	是□　否□	是□　否□	

4）污染物实际排放量与许可排放量的一致性检查

污染物实际排放量与许可排放量的一致性检查表如附表 3-32 所列。

附表 3-32　污染物实际排放量与许可排放量的一致性检查表

污染物	许可排放量/（t/a）	实际排放量/（t/a）	是否满足许可要求	备注
化学需氧量			是□　否□	
氨氮			是□　否□	
……			是□　否□	

（5）环境管理执行情况合规性检查

1）自行监测执行情况检查

自行监测执行情况检查表如附表 3-33 所列。

附表 3-33　自行监测执行情况检查表

序号	合规性检查		执行情况	是否合规	备注
1	是否编制自行监测方案			是□　否□	
2	自行监测方案 是否满足排污 许可证要求	监测点位是否齐全		是□　否□	
3		监测指标是否满足规范要求		是□　否□	
4		监测频次是否满足规范要求		是□　否□	
5		监测方法是否满足规范要求		是□　否□	
6	是否按照监测方案开展自行监测工作			是□　否□	

2）环境管理台账执行情况检查

环境管理台账执行情况检查表如附表 3-34 所列。

附表 3-34 环境管理台账执行情况检查表

序号	环境管理台账记录内容	项目	排污许可证要求	执行情况	是否合规
1	运行台账	记录内容			是□ 否□
2		记录频次			是□ 否□
3		记录形式			是□ 否□
4		保存时间			是□ 否□

3）执行报告上报执行情况检查

执行报告上报执行情况检查表如附表 3-35 所列。

附表 3-35 执行报告上报执行情况检查表

序号	执行报告内容	排污许可证要求	执行情况	是否合规	备注
1	上报内容			是□ 否□	
2	上报频次			是□ 否□	

4）信息公开执行情况检查

信息公开执行情况检查表如附表 3-36 所列。

附表 3-36 信息公开执行情况检查表

序号	信息公开内容		是否公开	公开方式	备注
1	基础信息	包括单位名称、组织机构代码、法定代表人、生产地址、联系方式，以及生产经营和管理服务的主要内容、产品及规模	是□ 否□		
2	排污信息	包括主要污染物及特征污染物的名称、排放方式、排放口数量和分布情况、排放浓度和总量、超标情况，以及执行的污染物排放标准、核定的排放总量	是□ 否□		
3	污染防治设施的建设和运行情况		是□ 否□		
4	建设项目环境影响评价及其他环境保护行政许可情况		是□ 否□		
5	突发环境事件应急预案		是□ 否□		
6	自行监测信息		是□ 否□		

（6）其他合规性检查

其他合规性检查表如附表 3-37 所列。

附表 3-37 其他合规性检查表

固废及危废管理	固废外委是否签订合同协议	是□ 否□
	危废外委是否签订合同协议	是□ 否□

固废及危废管理	是否存在在非指定区域堆放固废或危废	是□　否□
	一般固废和危废是否分开贮存（分构筑物或分区）	是□，且有规范标识
		是□，但无规范标识
		否□
	危废转移联单是否严格落实到位	是□　否□
排污许可证载明有关要求是否落实		是□　否□　部分落实□

3.3　玻璃纤维企业排污许可证后监管检查清单

（1）企业基本情况

现场执法检查前应了解企业基本情况，并对照企业排污许可证填写企业基本情况表，标明被检查企业的单位名称、注册地址、生产经营场所和行业类别，根据企业实际情况填写主要生产工艺、生产线数量以及单条生产线的规模，具体检查表如附表 3-38 所列。

附表 3-38　企业基本情况表

单位名称		注册地址	
地理位置		位置与许可证生产经营场所是否一致	是□　否□
是否取得排污许可证	是□　否□	排污许可证编号	
许可证是否在有效期	是□　否□	许可证是否有涂改行为	是□　否□
行业类别		行业类别与许可证是否一致	是□　否□
是否有出租、出借、买卖或者其他方式非法转让行为	是□　否□		
主要生产工艺			

（2）有组织废气污染防治合规性检查

1）废气排放口检查

有组织废气排放口检查表如附表 3-39 所列。

附表 3-39　有组织废气排放口检查表

污染源	采样孔规范设置是否合规	采样监测平台规范设置是否合规	排气口规范设置是否合规	备注
玻璃熔窑	是□　否□	是□　否□	是□　否□	
玻璃纤维浸润剂配制、拉丝工序	是□　否□	是□　否□	是□　否□	
原料称量、配料、碎玻璃及其他通风生产设施	是□　否□	是□　否□	是□　否□	

2）废气治理设施检查

有组织废气治理设施检查表如附表 3-40 所列。

附表 3-40　有组织废气治理设施检查表

污染源	污染因子	排污许可证载明治理措施	实际治理措施	是否合规	备注
玻璃熔窑	颗粒物			是□　否□	
	二氧化硫			是□　否□	
	氮氧化物			是□　否□	
	氯化氢			是□　否□	
	氟化物			是□　否□	
	氨			是□　否□	
玻璃纤维浸润剂配制、拉丝工序	NMHC			是□　否□	
	TVOC			是□　否□	
	苯系物			是□　否□	
	苯			是□　否□	
	颗粒物			是□　否□	
原料称量、配料、碎玻璃及其他通风生产设施	颗粒物			是□　否□	

3）污染治理措施运行合规性检查

① 颗粒物治理措施检查

颗粒物治理措施检查表如附表 3-41 所列。

附表 3-41　颗粒物治理措施检查表

排放口	治理措施		备注/填写内容	判定方法
主要排放口	电除尘是否正常运行	是□　否□		查看 DCS 曲线（颗粒物浓度、电场电流电压、氧含量）确定设施运行情况，查找颗粒物异常数据（如长时间无波动、超标数据、极小数据）时间段，结合对应时间段电除尘二次电流电压数值、运行维护台账、生产线负荷以及其他相关设备运行情况，判断电除尘设施历史运行情况
	布袋除尘是否正常运行	是□　否□		查看 DCS 曲线（颗粒物浓度、除尘进出口压差、氧含量）确定设施运行情况，查找颗粒物异常数据（如长时间无波动、超标数据、极小数据）时间段，结合对应时间段除尘进出口压差、运行维护台账、生产线负荷以及其他相关设备运行情况，判断除尘设施历史运行情况
	……	是□　否□		
一般排放口	初步判断是否达标排放	是□　否□		
	布袋除尘等设施是否与主机设备同步运行	是□　否□		

② 二氧化硫治理措施检查

二氧化硫治理措施检查表如附表 3-42 所列。

附表 3-42 二氧化硫治理措施检查表

治理措施		备注/填写内容	判定方法
脱硫设施运行是否正常	是□ 否□		查看 DCS 曲线（SO_2 排放浓度、氧含量、脱硫剂使用量），结合二氧化硫历史排放浓度及原料、燃料硫含量台账，对比企业原料和燃料含硫率变化对应时间段二氧化硫排放浓度变化、脱硫剂使用量变化情况

③ 氮氧化物治理措施检查

氮氧化物治理措施检查表如附表 3-43 所列。

附表 3-43 氮氧化物治理措施检查表

治理措施		备注/填写内容	判定方法
SCR/SNCR 设施运行是否正常	是□ 否□		通过检查脱硝剂、催化剂等购买凭证，脱硝剂使用、催化剂再生/更换等情况核实脱硝设施是否投用。结合氮氧化物排放浓度及脱硝剂用量（喷氨流量/尿素溶液流量）等判断脱硝设施是否正常运行。通过查阅 DCS 曲线判断脱硝设施是否与玻璃熔窑同步运行

④ 挥发性有机物治理措施检查

挥发性有机物治理措施检查表如附表 3-44 所列。

附表 3-44 挥发性有机物治理措施检查表

治理措施			备注/填写内容	判定方法
挥发性有机物治理设施运行是否正常	吸附装置	是□ 否□		结合挥发性有机物产排污浓度，检查一次性吸附剂更换时间和更换量；检查再生型吸附剂再生周期和更换量；检查废吸附剂贮存和处置情况等
	催化氧化器	是□ 否□		检查催化（床）温度；检查电或天然气消耗量；检查催化剂更换周期和更换量等
	热氧化炉	是□ 否□		检查燃烧温度是否符合设计要求等

4）污染物排放浓度与许可排放浓度的一致性检查

有组织废气浓度达标情况检查表如附表 3-45 所列。

附表 3-45 有组织废气浓度达标情况检查表

污染源	污染因子	自动监测数据是否达标	手工监测数据是否达标	执法监测数据是否达标	备注
玻璃熔窑（需折算至 8%氧含量）	颗粒物	是□ 否□	是□ 否□	是□ 否□	
	二氧化硫	是□ 否□	是□ 否□	是□ 否□	

污染源	污染因子	自动监测数据是否达标	手工监测数据是否达标	执法监测数据是否达标	备注
玻璃熔窑（需折算至8%氧含量）	氮氧化物	是□ 否□	是□ 否□	是□ 否□	
	氯化氢	—	是□ 否□	是□ 否□	
	氟化物	—	是□ 否□	是□ 否□	
	氨	—	是□ 否□	是□ 否□	
玻璃纤维浸润剂配制、拉丝工序	NMHC	—	是□ 否□	是□ 否□	
	TVOC	—	是□ 否□	是□ 否□	
	苯系物	—	是□ 否□	是□ 否□	
	苯	—	是□ 否□	是□ 否□	
	颗粒物	—	是□ 否□	是□ 否□	
原料称量、配料、碎玻璃及其他通风生产设施	颗粒物		是□ 否□	是□ 否□	

注：1. 纯氧燃烧玻璃熔窑应监测排气筒中大气污染物排放浓度、排气量及相应时间段内的玻璃液出料量，计算基准排气量条件下的大气污染物基准排放浓度，并以此作为达标判定依据。玻璃纤维基准排气量为3000mg/m³。

2. 烟气脱硝使用氨水、尿素等含氨物质的玻璃熔窑检测氨。

5）污染物实际排放量与许可排放量的一致性检查

污染物实际排放量与许可排放量的一致性检查表如附表3-46所列。

附表3-46　污染物实际排放量与许可排放量的一致性检查表

污染物	许可排放量/（t/a）	实际排放量/（t/a）	是否满足许可要求	备注
颗粒物			是□ 否□	
二氧化硫			是□ 否□	
氮氧化物			是□ 否□	
……			是□ 否□	

（3）无组织废气污染防治合规性检查

无组织废气污染防治合规性检查表如附表3-47所列。

附表3-47　无组织废气污染防治合规性检查表

治理环境要素	排污节点	治理措施		备注
扬尘	物料储存	粉状物料是否贮存于封闭料场仓、储库	是□ 否□	
		块状物料是否贮存于封闭、半封闭料场（堆棚）	是□ 否□	
	物料转运	物料输送是否采用封闭通廊、密闭皮带输送机、密闭式斗式提升机、螺旋输送机等密闭输送方式	是□ 否□	
		硅质原料的均化是否在封闭的均化库中进行	是□ 否□	
		粉状物料卸料口是否密闭或设置集气罩，并配备除尘设施	是□ 否□	

续表

治理环境要素	排污节点	治理措施			备注
扬尘	物料转运	配料车间产生粉尘的设备和产尘点是否设置集气罩，并配备除尘设施	是□	否□	
	其他	厂区道路是否硬化，并采取清扫、洒水等措施保持清洁	是□	否□	
		未硬化的厂区是否采取绿化等措施	是□	否□	
挥发性有机物	物料储存、转移和输送	浸润剂等 VOCs 物料是否贮存于密闭的容器、包装袋、储库	是□	否□	
		盛装 VOCs 物料的容器或包装袋是否存放于室内，或存放于设置有雨棚、遮阳和防渗设施的专用场地	是□	否□	
		VOCs 物料储库是否满足密闭（封闭）空间的要求	是□	否□	
	浸润剂配制、拉丝工序	是否采用密闭设备或在密闭空间内操作，废气是否排至废气收集处理系统	是□	否□	
		如无法密闭，是否采取局部气体收集措施，废气是否排至废气收集处理系统	是□	否□	
	煤气发生炉	酚水系统是否密闭，废气是否收集至处理设施	是□	否□	
氨气	储罐	是否设有防泄漏围堰	是□	否□	
		是否设有氨气泄漏检测设施	是□	否□	
		氨水装卸是否设有氨气回收或吸收回用装置	是□	否□	

（4）废水污染治理设施合规性检查

1）废水排放口检查

废水排放口检查表如附表 3-48 所列。

附表 3-48　废水排放口检查表

废水类型	排污许可证排放去向	实际排放去向	是否一致		备注
生产废水			是□	否□	
生活污水			是□	否□	
……			是□	否□	

2）废水治理措施检查

废水治理措施检查表如附表 3-49 所列。

附表 3-49　废水治理措施检查表

废水类型	治理措施				备注
生产废水	辅助生产废水	是否经过滤、沉淀、冷却等处理	是□	否□	
	循环冷却水	是否经过滤、沉淀、冷却等处理后回用	是□	否□	
	有机废水	是否经沉淀、生化、过滤等工艺处理	是□	否□	
	……	……	是□	否□	
生活污水	是否有生活污水处理设施		是□	否□	

3）污染物排放浓度与许可排放浓度的一致性检查

企业废水排放口污染物的排放浓度达标是指任一有效日均值均满足许可排放浓度要求。废水达标情况检查表如附表 3-50 所列。

附表 3-50　废水达标情况检查表

废水污染因子	自动监测数据 是否达标	手工监测数据 是否达标	执法监测数据 是否达标	备注
化学需氧量	是□　否□	是□　否□	是□　否□	
氨氮	是□　否□	是□　否□	是□　否□	
悬浮物	是□　否□	是□　否□	是□　否□	
总氮	是□　否□	是□　否□	是□　否□	
总磷	是□　否□	是□　否□	是□　否□	
氟化物	—	是□　否□	是□　否□	
……	—	是□　否□	是□　否□	

4）污染物实际排放量与许可排放量的一致性检查

污染物实际排放量与许可排放量的一致性检查表如附表 3-51 所列。

附表 3-51　污染物实际排放量与许可排放量的一致性检查表

污染物	许可排放量/（t/a）	实际排放量/（t/a）	是否满足许可要求	备注
化学需氧量			是□　否□	
氨氮			是□　否□	
……			是□　否□	

（5）环境管理执行情况合规性检查

1）自行监测执行情况检查

自行监测执行情况检查表如附表 3-52 所列。

附表 3-52　自行监测执行情况检查表

序号	合规性检查		执行情况	是否合规	备注
1	是否编制自行监测方案			是□　否□	
2	自行监测方案 是否满足排污 许可证要求	监测点位是否齐全		是□　否□	
3		监测指标是否满足规范要求		是□　否□	
4		监测频次是否满足规范要求		是□　否□	
5		监测方法是否满足规范要求		是□　否□	
6	是否按照监测方案开展自行监测工作			是□　否□	

2）环境管理台账执行情况检查

环境管理台账执行情况检查表如附表 3-53 所列。

附表 3-53　环境管理台账执行情况检查表

序号	环境管理台账记录内容	项目	排污许可证要求	执行情况	是否合规
1	运行台账	记录内容			是□　否□
2		记录频次			是□　否□
3		记录形式			是□　否□
4		保存时间			是□　否□

3）执行报告上报执行情况检查

执行报告上报执行情况检查表如附表 3-54 所列。

附表 3-54　执行报告上报执行情况检查表

序号	执行报告内容	排污许可证要求	执行情况	是否合规	备注
1	上报内容			是□　否□	
2	上报频次			是□　否□	

4）信息公开执行情况检查

信息公开执行情况检查表如附表 3-55 所列。

附表 3-55　信息公开执行情况检查表

序号	信息公开内容		是否公开	公开方式	备注
1	基础信息	包括单位名称、组织机构代码、法定代表人、生产地址、联系方式,以及生产经营和管理服务的主要内容、产品及规模	是□　否□		
2	排污信息	包括主要污染物及特征污染物的名称、排放方式、排放口数量和分布情况、排放浓度和总量、超标情况,以及执行的污染物排放标准、核定的排放总量	是□　否□		
3	污染防治设施的建设和运行情况		是□　否□		
4	建设项目环境影响评价及其他环境保护行政许可情况		是□　否□		
5	突发环境事件应急预案		是□　否□		
6	自行监测信息		是□　否□		

（6）其他合规性检查

其他合规性检查表如附表 3-56 所列。

附表 3-56　其他合规性检查表

固废及危废管理	固废外委是否签订合同协议	是□　否□
	危废外委是否签订合同协议	是□　否□
	是否存在在非指定区域堆放固废或危废	是□　否□

续表

固废及危废管理	一般固废和危废是否分开贮存（分构筑物或分区）	是□，且有规范标识
		是□，但无规范标识
		否□
	危废转移联单是否严格落实到位	是□　否□
排污许可证载明有关要求是否落实		是□　否□　部分落实□

3.4　玻璃制镜企业排污许可证后监管检查清单

（1）企业基本情况

现场执法检查前应了解企业基本情况，并对照企业排污许可证填写企业基本情况表，标明被检查企业的单位名称、注册地址、生产经营场所和行业类别，根据企业实际情况填写主要生产工艺、生产线数量以及单条生产线的规模，具体检查表如附表 3-57 所列。

附表 3-57　企业基本情况表

单位名称		注册地址	
地理位置		位置与许可证生产经营场所是否一致	是□　否□
是否取得排污许可证	是□　否□	排污许可证编号	
许可证是否在有效期	是□　否□	许可证是否有涂改行为	是□　否□
行业类别		行业类别与许可证是否一致	是□　否□
是否有出租、出借、买卖或者其他方式非法转让行为	是□　否□		
主要生产工艺			

（2）有组织废气污染防治合规性检查

1）废气排放口检查

有组织废气排放口检查表如附表 3-58 所列。

附表 3-58　有组织废气排放口检查表

污染源	采样孔规范设置是否合规	采样监测平台规范设置是否合规	排气口规范设置是否合规	备注
制镜淋漆、烘干工序	是□　否□	是□　否□	是□　否□	
配料及其他通风生产设施	是□　否□	是□　否□	是□　否□	

2）废气治理设施检查

有组织废气治理设施检查表如附表 3-59 所列。

附表 3-59　有组织废气治理设施检查表

污染源	污染因子	排污许可证载明治理措施	实际治理措施	是否合规	备注
制镜淋漆、烘干工序	NMHC			是□　否□	
	TVOC			是□　否□	
	苯系物			是□　否□	
	苯			是□　否□	
	颗粒物			是□　否□	
配料及其他通风生产设施	颗粒物			是□　否□	

3）污染治理措施运行合规性检查

① 颗粒物治理措施检查

颗粒物治理措施检查表如附表 3-60 所列。

附表 3-60　颗粒物治理措施检查表

排放口	治理措施		备注/填写内容	判定方法
主要排放口	布袋除尘是否正常运行	是□　否□		
	……	是□　否□		
一般排放口	初步判断是否达标排放	是□　否□		
	布袋除尘等设施是否与主机设备同步运行	是□　否□		

② 挥发性有机物治理措施检查

挥发性有机物治理措施检查表如附表 3-61 所列。

附表 3-61　挥发性有机物治理措施检查表

治理措施			备注/填写内容	判定方法
挥发性有机物治理设施运行是否正常	吸附装置	是□　否□		结合挥发性有机物产排污浓度，检查一次性吸附剂更换时间和更换量；检查再生型吸附剂再生周期和更换量；检查废吸附剂储存和处置情况等
	催化氧化器	是□　否□		检查催化（床）温度；检查电或天然气消耗量；检查催化剂更换周期和更换量等
	热氧化炉	是□　否□		检查燃烧温度是否符合设计要求等

4）污染物排放浓度与许可排放浓度的一致性检查

有组织废气浓度达标情况检查表如附表 3-62 所列。

附表 3-62　有组织废气浓度达标情况检查表

污染源	污染因子	自动监测数据是否达标	手工监测数据是否达标	执法监测数据是否达标	备注
制镜淋漆、烘干工序	NMHC	—	是□　否□	是□　否□	
	TVOC	—	是□　否□	是□　否□	
	苯系物	—	是□　否□	是□　否□	
	苯	—	是□　否□	是□　否□	
	颗粒物	—	是□　否□	是□　否□	
配料及其他通风生产设施	颗粒物	—	是□　否□	是□　否□	

5）污染物实际排放量与许可排放量的一致性检查

污染物实际排放量与许可排放量的一致性检查表如附表 3-63 所列。

附表 3-63　污染物实际排放量与许可排放量的一致性检查表

污染物	许可排放量/（t/a）	实际排放量/（t/a）	是否满足许可要求	备注
颗粒物			是□　否□	
二氧化硫			是□　否□	
氮氧化物			是□　否□	
……			是□　否□	

（3）无组织废气污染防治合规性检查

无组织废气污染防治合规性检查表如附表 3-64 所列。

附表 3-64　无组织废气污染防治合规性检查表

治理环境要素	排污节点	治理措施		备注
扬尘	剪切等工序	产生粉尘的设备和产尘点是否设置集气罩，并配备除尘设施	是□　否□	
	其他	厂区道路是否硬化，并采取清扫、洒水等措施保持清洁	是□　否□	
		未硬化的厂区是否采取绿化等措施	是□　否□	
挥发性有机物	物料储存、转移和输送	涂料、稀释剂等 VOCs 物料是否贮存于密闭的容器、包装袋、储库	是□　否□	
		盛装 VOCs 物料的容器或包装袋是否存放于室内，或存放于设置有雨棚、遮阳和防渗设施的专用场地	是□　否□	
		VOCs 物料储库是否满足密闭（封闭）空间的要求	是□　否□	
	淋漆、烘干工序	是否采用密闭设备或在密闭空间内操作，废气是否排至废气收集处理系统	是□　否□	
		如无法密闭，是否采取局部气体收集措施，废气是否排至废气收集处理系统	是□　否□	

（4）废水污染治理设施合规性检查

1）废水排放口检查

废水排放口检查表如附表 3-65 所列。

附表 3-65　废水排放口检查表

废水类型	排污许可证排放去向	实际排放去向	是否一致	备注
生产废水			是□　否□	
生活污水			是□　否□	
……			是□　否□	

2）废水治理措施检查

废水治理措施检查表如附表 3-66 所列。

附表 3-66　废水治理措施检查表

废水类型	治理措施			备注
生产废水	辅助生产废水	是否经过滤、沉淀、冷却等处理	是□　否□	
	循环冷却水	是否经过滤、沉淀、冷却等处理后回用	是□　否□	
	含银废水	是否经沉淀等工艺处理	是□　否□	
	含铜废水	是否经沉淀等工艺处理	是□　否□	
	……	……	是□　否□	
生活污水	是否有生活污水处理设施		是□　否□	

3）污染物排放浓度与许可排放浓度的一致性检查

企业废水排放口污染物的排放浓度达标是指任一有效日均值均满足许可排放浓度要求。废水达标情况检查表如附表 3-67 所列。

附表 3-67　废水达标情况检查表

废水污染因子	自动监测数据是否达标	手工监测数据是否达标	执法监测数据是否达标	备注
化学需氧量	是□　否□	是□　否□	是□　否□	
氨氮	是□　否□	是□　否□	是□　否□	
悬浮物	是□　否□	是□　否□	是□　否□	
总氮	是□　否□	是□　否□	是□　否□	
总磷	是□　否□	是□　否□	是□　否□	
总银	—	是□　否□	是□　否□	
总铜	—	是□　否□	是□　否□	
……	—	是□　否□	是□　否□	

4）污染物实际排放量与许可排放量的一致性检查

污染物实际排放量与许可排放量的一致性检查表如附表 3-68 所列。

附表 3-68　污染物实际排放量与许可排放量的一致性检查表

污染物	许可排放量/（t/a）	实际排放量/（t/a）	是否满足许可要求	备注
化学需氧量			是□　否□	
氨氮			是□　否□	
……			是□　否□	

（5）环境管理执行情况合规性检查

1）自行监测执行情况检查

自行监测执行情况检查表如附表 3-69 所列。

附表 3-69　自行监测执行情况检查表

序号	合规性检查		执行情况	是否合规	备注
1	是否编制自行监测方案			是□　否□	
2	自行监测方案是否满足排污许可证要求	监测点位是否齐全		是□　否□	
3		监测指标是否满足规范要求		是□　否□	
4		监测频次是否满足规范要求		是□　否□	
5		监测方法是否满足规范要求		是□　否□	
6	是否按照监测方案开展自行监测工作			是□　否□	

2）环境管理台账执行情况检查

环境管理台账执行情况检查表如附表 3-70 所列。

附表 3-70　环境管理台账执行情况检查表

序号	环境管理台账记录内容	项目	排污许可证要求	执行情况	是否合规
1	运行台账	记录内容			是□　否□
2		记录频次			是□　否□
3		记录形式			是□　否□
4		保存时间			是□　否□

3）执行报告上报执行情况检查

执行报告上报执行情况检查表如附表 3-71 所列。

附表 3-71　执行报告上报执行情况检查表

序号	执行报告内容	排污许可证要求	执行情况	是否合规	备注
1	上报内容			是□　否□	
2	上报频次			是□　否□	

4）信息公开执行情况检查

信息公开执行情况检查表如附表 3-72 所列。

附表 3-72 信息公开执行情况检查表

序号	信息公开内容		是否公开	公开方式	备注
1	基础信息	包括单位名称、组织机构代码、法定代表人、生产地址、联系方式，以及生产经营和管理服务的主要内容、产品及规模	是□　否□		
2	排污信息	包括主要污染物及特征污染物的名称、排放方式、排放口数量和分布情况、排放浓度和总量、超标情况，以及执行的污染物排放标准、核定的排放总量	是□　否□		
3	污染防治设施的建设和运行情况		是□　否□		
4	建设项目环境影响评价及其他环境保护行政许可情况		是□　否□		
5	突发环境事件应急预案		是□　否□		
6	自行监测信息		是□　否□		

（6）其他合规性检查

其他合规性检查表如附表 3-73 所列。

附表 3-73 其他合规性检查表

固废及危废管理	固废外委是否签订合同协议	是□　否□
	危废外委是否签订合同协议	是□　否□
	是否存在在非指定区域堆放固废或危废	是□　否□
	一般固废和危废是否分开贮存（分构筑物或分区）	是□，且有规范标识
		是□，但无规范标识
		否□
	危废转移联单是否严格落实到位	是□　否□
排污许可证载明有关要求是否落实		是□　否□　部分落实□

3.5 矿物棉企业排污许可证后监管检查清单

（1）企业基本情况

现场执法检查前应了解企业基本情况，并对照企业排污许可证填写企业基本情况表，标明被检查企业的单位名称、注册地址、生产经营场所和行业类别，根据企业实际情况填写主要生产工艺、生产线数量以及单条生产线的规模，具体检查表如附表 3-74 所列。

附表 3-74　企业基本情况表

单位名称			注册地址		
地理位置			位置与许可证生产经营场所是否一致	是□　否□	
是否取得排污许可证	是□　否□		排污许可证编号		
许可证是否在有效期	是□　否□		许可证是否有涂改行为	是□　否□	
行业类别			行业类别与许可证是否一致	是□　否□	
是否有出租、出借、买卖或者其他方式非法转让行为	是□　否□				
主要生产工艺					

（2）有组织废气污染防治合规性检查

1）废气排放口检查

有组织废气排放口检查表如附表 3-75 所列。

附表 3-75　有组织废气排放口检查表

污染源	采样孔规范设置是否合规	采样监测平台规范设置是否合规	排气口规范设置是否合规	备注
玻璃熔窑	是□　否□	是□　否□	是□　否□	
立式熔制炉	是□　否□	是□　否□	是□　否□	
集棉室、固化室	是□　否□	是□　否□	是□　否□	
切割工序、原料工序及其他	是□　否□	是□　否□	是□　否□	

2）废气治理设施

有组织废气治理设施检查表如附表 3-76 所列。

附表 3-76　有组织废气治理设施检查表

污染源	污染因子	排污许可证载明治理措施	实际治理措施	是否合规	备注
玻璃熔窑	颗粒物			是□　否□	
	二氧化硫			是□　否□	
	氮氧化物			是□　否□	
	氨			是□　否□	
立式熔制炉	颗粒物			是□　否□	
	二氧化硫			是□　否□	
	氮氧化物			是□　否□	
集棉室、固化室	NMHC			是□　否□	
	酚类			是□　否□	

污染源	污染因子	排污许可证载明治理措施	实际治理措施	是否合规	备注
集棉室、固化室	甲醛			是□　否□	
	颗粒物			是□　否□	
切割工序、原料工序及其他	颗粒物			是□　否□	

3）污染治理措施运行合规性检查

① 颗粒物治理措施检查

颗粒物治理措施检查表如附表3-77所列。

附表3-77　颗粒物治理措施检查表

排放口	治理措施		备注/填写内容	判定方法
主要排放口	电除尘是否正常运行	是□　否□		查看DCS曲线（颗粒物浓度、电场电流电压、氧含量）确定设施运行情况，查找颗粒物异常数据（如长时间无波动、超标数据、极小数据）时间段，结合对应时间段电除尘二次电流电压数值、运行维护台账、生产线负荷以及其他相关设备运行情况，判断电除尘设施历史运行情况
	布袋除尘是否正常运行	是□　否□		查看DCS曲线（颗粒物浓度、除尘进出口压差、氧含量）确定设施运行情况，查找颗粒物异常数据（如长时间无波动、超标数据、极小数据）时间段，结合对应时间段除尘进出口压差、运行维护台账、生产线负荷以及其他相关设备运行情况，判断除尘设施历史运行情况
	……	是□　否□		
一般排放口	初步判断是否达标排放	是□　否□		
	布袋除尘等设施是否与主机设备同步运行	是□　否□		

② 二氧化硫治理措施检查

二氧化硫治理措施检查表如附表3-78所列。

附表3-78　二氧化硫治理措施检查表

治理措施		备注/填写内容	判定方法
脱硫设施运行是否正常	是□　否□		查看DCS曲线（SO_2排放浓度、氧含量、脱硫剂使用量），结合二氧化硫历史排放浓度及原料、燃料硫含量台账，对比企业原料和燃料含硫率变化对应时间段二氧化硫排放浓度变化、脱硫剂使用量变化情况

③ 氮氧化物治理措施检查

氮氧化物治理措施检查表如附表 3-79 所列。

附表 3-79　氮氧化物治理措施检查表

治理措施		备注/填写内容	判定方法
SCR 设施运行是否正常	是□　否□		通过检查脱硝剂、催化剂等购买凭证，脱硝剂使用、催化剂再生/更换等情况核实脱硝设施是否投用。结合氮氧化物排放浓度及脱硝剂用量（喷氨流量/尿素溶液流量）等判断脱硝设施是否正常运行。通过查阅 DCS 曲线判断脱硝设施是否与玻璃熔窑同步运行

④ 挥发性有机物治理措施检查

挥发性有机物治理措施检查表如附表 3-80 所列。

附表 3-80　挥发性有机物治理措施检查表

治理措施			备注/填写内容	判定方法
挥发性有机物治理设施运行是否正常	吸附装置	是□　否□		结合挥发性有机物产排污浓度，检查一次性吸附剂更换时间和更换量；检查再生型吸附剂再生周期和更换量；检查废吸附剂储存和处置情况等
	催化氧化器	是□　否□		检查催化（床）温度；检查电或天然气消耗量；检查催化剂更换周期和更换量等
	热氧化炉	是□　否□		检查燃烧温度是否符合设计要求等

4）污染物排放浓度与许可排放浓度的一致性检查

有组织废气浓度达标情况检查表如附表 3-81 所列。

附表 3-81　有组织废气浓度达标情况检查表

污染源	污染因子	自动监测数据是否达标	手工监测数据是否达标	执法监测数据是否达标	备注
玻璃熔窑（需折算至 8%氧含量）	颗粒物	是□　否□	是□　否□	是□　否□	
	二氧化硫	是□　否□	是□　否□	是□　否□	
	氮氧化物	是□　否□	是□　否□	是□　否□	
	氨	—	是□　否□	是□　否□	
立式熔制炉（需折算至 15%氧含量）	颗粒物	是□　否□	是□　否□	是□　否□	
	二氧化硫	是□　否□	是□　否□	是□　否□	
	氮氧化物	是□　否□	是□　否□	是□　否□	
集棉室、固化室	NMHC	—	是□　否□	是□　否□	
	酚类	—	是□　否□	是□　否□	
	甲醛	—	是□　否□	是□　否□	
	颗粒物	—	是□　否□	是□　否□	

续表

污染源	污染因子	自动监测数据是否达标	手工监测数据是否达标	执法监测数据是否达标	备注
切割工序、原料工序及其他	颗粒物	—	是☐ 否☐	是☐ 否☐	

注：1. 纯氧燃烧玻璃熔窑应监测排气筒中大气污染物排放浓度、排气量及相应时间段内的矿物棉出料量，计算基准排气量条件下的大气污染物基准排放浓度，并以此作为达标判定依据。矿物棉基准排气量为3000mg/m³。

2. 烟气脱硝使用氨水、尿素等含氨物质的玻璃熔窑检测氨；使用氨水作为黏结剂添加剂的集棉室、固化室检测氨。

3. 使用酚醛树脂作为黏结剂的集棉室、固化室检测酚类、甲醛。

5）污染物实际排放量与许可排放量的一致性检查

污染物实际排放量与许可排放量的一致性检查表如附表3-82所列。

附表3-82 污染物实际排放量与许可排放量的一致性检查表

污染物	许可排放量/（t/a）	实际排放量/（t/a）	是否满足许可要求	备注
颗粒物			是☐ 否☐	
二氧化硫			是☐ 否☐	
氮氧化物			是☐ 否☐	
……			是☐ 否☐	

（3）无组织废气污染防治合规性检查

无组织废气污染防治合规性检查表如附表3-83所列。

附表3-83 无组织废气污染防治合规性检查表

治理环境要素	排污节点	治理措施		备注
扬尘	物料储存	粉状物料是否贮存于封闭料仓、储库	是☐ 否☐	
		块状物料是否贮存于封闭、半封闭场所（堆棚）	是☐ 否☐	
	物料转运	物料输送是否采用封闭通廊、密闭皮带输送机、密闭式斗式提升机、螺旋输送机等密闭输送方式	是☐ 否☐	
		硅质原料的均化是否在封闭的均化库中进行	是☐ 否☐	
		粉状物料卸料口是否密闭或设置集气罩，并配备除尘设施	是☐ 否☐	
		配料车间产生粉尘的设备和产尘点是否设置集气罩，并配备除尘设施	是☐ 否☐	
	其他	厂区道路是否硬化，并采取清扫、洒水等措施保持清洁	是☐ 否☐	
		未硬化的厂区是否采取绿化等措施	是☐ 否☐	
挥发性有机物	物料储存、转移和输送	树脂、黏结剂等VOCs物料是否贮存于密闭的容器、储罐、储库	是☐ 否☐	
		盛装VOCs物料的容器或包装袋是否存放于室内，或存放于设置有雨棚、遮阳和防渗设施的专用场地	是☐ 否☐	
		VOCs物料储库是否满足密闭（封闭）空间的要求	是☐ 否☐	

续表

治理环境要素	排污节点	治理措施		备注
挥发性有机物	集棉、固化工序	是否采用密闭设备或在密闭空间内操作，废气是否排至废气收集处理系统	是□ 否□	
		如无法密闭，是否采取局部气体收集措施，废气是否排至废气收集处理系统	是□ 否□	
	煤气发生炉	酚水系统是否密闭，废气是否收集至处理设施	是□ 否□	
氨气	储罐	是否设有防泄漏围堰	是□ 否□	
		是否设有氨气泄露检测设施	是□ 否□	
		氨水装卸是否设有氨气回收或吸收回用装置	是□ 否□	

（4）废水污染治理设施合规性检查

1）废水排放口检查

废水排放口检查表如附表3-84所列。

附表3-84　废水排放口检查表

废水类型	排污许可证排放去向	实际排放去向	是否一致	备注
生产废水			是□ 否□	
生活污水			是□ 否□	
……			是□ 否□	

2）废水治理措施检查

废水治理措施检查表如附表3-85所列。

附表3-85　废水治理措施检查表

废水类型	治理措施			备注
生产废水	辅助生产废水	是否经过滤、沉淀、冷却等处理	是□ 否□	
	循环冷却水	是否经过滤、沉淀、冷却等处理后回用	是□ 否□	
	……	……	是□ 否□	
生活污水	是否有生活污水处理设施		是□ 否□	

3）污染物排放浓度与许可排放浓度的一致性检查

企业废水排放口污染物的排放浓度达标是指任一有效日均值均满足许可排放浓度要求。废水达标情况检查表如附表3-86所列。

附表3-86　废水达标情况检查表

废水污染因子	自动监测数据是否达标	手工监测数据是否达标	执法监测数据是否达标	备注
化学需氧量	是□ 否□	是□ 否□	是□ 否□	
氨氮	是□ 否□	是□ 否□	是□ 否□	

续表

废水污染因子	自动监测数据 是否达标	手工监测数据 是否达标	执法监测数据 是否达标	备注
悬浮物	是□ 否□	是□ 否□	是□ 否□	
总氮	是□ 否□	是□ 否□	是□ 否□	
总磷	是□ 否□	是□ 否□	是□ 否□	
挥发酚	—	是□ 否□	是□ 否□	
甲醛	—	是□ 否□	是□ 否□	
……	—	是□ 否□	是□ 否□	

4）污染物实际排放量与许可排放量的一致性检查

污染物实际排放量与许可排放量的一致性检查表如附表3-87所列。

附表3-87 污染物实际排放量与许可排放量的一致性检查表

污染物	许可排放量/（t/a）	实际排放量/（t/a）	是否满足许可要求	备注
化学需氧量			是□ 否□	
氨氮			是□ 否□	
……			是□ 否□	

（5）环境管理执行情况合规性检查

1）自行监测执行情况检查

自行监测执行情况检查表如附表3-88所列。

附表3-88 自行监测执行情况检查表

序号	合规性检查		执行情况	是否合规	备注
1	是否编制自行监测方案			是□ 否□	
2	自行监测方案 是否满足排污 许可证要求	监测点位是否齐全		是□ 否□	
3		监测指标是否满足规范要求		是□ 否□	
4		监测频次是否满足规范要求		是□ 否□	
5		监测方法是否满足规范要求		是□ 否□	
6	是否按照监测方案开展自行监测工作			是□ 否□	

2）环境管理台账执行情况检查

环境管理台账执行情况检查表如附表3-89所列。

附表3-89 环境管理台账执行情况检查表

序号	环境管理台账记录内容	项目	排污许可证要求	执行情况	是否合规	
1	运行台账	记录内容			是□	否□
2		记录频次			是□	否□

续表

序号	环境管理台账记录内容	项目	排污许可证要求	执行情况	是否合规
3	运行台账	记录形式			是□　否□
4		保存时间			是□　否□

3）执行报告上报执行情况检查

执行报告上报执行情况检查表如附表 3-90 所列。

附表 3-90　执行报告上报执行情况检查表

序号	执行报告内容	排污许可证要求	执行情况	是否合规	备注
1	上报内容			是□　否□	
2	上报频次			是□　否□	

4）信息公开执行情况检查

信息公开执行情况检查表如附表 3-91 所列。

附表 3-91　信息公开执行情况检查表

序号	信息公开内容		是否公开	公开方式	备注
1	基础信息	包括单位名称、组织机构代码、法定代表人、生产地址、联系方式，以及生产经营和管理服务的主要内容、产品及规模	是□　否□		
2	排污信息	包括主要污染物及特征污染物的名称、排放方式、排放口数量和分布情况、排放浓度和总量、超标情况，以及执行的污染物排放标准、核定的排放总量	是□　否□		
3	污染防治设施的建设和运行情况		是□　否□		
4	建设项目环境影响评价及其他环境保护行政许可情况		是□　否□		
5	突发环境事件应急预案		是□　否□		
6	自行监测信息		是□　否□		

（6）其他合规性检查

其他合规性检查表如附表 3-92 所列。

附表 3-92　其他合规性检查表

固废及危废管理	固废外委是否签订合同协议	是□　否□
	危废外委是否签订合同协议	是□　否□

固废及危废管理	是否存在在非指定区域堆放固废或危废	是□　否□
	一般固废和危废是否分开贮存（分构筑物或分区）	是□，且有规范标识
		是□，但无规范标识
		否□
	危废转移联单是否严格落实到位	是□　否□
排污许可证载明有关要求是否落实		是□　否□　部分落实□